多模态数据分析

AGI时代的数据分析方法与实践

巴川 李慧 钟宇周 叶心函 ◇ 著

电子工业出版社
Publishing House of Electronics Industry
北京·BEIJING

内容简介

真实世界的数据都是多模态的，真正的通用人工智能（AGI）必将超越单一模态的局限。本书基于作者多年工业界大数据技术经验，系统而全面地探讨了多模态数据技术，从基础概念到关键技术再到典型应用，全方位讲解多模态数据分析的核心技术与前沿实践。书中首先详尽介绍了多模态数据分析相关知识，涉及文本、图像、音频、视频等多模态数据；然后结合实例代码，系统介绍了统计学与数据分析、机器学习、深度学习、知识图谱、大模型等方法和模型，以及 GPT 与 DeepSeek 等大模型的多模态实践分析；最后结合医疗、直播、视频等领域的案例阐述了多模态数据分析的多种算法模型的综合应用。

本书体系化强、案例丰富，以"理论框架—技术路径—实战案例"层层递进的方式提供了完整的知识链路，主体基于 Python 语言的大量实例代码，可以帮助读者学以致用。

本书既可作为数据分析师、数据科学家、数据工程师、算法工程师等数据相关从业者的学习用书，也可作为高校数学、统计学、计算机等相关专业的师生用书和培训学校的教材。

未经许可，不得以任何方式复制或抄袭本书之部分或全部内容。
版权所有，侵权必究。

图书在版编目（CIP）数据

多模态数据分析：AGI 时代的数据分析方法与实践 / 巴川等著. — 北京：电子工业出版社，2025. 7.
ISBN 978-7-121-50590-4
Ⅰ．TP274
中国国家版本馆 CIP 数据核字第 20253W5E37 号

责任编辑：董英
印　　刷：北京缤索印刷有限公司
装　　订：北京缤索印刷有限公司
出版发行：电子工业出版社
　　　　　北京市海淀区万寿路 173 信箱　　　邮编：100036
开　　本：720×1000　1/16　　印张：19.75　　字数：410.8 千字
版　　次：2025 年 7 月第 1 版
印　　次：2025 年 7 月第 1 次印刷
定　　价：108.00 元

凡所购买电子工业出版社图书有缺损问题，请向购买书店调换。若书店售缺，请与本社发行部联系，联系及邮购电话：（010）88254888，88258888。
质量投诉请发邮件至 zlts@phei.com.cn，盗版侵权举报请发邮件至 dbqq@phei.com.cn。
本书咨询联系方式：faq@phei.com.cn。

推荐语

在数字化时代，多模态数据以其多样性和丰富性，为解析复杂现象提供了全新的视角。《多模态数据分析》一书深入探讨了文本、图像、音频及视频等数据类型的分析策略与方法，并通过翔实的案例分析，从问题定义到代码实现，全面展示了多模态技术在医疗、直播、视频等领域的应用潜力。本书不仅为研究者和从业者提供了宝贵的知识积累，还赋予其实战技巧，是探索数据价值、驱动创新不可或缺的指南。

——塔斯汀大数据中心总经理　刘思喆

我们生活在一个多模态的世界中。对多模态数据的分析往往是决策过程中必不可少的关键环节。在《多模态数据分析》一书中，巴川等老师基于多年的工作和教学经验，全面探讨了这一领域的核心问题与解决方案，内容覆盖广泛且生动有趣。书中通过丰富的实践案例，详细讲解了各种多模态分析方法，为读者提供了宝贵的实用指导。无论是新手还是专业人士，都能从书中获得新知识和启发，提升多模态数据分析的能力。

——北京玄骥科技有限公司 CEO　单艺

多模态数据是通向 AGI 和 ASI 的关键。《多模态数据分析》一书系统而全面地探讨了多模态数据技术，从基础概念到关键技术再到典型应用。作者团队基于自己多年工业界大数据分析经验，介绍了多模态数据分析技术在医疗健康、视频直播、内容创作等领域的实战案例。对于数据科学领域的研究人员、工程师和学生来说，本书是一本完整且实用的学习参考资料，能够帮助读者全方位掌握多模态数据分析的核心技术与前沿实践。

——外研在线技术副总裁　董晋鹏

作为技术人员出身的创业者，我深知实践经验的价值。本书以多模态数据为核心，解析大模型的数据应用，为读者提供有深度且实用的 AI 指南。书中不但有对 GPT 与 DeepSeek 等大模型的多模态实践分析，并且通过医疗诊断、用户行为分析等案例，展现了多模态数据分析的现实意义。本书内容结构严谨，语言通俗易懂，适合初学者与专业人士。愿它启发更多读者！

——Westar 实验室创始人，中国计算机学会 TF 主席
杨卫华（Tim Yang）

多模态数据分析作为连接现实世界与人工智能的桥梁，正成为大模型时代的核心驱动力。作为长期致力于知识图谱与大模型融合研究的学者，我被这部著作的系统性与前瞻性深深折服，它为我们呈现了多模态智能的完整图景。本书从单一模态处理到跨模态融合，从统计方法到深度学习，构建了一条清晰的技术进阶路径。本书包括多个领域的实战案例，涵盖医疗疾病诊断、直播热点挖掘与优质视频创作等热点方向，展现了多模态技术的无限潜力。在数据与知识交融的新时代，这本著作既是一本入门指南，也是一本实践宝典，必将助力读者在多模态智能的探索中披荆斩棘、开辟新境。

——OpenKG 首届轮值主席　王昊奋

从大数据到大模型，一个"大"字道尽玄机。巴川老师以"多模态数据"为起点，将大数据在大模型时代的应用融会贯通，为读者提供了一份完整的人工智能学习实践手册。本书不仅涵盖了 AGI 领域最核心的知识点，更提供了深入浅出的案例和实践代码，内容精彩、引人入胜，可以帮助读者完整地走过从数据到智能的入门之路。厚积薄发，开卷有益，祝贺这本佳作开启又一次知音之旅。

——云和恩墨创始人　盖国强

大语言模型（LLM）实现了单一模态的技术突破，推动人工智能进入新阶段。而世界上的信息、数据都是多模态的，真正的通用人工智能（AGI）必将超越语言单一模态的局限。巴川等老师的这本著作，以"理论框架—技术路径—实战案例"层层递进的方式提供了完整的知识链路。几个实战案例可谓点睛之笔，打通了多模态技术从理论到落地的"最后一公里"，生动展现了多模态技术赋能千行百业的潜力。翻开书页，未来已徐徐展开。

——公众号"IT民工闲话"作者　史海峰

在 AI 时代，"认知碎片"是创新最大的障碍。巴川等老师的新著以"专业实践，通俗易懂"为核心，系统构建多模态智能体系：从单模态处理到大模型应用，贯穿统计学、知识图谱等关键技术，更以实际案例印证了"数据—算法—场景"统一价值流的真谛。本书不仅破解了多模态数据融合的密码，更搭建起从理论到产业落地的桥梁。

——精益数据创始人　史凯

在多模态成为新一代基础设施的今天，新技术落地的关键在于打通"最后一公里"的工程化断层。巴川兄的《多模态数据分析》一书构建了一套完整的工程化框架，不仅系统梳理了从传统统计学到现代大模型的技术演进路径，更通过精准医疗、视频挖掘等真实场景案例，实现了从工具到应用的全链路闭环。作为工程师文化布道者，我期待更多工程师掌握这套多模态数据分析体系，共同开启数据价值的掘金时代。

——msup 公司创始人兼 CEO　刘付强

前言

近十几年来，数据技术可能是这个世界上发展最快的领域。从小样本数据分析到大数据分析，从数据科学到机器学习，从人工智能到如今爆火的大模型，从单一模态数据分析到多模态数据分析，数据技术领域的从业者经历着兴奋刺激的飞速发展，同时被技术变化裹挟着不断前进。

作者十几年来与数据同行一起在纷繁的业务中翻滚，在数据的汪洋中浸泡，在复杂的职场中浮沉，深感时代洪流滔滔向前，唯一不变的只有变化，而我们面对变化、拥抱变化的方法只有不断学习，这样才能不被时代抛弃。

本书是作者十几年来与数据打交道的经验总结，里面既有概念、方法介绍，又有案例、代码实践，希望能给读者提供多模态数据分析的方法与实践经验，帮助读者在 AI 时代的浪潮中踏浪而行，有机会翻出属于自己的那朵小浪花。

本书结构

本书主体内容共 12 章：

第 1 章为多模态数据分析概述。

第 2、3 章为文本、图像、音频、视频等从单一模态数据到多模态数据的处理和简单分析。对重点方法提供了代码示例，供各位读者操作练习。

第 4、5、6、7、8 章为多模态数据分析的具体方法介绍，包括统计学与数据分析、机器学习、深度学习、知识图谱和大模型等多种算法模型。每章都有方法概念、模型原理和案例代码。这部分对各种算法的数学原理点到为止、不做深究，重点强调各种方法的应用和案例实操。各位读者最好的学习方法是把书中的案例代码动手操作一遍，再换成自己的数据来操作调优，加深对各种算法模型的理解，同时提高应用能力。对算法的数学原理特别感兴趣的读者可以从网络或者其他书籍中查阅相关资料，也欢迎联系作者深入交流和切磋。

第 9、10、11、12 章为多模态数据分析的综合应用案例，涵盖医疗领域和视频直播领域，既可以当作 4 个小案例来看，也可以当作两个大的综合案例来看。对于这些作者和团队成员亲历的项目，同样提供了案例代码，供读者操作实践，加强读者的综合应用能力和业务实战能力。

本书适用对象

本书可作为数据分析师、数据科学家、数据工程师、算法工程师等数据技术相关从业者的学习用书，也可作为高等院校数学、统计学、计算机等相关专业的师生用书和培训学校的教材。当然，对多模态数据分析领域有强烈兴趣的非专业人士或管理人士，也可抛弃代码实操部分，只读理论部分，观其大略即可。

配套代码

本书的配套代码可通过"读者服务"扫码获取。

读者反馈

数据技术发展日新月异，作者也在不断学习中，由于作者水平有限，书中难免存在纰漏和不足之处，敬请各位读者批评指正。如果您对本书有任何疑问或者建议，请发送邮件到联系邮箱 bachuan@163.com。

致谢

感谢本书的合著作者李慧、叶心函、钟宇周，他们贡献了许多专业、精彩的内容。感谢罗鑫波、袁士金明为本书做了大量审校工作并提出了许多专业建议。感谢本书的策划编辑董英和内容编辑付睿给予了我很大的耐心和鼓励，陪我们一起度过了漫长的写作、修改、出版过程。感谢出版社的各位老师为本书的顺利出版所做的工作。感谢为本书写推荐语的各位行业大咖、前辈精英为我们提供的帮助和鼓励。

由于出版限制，还有许多内容未能在书中呈现，遗憾在所难免，在此感谢为此付出的同事朋友，也感谢对我们包容和提出宝贵意见的读者朋友……需要感谢的人还有很多，限于篇幅，在这里就不一一列举了。

巴川

2025 年 5 月

读者服务

微信扫码回复：50590

- 获取本书配套代码和参考文献
- 加入本书读者交流群，与作者互动
- 获取【百场业界大咖直播合集】（持续更新），仅需 1 元

目录

第1章 多模态数据分析概述 1
    1.1 什么是多模态数据 1
    1.2 多模态数据分析的意义 4
    1.3 多模态数据分析的挑战 7
    1.4 小结 9

第2章 单一模态数据处理与分析 11
    2.1 文本数据处理与分析 11
        2.1.1 文本数据处理 12
        2.1.2 文本分类与主题建模 21
    2.2 图像数据处理与分析 25
        2.2.1 图像数据处理 25
        2.2.2 图像目标检测 35
    2.3 音频数据处理与分析 37
        2.3.1 音频数据预处理 38
        2.3.2 音频分类与事件检测 46
    2.4 视频数据处理与分析 49
        2.4.1 视频数据预处理 50
        2.4.2 行为识别与动作分析 60
    2.5 小结 65

第3章 多模态数据融合 ... 66

3.1 多模态数据融合的研究意义 ... 66
3.2 多模态数据融合的常规方法 ... 67
- 3.2.1 特征级融合 ... 67
- 3.2.2 决策级融合 ... 71
- 3.2.3 模型级融合 ... 75
- 3.2.4 混合级融合 ... 80

3.3 多模态数据融合的创新方法 ... 84
- 3.3.1 基于深度学习的多模态特征自适应融合 ... 84
- 3.3.2 基于跨模态语义对齐的一致性增强融合 ... 89
- 3.3.3 基于图的多模态图像关系推理融合 ... 92

3.4 小结 ... 95

第4章 统计学与数据分析 ... 96

4.1 统计学概述 ... 96
4.2 基础知识 ... 98
- 4.2.1 描述统计 ... 98
- 4.2.2 假设检验 ... 105

4.3 相关性分析 ... 107
4.4 回归分析 ... 109
- 4.4.1 回归分析介绍 ... 109
- 4.4.2 案例：二手车怎么买 ... 111

4.5 算法案例：基于相关性统计的短语词云 ... 121
- 4.5.1 文本数据处理 ... 121
- 4.5.2 短语词云算法原理与展示 ... 125

4.6 小结 ... 126

第5章 基于机器学习的多模态数据分析 ... 128

5.1 经典机器学习算法介绍 ... 128
- 5.1.1 线性回归 ... 129
- 5.1.2 逻辑回归 ... 130

    5.1.3 支持向量机 131
    5.1.4 决策树 132
    5.1.5 随机森林 134
    5.1.6 XGBoost 137
    5.1.7 朴素贝叶斯 137
    5.1.8 神经网络 138
  5.2 案例：基于支持向量机的车牌识别 140
  5.3 案例：基于神经网络的机器翻译 150
  5.4 小结 154

第6章 基于深度学习的多模态数据分析 156
  6.1 深度学习介绍 156
  6.2 卷积神经网络及其数据分析案例 158
    6.2.1 卷积神经网络介绍 158
    6.2.2 案例：颜值评分 160
  6.3 序列数据应用——LSTM 167
    6.3.1 循环神经网络和 LSTM 介绍 167
    6.3.2 案例：用模型作诗 169
  6.4 深度学习扩展知识与应用 175
  6.5 小结 180

第7章 基于知识图谱的多模态数据分析 181
  7.1 知识图谱技术体系及其构建方法 181
    7.1.1 知识图谱技术体系 181
    7.1.2 案例：构建知识图谱 184
  7.2 知识图谱与多模态数据融合 190
    7.2.1 融合的优势及应用方向 190
    7.2.2 案例：构建基于多模态知识图谱的多标签预测模型 191
  7.3 知识图谱推理与分析 203
    7.3.1 推理与分析方法介绍 203
    7.3.2 案例：基于图神经网络的知识图谱给用户推荐电影 204

- 7.4 知识图谱数据分析的企业级拓展应用 208
  - 7.4.1 用户传播路径 208
  - 7.4.2 用户搜索观星台 209
  - 7.4.3 用户关系网络及健康度评估 210
- 7.5 小结 212

第8章 基于大模型的多模态数据分析 213

- 8.1 大模型概述 213
  - 8.1.1 大模型的定义与特点 213
  - 8.1.2 大模型的基本原理 214
  - 8.1.3 大模型在多模态数据分析中的重要作用 217
- 8.2 大模型应用架构 218
  - 8.2.1 业务架构 218
  - 8.2.2 技术架构 220
  - 8.2.3 技术路线选择 224
- 8.3 大模型在多模态数据分析中的应用 226
  - 8.3.1 大模型助力多模态数据处理 226
  - 8.3.2 大模型助力多模态数据融合 228
  - 8.3.3 大模型助力多模态数据分析 230
- 8.4 GPT 与 DeepSeek：多模态数据分析领域的交锋 ... 231
  - 8.4.1 GPT：多模态先驱，当下实力究竟几何 231
  - 8.4.2 DeepSeek：新晋黑马，突破重围有何独特优势 ... 233
  - 8.4.3 巅峰对垒：GPT 与 DeepSeek 多模态数据分析比拼 ... 235
- 8.5 小结 237

第9章 实战案例：挖掘肺部病变，赋能精准医疗 239

- 9.1 多模态数据分析在医疗领域的发展和应用现状 ... 239
- 9.2 肺部病变识别的背景介绍 241
- 9.3 肺部病变识别的实践过程 242
  - 9.3.1 CT 影像数据预处理 242
  - 9.3.2 使用 TensorFlow 搭建 CNN 模型 250

		9.3.3　使用模型识别疑似病灶图像 255
　9.4　小结 258

第10章　实战案例：剖析疾病数据，助力早期筛查 260
　10.1　疾病早筛数据预处理 260
　10.2　建立重大疾病预测模型 267
　10.3　疾病早筛实际业务过程和价值预估 269
　10.4　小结 272

第11章　实战案例：聚焦直播高光时刻，推动话题制造 273
　11.1　直播数据特点 273
　11.2　直播数据反馈 274
　11.3　视觉内容识别 276
　11.4　弹幕评论解析 280
　11.5　音频情感分析 283
　11.6　协同确定直播高光时刻 286
　11.7　小结 287

第12章　实战案例：解析优质视频，汲取创作灵感 288
　12.1　短视频数据特点 288
　12.2　使用多模态大模型做视频分析的优势和局限性 290
　12.3　从视频内容预处理到灵感孵化 293
　12.4　数据驱动的灵感闭环 299
　12.5　小结 301

第1章 多模态数据分析概述

在数字化时代，数据呈现爆炸式增长，且形式愈发多样，多模态数据成为主流。多模态数据融合了文本、图像、音频、视频等多种形式，蕴含丰富的信息，为深入理解数据背后的意义提供了更多可能。多模态数据分析作为一门新兴的交叉学科，旨在整合这些不同模态的数据，挖掘其中的潜在价值，其在众多领域发挥着关键作用。在本章中，将对多模态数据分析进行概述。

本章主要内容如下：

- 什么是多模态数据。
- 多模态数据分析的意义。
- 多模态数据分析的挑战。

1.1 什么是多模态数据

多模态数据指通过不同的传感器或方式采集获得的具有不同形式和特征的数据，如文本、图像、音频、视频等。这些数据从各自独特的角度描述事物，彼此之间存在着潜在的关联与互补关系。

文本数据以字符形式记录信息，可传达语义、情感和知识。例如，一篇新闻报道通过文字详细阐述事件的来龙去脉、涉及的人物、各方观点以及蕴含的情感倾向等内容。从学术论文到小说和散文，从产品说明书到社交媒体上的用户评论，文本数据无处不在，它是人类表达思想和传递信息的重要载体之一。

图像数据以像素矩阵呈现，包含丰富的视觉信息，如物体的形状、颜色和空间位置等。从一幅风景照片中，我们能直观地看到山川河流的形状、花草树木的颜色以及它们在画面中的空间布局。在医疗领域，X光片、CT图像通过不同灰度的像素组合来呈现人体内部器官的形态结构，帮助医生发现病变。在工业生产中，机器视觉系统利用图像数据识别产品的形状、尺寸以及表面缺陷等。

音频数据通过声波传递声音信息，能表达语音内容、环境声音和情感状态。日常交流中的对话、广播中的新闻播报、音乐作品中的旋律节奏等都属于音频数据范畴。从语音中，我们可以识别说话者的身份、理解其表达的语义，同时能从语音的语调、语速、音色等方面感知说话者的情绪，如喜悦、愤怒、悲伤等。环境中的各种声音，如鸟鸣声、汽车喇叭声、机器轰鸣声等，也蕴含着周围环境状态的信息。

视频数据则是图像与音频的结合，具有时空连续性，可展示动态场景和事件发展。电影、电视剧通过连续的视频画面和伴音为观众讲述故事，呈现精彩的情节和生动的人物形象。监控视频能实时记录特定区域内人员和物体的动态变化，为安全防范提供重要依据。在体育赛事转播中，视频数据全方位展现运动员的精彩表现以及比赛的激烈进程。

多模态数据具有以下显著特点。

1. 数据形式多样

涵盖多种类型的数据，每种模态都有其独特的表示方式和数据结构。

文本数据通常以字符串形式存储，经过自然语言处理技术可转换为词向量等形式用于分析；图像数据以二维或三维的像素矩阵表示，其数据结构和处理方式与文本数据截然不同；音频数据以时间序列的波形表示，在进行分析前往往需要进行采样、量化等预处理操作；视频数据则由一系列连续的图像帧和对应的音频流组成，其数据结构更为复杂。

这种多样性使数据处理与分析的难度大幅增加，但也为挖掘更全面的信息提供了广阔的空间。例如，在一个关于消费者行为分析的项目中，既可以通过文本形式的消费者评论了解他们对产品的意见和建议，又可以通过图像数据（如产品展示图片、消费者在店铺内的行为图像）获取产品外观吸引力、消费者行为模式等信息，还可以借助音频数据（如消费者与销售人员的对话音频）洞察消费者的情绪状态和需求痛点。

不同模态的数据从各自独特的视角为项目提供丰富的数据支持，有助于我们得出更全面、深入的分析结论。

2. 信息丰富

不同模态的数据能够提供互补的信息，从多个维度描述对象，从而更全面地反映事物的特征和本质，有助于提升数据分析的准确性和可靠性。

以智能安防系统为例，单纯依靠视频图像进行目标识别，可能会因为光线变化、遮挡等因素导致识别错误。而如果同时结合音频数据，如对异常声音的检测，就可以更准确地判断是否存在安全隐患。在医疗诊断中，医疗影像（如 X 光片、CT 图像）能够直观地展示人体内部器官的形态结构，发现病变部位；病历文本详细记录了患者的病史、症状描述、检查结果等文字信息；患者的语音描述则可能包含一些主观感受和细节信息，这些信息在病历文本中可能并未完全体现。将这 3 种模态的数据结合起来，医生可以从多个角度全面了解患者的病情，做出更准确的诊断决策，避免因单一模态数据的局限性而导致误诊或漏诊。

3. 数据量庞大

随着技术的发展，数据采集设备日益普及，多模态数据的规模呈指数级增长。

在互联网领域，社交媒体平台上每天产生数以亿计的文本内容（用户发布的动态、评论、私信等）、海量的图像和视频（用户分享的生活照片、短视频等），以及大量的音频文件（语音消息、直播音频等）。

在物联网环境中，遍布城市各个角落的摄像头和传感器不断采集视频、图像、环境参数等多模态数据。例如，一个中等规模城市的交通监控系统，每天产生的视频数据量可达数 TB 甚至更多。

如此庞大的数据量对存储、处理和分析能力提出了极高的要求。不仅需要具备足够大容量的存储设备来保存这些数据，还需要强大的计算资源和高效的数据处理算法来对海量数据进行实时或离线分析，从中提取有价值的信息。否则，大量的数据可能会成为"数据噪声"，无法发挥其应有的作用。

4. 模态间关联复杂

各模态数据之间的关联关系复杂，并非简单的线性关系，需要深入挖掘和理解这些关系，才能充分发挥多模态数据的优势。

例如，在视频会议场景中，说话者的语音内容与对应的唇部动作、面部表情之间存在着紧密的联系，但这种联系并非一一对应的简单映射。不同人的说话习惯、语速、语调以及面部表情丰富程度各不相同，还可能受到环境因素（如光线、噪声等）的影响。要准确地建立语音与图像之间的关联，需要综合考虑多种因素，运用复杂的模型和算法进行分析。

在多媒体信息检索领域，用户输入一段文本描述，希望检索到与之相关的图像或视频。此时，需要深入理解文本语义与图像、视频的视觉内容之间的潜在关联，这种关联涉及语义理解、视觉特征提取及跨模态匹配等多个复杂环节。只有准确把握各模态数据之间的复杂关联，才能实现高效的多模态数据分析和应用。

1.2 多模态数据分析的意义

多模态数据分析的意义如下。

1. 提升数据理解的全面性

传统的单一模态数据分析往往只能从有限的角度获取信息，容易造成信息缺失。多模态数据分析整合了多种模态的数据，能够打破单一模态的局限性，提供更全面的视角。

在医疗诊断中，结合医疗影像（如 X 光片、CT 图像）、病历文本和患者的语音描述，医生可以更全面地了解患者的病情，做出更准确的诊断决策。例如，对于一位肺部疾病患者，X 光片可以初步显示肺部的大致形态和是否存在明显的病变阴影；CT 图像则能够提供更详细的肺部组织结构信息，帮助医生更精确地判断病变的位置、大小和形态；病历文本记录了患者的既往病史、症状出现的时间和发展过程等信息，为诊断提供了重要的背景资料；而患者的语音描述可能包含一些主观感受，如咳嗽的频率、是否伴有胸痛以及疼痛的具体部位和程度等，这些信息可能并没有在病历文本中进行详细记录，但对于医生全面了解病情至关重要。通过综合分析这 3 种模态的数据，医生能够从不同层面深入了解患者的病情，避免因单一模态数据的片面性而导致误诊或漏诊，并进一步制定更合理、有效的治疗方案。

2. 增强模型性能与泛化性能

在机器学习和人工智能领域，多模态数据为模型训练提供了更丰富的特征。通过融合不同模态的数据，模型能够学到更全面的模式和规律，从而提升性能。

在图像分类任务中，同时使用图像的视觉特征和对应的文本描述特征进行训练，模型可以更准确地识别图像内容。例如，对于一幅包含多种动物的图片，仅依靠图像的视觉特征可能难以准确区分某些外形相似的动物种类。但如果同时结合文本描述，如"图片中有一只黑白相间、体型较大、正在吃竹子的动物"，模型就可以利用文本中的关键信息（如"黑白相间""吃竹子"）与图像的视觉特征进行匹配，从而更准确地判断出图片中有大熊猫。此外，多模态数据有助于模型更好地捕捉不同场景下的共性与差异，增强其在不同环境中的泛化性能，使其在面对复杂多变的真实世界数据时表现得更加稳健、可靠。

以自动驾驶模型为例，在训练过程中，融合激光雷达数据、摄像头图像数据以及车辆传感器数据，模型能够从多个维度感知周围的环境信息。激光雷达数据可以精确测量车辆周围物体的距离和位置，摄像头图像数据可以提供丰富的视觉场景信息，车辆传感器数据则可以反映车辆自身的状态参数（如速度、加速度等）。通过综合分析这些多模态数据，自动驾驶模型能够学到不同路况、天气条件以及交通场景下的行驶模式和规律，从而在实际驾驶过程中，无论遇到晴天还是雨天，高速公路还是城市街道，都能更准确地做出决策，保障行车安全。

3. 拓展应用场景与创新业务模式

多模态数据分析为众多领域带来了全新的应用可能性。

在智能安防领域，融合视频图像、音频和传感器数据，能够实现更精准的目标检测和行为识别，提升安全防范能力。例如，在一个大型商场的安防监控系统中，通过视频图像可以实时监测人员的活动轨迹和行为动作，通过音频数据可以捕捉到异常的声音（如呼喊声、爆炸声），通过传感器数据（如烟雾传感器、人体红外传感器）可以检测到环境中的异常情况（如烟雾浓度超标、有人非法闯入）。将这些多模态数据进行融合分析，系统可以及时且准确地发现潜在的安全威胁，并采取相应的预警和处置措施，这大大提高了商场的安全防范水平。

在智能客服领域，结合语音识别和文本分析技术，客服系统可以更高效地理解客户需求，实现语音与文字交互的无缝切换，提升客户服务体验。当客户拨打客服电话时，系统首先通过语音识别将客户的语音内容转换为文本，然后利用文本分析技术对客户需求进行理解和分类。如果客户在交流过程中希望通过文字方式表达更复杂的问题或提供相关资料，那么系统可以无缝切换到文本交互模式，为客户提供更加便捷、个性化的服务。

在自动驾驶领域，通过融合激光雷达数据、摄像头图像数据以及车辆传感器数据，自动驾驶系统能够对周围环境进行更精确的感知与决策，推动自动驾驶技术的发展与普及。这种跨模态的数据应用还催生了创新的业务模式，如基于多模态生物特征识别的安全认证系统，结合指纹、面部、语音等多种生物特征，为金融交易等场景提供更高等级的安全保障，拓展了业务边界。

在金融领域，客户在进行网上转账、登录重要账户等操作时，系统可以同时采集客户的指纹、面部图像和语音信息来进行身份验证。相比传统的单一密码或短信验证码认证方式，多模态生物特征识别大大提高了认证的准确性和安全性，有效降低了账户被盗用的风险，为金融机构和客户提供了更可靠的安全保障，同时为金融业务的创新发展奠定了基础。

1.3　多模态数据分析的挑战

多模态数据分析的挑战如下。

1. 数据对齐与融合难题

不同模态的数据在特征表示、时间尺度、空间维度等方面存在巨大差异，如何将这些异质数据进行有效对齐与融合是多模态数据分析面临的首要挑战。

在视频与音频数据的融合中，视频帧与音频采样点的时间分辨率不同，需要精确地将其同步与匹配，才能准确关联二者的信息。例如，一段视频的帧率为每秒 30 帧，而音频的采样频率为 44100Hz，这意味着在同一时间段内，音频数据的采样点数量远远多于视频帧的数量。要实现视频与音频的有效融合，就需要找到一种合适的方法，将音频采样点与对应的视频帧进行精确对齐，确保音频内容与视频画面在时间上保持一致。

而且，不同模态数据的特征维度和分布也各不相同，如文本数据是离散的词向量表示，而图像数据是连续的像素矩阵，如何将这些差异巨大的特征统一到一个融合空间，以实现有效的信息交互与整合，仍是当前研究的难点。

在多模态情感分析中，需要将文本数据中的情感倾向（如积极、消极、中性）与图像数据中的面部表情特征（如微笑、皱眉、愤怒表情）进行融合分析。但由于文本和图像的特征表示方式差异极大，很难直接将二者进行合并处理。

目前，研究人员尝试采用多种方法，如基于深度学习的跨模态映射模型、特征转换算法等，将不同模态数据的特征映射到一个共同的特征空间中，以便进行有效的融合分析，但这些方法仍存在诸多局限性，需要进一步深入研究和改进。

2. 计算复杂度高

处理多模态数据需要同时对多种类型的数据进行运算，这大大增加了对计算资源的需求。在模型训练过程中，由于多模态数据的高维度和复杂结构，计算量呈指数级增长。

处理高清视频、高分辨率图像及大量文本数据的多模态融合模型，需要强大的计算硬件（如高性能 GPU 集群）来支撑复杂的矩阵运算和神经网络训练。例如，一个用于视频内容分析的多模态模型，需要同时处理视频中每一帧的图像数据以及对应的音频数据，还要对相关的文本描述信息进行分析。高清视频的一帧图像可能包含数百万个像素点，音频数据也具有较高的采样率，再加上对文本数据的处理，使模型在训练过程中涉及海量的数据运算。而且，多模态数据的实时处理需求（如实时视频分析、实时语音交互等）进一步增加了计算压力，如何在有限的计算资源下，实现高效的多模态数据分析，是实际应用中亟待解决的问题。

在智能安防监控系统中，需要对实时采集的视频和音频数据进行分析，及时发现异常情况并发出预警。这就要求系统能够在极短的时间内完成对大量多模态数据的处理和分析，这对计算资源和算法效率提出了极高的要求。

为了应对这一挑战，研究人员一方面致力于研发更高效的算法和模型架构，如轻量级神经网络、并行计算算法等，以降低计算复杂度；另一方面，不断探索新的硬件技术，如专用的多模态数据处理芯片，以提高计算速度和效率。

3. 数据质量与缺失问题

多模态数据来源广泛，数据质量参差不齐。不同传感器、采集设备可能存在噪声、误差等问题，导致数据不准确或不完整。

在智能环境监测中，传感器可能因故障或干扰产生错误的温度、湿度数据，而图像数据可能受到光照、遮挡等因素影响，出现模糊、缺失部分信息的情况。例如，在一个城市的空气质量监测网络中，某些传感器可能由于长期使用出现老化现象，导致测量的空气质量数据出现偏差。在交通监控摄像头拍摄的图像中，可能会因为恶劣天气（如暴雨、大雾）、车辆或行人的遮挡，导致部分区域的图像信息缺失或模糊不清，影响对交通状况的准确判断。

而且，多模态数据中不同模态数据的缺失情况也较为常见，如在某些监控场景中，可能因摄像头故障导致部分时间段的视频数据缺失，而音频数据仍在正常采集。如何对这些低质量和缺失的数据进行有效的清洗、修复与补偿，以保证多模态数据分析结果的可靠性，是一个具有挑战性的任务。

为了解决数据质量低下和数据缺失问题，研究人员提出了多种方法。对于噪声和误差数据，可以采用滤波算法、数据校正模型等进行清洗和修正；对于缺失数据，可以利用数据插值、基于模型的预测等方法进行修复和补偿。在实际应用中，还需要根据不同模态数据的特征和应用场景，选择合适的方法组合，以提高数据处理的效果和效率。同时，建立完善的数据质量评估体系，对采集到的多模态数据进行实时监测和质量评估，及时发现并处理数据质量问题，也是保障多模态数据分析可靠性的重要环节。

1.4　小结

多模态数据形式多样、信息丰富、数据量庞大且模态间关联复杂。多模态数据的特征既为深入洞察数据背后的意义提供了广阔空间，有助于提升数据分析的全面性、准确性和可靠性，也使数据处理与分析面临诸多难题。

多模态数据分析意义重大，能提升数据理解的全面性，帮助打破单一模态局限，为决策提供更丰富的依据；可增强模型性能与泛化性能，使模型学到更全面的模式和规律，在复杂多变的环境中表现更稳健；还拓展了应用场景，催生出创新业务模式，推动众多领域的发展。

然而，多模态数据分析也面临着严峻挑战。数据对齐与融合难题，源于不同模态数据在特征表示、时间尺度、空间维度等方面的巨大差异；计算复杂度高，是因为多模态数据的高维度和复杂结构使计算资源需求剧增；数据质量与缺失问题，是由于数据来源广泛，不同传感器和采集设备的数据存在噪声、误差和缺失情况。

尽管面临挑战，但随着技术的不断发展和研究的深入，多模态数据分析在各领域的应用前景依然广阔。通过不断探索新的方法和技术，有望解决这些难题，充分挖掘多模态数据的潜在价值，为社会发展和科技创新提供更强大的支持。

第 2 章

单一模态数据处理与分析

当处理和分析单一模态数据时，如文本、图像、音频和视频数据，数据预处理是非常重要的一步。数据预处理的目的是清洗和转换原始数据，使其适应后续的分析任务。预处理步骤包括数据清洗、采样与归一化、特征提取与转换等。针对不同类型的数据，有不同的预处理方法和步骤。在本章中将分别就单一模态数据的预处理和分析案例进行详细介绍。

本章主要内容如下：

- 文本数据处理与分析。
- 图像数据处理与分析。
- 音频数据处理与分析。
- 视频数据处理与分析。

2.1 文本数据处理与分析

文本数据的预处理在数据分析中扮演着重要的角色，是文本数据分析的关键步骤之一，它涉及将原始文本数据转换为可用于分析的格式，并消除数据中的噪声和无效信息。

首先，原始文本数据通常包含大量的非结构化信息，例如大小写字母、标点符号、停用词、特殊字符等，这些杂乱的数据不利于后续的数据分析和建模，进行文本数据预处理可以将文本数据转换为更加干净和结构化的形式，使后续的分析工作更加容易和准确。

其次，文本数据预处理在许多领域都有广泛的应用，例如情感分析、文本分类、文本摘要、信息抽取、机器翻译等。

2.1.1 文本数据处理

当进行文本数据处理时，可以遵循以下基本流程与方法。

1. 数据收集

数据收集是指收集需要进行分析和处理的文本数据，可以从网页、数据库、社交媒体等来源获取数据。

2. 数据平衡

判断文本数据是否平衡，可以通过计算每个类别的样本数量或比例来进行评估。如果各个类别的样本数量相差较大，即存在较大的类别不均衡，则可以认为数据集不平衡。常见的判断方法包括绘制直方图或饼图以可视化各个类别的分布情况，或计算各个类别的频率或占比，并观察其是否相对均衡，或采取过/欠采样等方法来平衡数据集，以避免对模型的不利影响。

3. 文本清洗

文本清洗是指对数据进行清洗以去除不必要的噪声和干扰，包括去除HTML标签、特殊字符、数字或其他无用的符号等，可以使用正则表达式或者专门的文本处理库来实现。相关代码如下：

```
import re

def clean_text(text):
    # 去除 HTML 标签
```

```
        text = re.sub('<.*?>', '', text)
        # 去除特殊字符和无用的符号
        text = re.sub('[^\w\s]', '', text)
        # 去除数字
        text = re.sub('\d+', '', text)
        # 去除多余的空格
        text = re.sub('\s+', ' ', text).strip()
    return text

# 示例：输入文本
text = "<p>这是一段含有<em>HTML 标签</em>和一些特殊字符的文本，例如：&amp;、@#$%^&amp;*。还有一些数字，比如 123 和 456。</p>"

# 清洗文本
cleaned_text = clean_text(text)

# 输出结果
print(cleaned_text)
```

运行以上代码，输出的结果为：

这是一段含有 HTML 标签和一些特殊字符的文本例如 ampamp 还有一些数字比如和

4. 文本切分

文本切分是指将长文本切分为句子或词语的序列，可以通过分词工具（如 NLTK、jieba 等）实现。相关代码如下：

```
import jieba

# 原始文本
text = "我喜欢用 Python 做多模态数据分析。"

# 使用 jieba 进行分词
words = jieba.cut(text)

# 将分词结果转换为列表
word_list = list(words)

# 输出结果
```

```
print(word_list)
```

运行以上代码，输出的结果将是一个包含分词后词语的列表：

```
['我', '喜欢', '用', 'Python', '做', '多', '模态', '数据分析', '。']
```

5. 文本标准化

文本标准化是指将文本转换为一致的格式，例如，将所有字母转换为小写、去除拼写错误、处理缩写词和同义词等。相关代码如下：

```
import re

def text_normalization(text):
    # 将所有字母转换为小写
    text = text.lower()
    # 去除拼写错误
    spelling_errors = {'gud': 'good', 'helo': 'hello', 'thx': 'thanks'}
    words = text.split()
    corrected_words = [spelling_errors[word] if word in spelling_errors else word for word in words]
    text = ' '.join(corrected_words)
    # 处理缩写词
    abbreviations = {'lol': 'laugh out loud', 'btw': 'by the way', 'omg': 'oh my god'}
    text = re.sub(r'\b(' + '|'.join(abbreviations.keys()) + r')\b', lambda match: abbreviations[match.group(0)], text)
    # 处理同义词
    synonyms = {'happy': ['joyful', 'glad', 'content'], 'sad': ['unhappy', 'depressed', 'down']}
    for word in synonyms:
        text = re.sub(r'\b(' + '|'.join(synonyms[word]) + r')\b', word, text)
    return text

# 示例
text = "I am so LOL. Gud to see u. Thx for helo me."
normalized_text = text_normalization(text)

# 输出结果
print(normalized_text)
```

运行以上代码，输出的结果为：

i am so laugh out loud. good to see u. thanks for hello me.

6. 去除停用词

去除停用词是指删除常见的停用词，如"the""a""is""似乎""再者"等，这些词对于情感分析和文本分类没有太多实质性价值。相关代码如下：

```
import jieba

# 定义停用词列表
stopwords = ['我', '觉得', '的', '也']

# 待处理的文本
text = "我觉得这部电影非常好，剧情紧凑，演员的表演也很出色"

# 分词并去除停用词
seg_list = jieba.cut(text)
filtered_text = [word for word in seg_list if word not in stopwords]

# 输出处理后的文本
print(' '.join(filtered_text))
```

运行以上代码，输出的结果为：

这部 电影 非常 好 ， 剧情 紧凑 ， 演员 表演 很 出色

7. 去除低频词

去除低频词是指删除在整个文本中出现次数较少的词语，这些词往往对分析结果影响较小。相关代码如下：

```
import jieba
from collections import Counter

# 输入文本
text = '''我觉得这部电影非常好，这部电影剧情紧凑，演员的表演也很出色。但是这部电影中有些镜头似乎有点多余。'''
```

```
# 分词
seg_list = jieba.cut(text)

# 统计词频
word_counts = Counter(seg_list)

# 设置低频词阈值（出现次数小于或等于该值的词将被删除）
min_count = 2

# 去除低频词
filtered_words = [word for word, count in word_counts.items() if count > min_count]

# 输出结果
print("原始文本：",text)
print("去除低频词后的词语：",filtered_words)
```

运行以上代码，输出的结果为：

原始文本：我觉得这部电影非常好，这部电影剧情紧凑，演员的表演也很出色。但是这部电影中有些镜头似乎有点多余。
去除低频词后的词语：['这部', '电影']

8. 特征向量表示

特征向量表示是指将文本转换为数值特征向量，以便通过机器学习算法训练模型，可以使用词袋模型、TF-IDF 编码等方法。

词袋模型是一种基于单词出现次数的统计模型，将文本表示为一个固定大小的向量，每个维度代表一个单词，该维度的值表示该单词在文本中出现的次数。词袋模型忽略了单词出现的顺序和上下文信息，只关注单词出现的频率。因此，词袋模型对于相同单词的频率信息很敏感，但它无法捕捉到单词的重要程度。相关代码如下：

```
import jieba
from sklearn.feature_extraction.text import CountVectorizer

# 假设我们有一些中文文本数据
```

```
chinese_text = [
    "我喜欢吃苹果",
    "他喜欢吃香蕉",
    "她喜欢吃橘子",
    "他讨厌吃苹果"
]

# 对中文文本进行分词
seg_list = [jieba.lcut(text) for text in chinese_text]

# 将分词结果转换为字符串，以便使用 Sklearn 的 CountVectorizer 和 TfidfVectorizer
seg_list_str = [" ".join(text) for text in seg_list]

# 使用 CountVectorizer 将文本转换为词袋模型的特征向量表示
count_vec = CountVectorizer()
count_matrix = count_vec.fit_transform(seg_list_str)

# 输出结果
print("词袋模型特征向量表示：")
print(count_matrix.toarray())
print(count_vec.get_feature_names_out())
```

运行以上代码，输出的结果为：

```
词袋模型特征向量表示：
[ [1 0 1 0 0]
 [1 0 0 0 1]
 [1 1 0 0 0]
 [0 0 1 1 0] ]
['喜欢' '橘子' '苹果' '讨厌' '香蕉']
```

TF-IDF 编码则更加注重单词的重要程度。TF 指的是词频，表示一个单词在文本中出现的次数；IDF 指的是逆向文档频率，衡量一个单词在整个语料库中的重要程度。TF-IDF 编码将每个单词的 TF 与 IDF 相乘，得到一个单词的重要性权重。TF-IDF 编码可以凸显区分性强、在少数文本中频繁出现的单词。相关代码如下：

```
import jieba
from sklearn.feature_extraction.text import TfidfVectorizer
```

```python
# 假设我们有一些中文文本数据
chinese_text = [
    "我喜欢吃苹果",
    "他喜欢吃香蕉",
    "她喜欢吃橘子",
    "他讨厌吃苹果"
]

# 对中文文本进行分词
seg_list = [jieba.lcut(text) for text in chinese_text]

# 将分词结果转换为字符串,以便使用 Sklearn 的 CountVectorizer 和 TfidfVectorizer
seg_list_str = [" ".join(text) for text in seg_list]

# 使用 TfidfVectorizer 将文本转换为 TF-IDF 编码的特征向量表示
tfidf_vec = TfidfVectorizer()
tfidf_matrix = tfidf_vec.fit_transform(seg_list_str)

# 输出结果
print("TF-IDF 特征向量表示: ")
print(tfidf_matrix.toarray())
print(tfidf_vec.get_feature_names_out())
```

运行以上代码,输出的结果为:

```
TF-IDF 特征向量表示:
[ [0.62922751 0.         0.77722116 0.         0.        ]
  [0.53802897 0.         0.         0.         0.84292635]
  [0.53802897 0.84292635 0.         0.         0.        ]
  [0.         0.         0.6191303  0.78528828 0.        ] ]
['喜欢' '橘子' '苹果' '讨厌' '香蕉']
```

从准确性的角度来看,TF-IDF 编码通常能更准确地表示文本的特征,由于 TF-IDF 编码考虑了单词的重要程度,往往能更好地捕捉文本的关键信息。但在某些场景下,词袋模型也可能更适用,比如在短文本分类等任务中,词频更能反映出单词的重要性。对于特定的应用场景,根据需求选择合适的特征表示方法会更有利于获得准确的结果。

9. 词向量嵌入

词向量嵌入是指将文本转换为词向量空间表示，以捕捉词语之间的上下文关系和语义相似性，从而提升词语的表示能力。

Word2Vec 是经典的词向量模型之一，它通过训练神经网络来学习词向量，Word2Vec 生成的词向量能够很好地反映词语的语义相似性，利用 gensim 库中的 Word2Vec 模块，可以轻松地实现词向量的训练和应用。相关代码如下：

```
from gensim.models import Word2Vec

# 定义一个文本数据集作为语料库
sentences = [['I', 'like', 'dog'],
             ['I', 'love', 'cat'],
             ['I', 'hate', 'snake'],
             ['He', 'enjoys', 'playing', 'guitar'],
             ['They', 'like', 'watching', 'movies']]

# 创建Word2Vec模型对象
# sentences: 输入的语料库，以列表形式表示，每个元素都是一个句子或文本段落
# vector_size: 词向量的维度，即每个词的向量表示的长度。较小的vector_size值可能会使模型更快，但也可能会降低词向量的质量；较大的vector_size值可能会提供更多的语义信息，但训练时间更长，其值一般设置在100和300之间
# window: 上下文窗口大小，用于确定某个词的上下文范围。如果语料库比较小，那么可以适当缩小窗口大小，如2或3，以便更加关注当前词附近的上下文信息；如果语料库比较大，那么窗口大小可以适当增大，如5或10，以便更好地捕捉词语之间的长程依赖关系。在实际应用中，可以尝试使用不同的窗口大小来观察词向量效果，并选择最优的窗口大小
# min_count: 单词的最少出现次数，低于该频次的单词将被忽略
# workers: 并行处理的线程数，这个参数可以帮助加快训练过程，尤其是当语料库很大时。一般来说，将该值设置为计算机的核心数或者更小的值是比较常见的做法，以充分利用计算资源，但不会超出系统的负荷
model = Word2Vec(sentences, vector_size=100, window=5, min_count=1, workers=4)

# 构建词汇表
# 对语料库进行遍历，统计出所有不重复的单词，并为它们分配索引
# 为后续的模型训练做准备
model.build_vocab(sentences)

# 训练词向量模型
```

```
model.train(sentences, total_examples=model.corpus_count,
epochs=model.epochs)

# 通过 model.wv 来获取词向量
word_vectors = model.wv
print("词汇表中的词语: ", list(word_vectors.key_to_index))

# 计算词向量之间的相似度，接收两个词作为参数，并返回这两个词之间的相似度值
# 这个相似度值的范围通常在-1和1之间，越接近1代表两个词的语义相似度越高，越接
近-1代表两个词的语义相似度越低
similarity = model.wv.similarity('dog', 'cat')
print("单词'dog'和'cat'的相似性: ", similarity)

# 找到与某个词语最相似的词语
# 这个操作会返回一个列表，其中的每个元素都是一个包含两个值的元组，第一个值是相
# 似的词语，第二个值是相似度值
most_similar_words = model.wv.most_similar('cat')
print("与'cat'最相似的词语", most_similar_words)
```

运行以上代码，输出的结果为：

```
词汇表中的词语: ['I', 'like', 'movies', 'watching', 'They', 'guitar',
'playing', 'enjoys', 'He', 'snake', 'hate', 'cat', 'love', 'dog']
单词'dog'和'cat'的相似性: 0.17018887
与'cat'最相似的词语: [('movies', 0.25290459394454956), ('dog',
0.17018885910511017), ('watching', 0.15016481280326843), ('hate',
0.13887980580329895), ('snake', 0.03476495295763016), ('like',
0.004503016825765371), ('They', -0.005896817892789841), ('I',
-0.027750344946980476), ('He', -0.028488313779234886), ('love',
-0.044617101550102234)]
```

除了 Word2Vec，还有其他值得注意的词向量嵌入模型。比如 BERT，它基于 Transformer 模型，能够生成上下文相关的词向量，具有更强的表达能力和语义理解能力。GloVe 使用全局统计信息进行词向量学习，FastText 则考虑了词语内部的字符信息，ELMo 能够生成动态的上下文相关词向量。选择适合任务和数据特征的模型非常重要，可以根据具体需求进行实验比较，找到最有效的词向量嵌入方法。

10. 数据标注

数据标注是指根据任务需求，对文本数据进行分类、情感标注或命名实体识别等操作。通过数据标注，可以为机器学习算法提供有标签的训练数据，使算法能够通过学习数据中的模式和特征，从而实现自动化的文本分析和理解。

在数据标注过程中，需要根据具体任务的需求制定标注规则或准则，并由标注人员按照这些规则或准则进行标注。"分类"任务要求对文本进行类别划分，比如：将评论划分为正面、负面或中性；将新闻文章划分为体育、政治、娱乐等类别。标注人员根据文本内容和任务规则，为每个文本样本打上相应的类别标签。

"情感标注"任务要求对文本中的情感进行标记，如：对评论进行情感判别，如喜欢、厌恶、无感等；对用户发表的帖子进行情感分析，判断用户的情绪状态。标注人员需要根据语义和上下文理解，将文本归类为积极、消极或中立等情感极性。

"命名实体识别"任务要求识别文本中的命名实体，如人名、地名、组织机构名等。标注人员需要根据任务规则，确定文本中的具体实体，并进行标注。例如，在一段新闻文本中，标注人员需要找出并标注所有人名、地名和日期等信息。

数据标注过程中需要确保标注准确性和统一性，因此，通常会对标注人员进行培训，并进行质量控制。此外，还可以通过多次标注同一份数据并比对结果，评估和提高标注的准确性。

总之，数据标注在机器学习和自然语言处理领域具有重要作用，它为训练模型提供了有标签的样本数据，使机器能够通过学习数据中的模式和规律来自动化地处理文本数据。

2.1.2 文本分类与主题建模

在日常生活和工作中，我们每天都会产生大量的文本数据，文本数据分析是指对文本数据进行处理、挖掘和理解的过程，在大量的文本数据中提取有价值的信息、主题或模式，以便支持决策制定、用户意图洞察、情感分析等任务。

文本数据可以是书籍、文章、电子邮件、社交媒体帖子、新闻报道、产品评论等任何形式的文字内容。文本数据分析通过使用自然语言处理（NLP）和机器学习等技术，从文本中提取出关键字、情感倾向、主题等信息，并对这些信息进行统计、分类、聚类、情感分析等处理。

文本数据分析的应用范围广泛。在商业领域，它可用于市场调研、消费者行为分析、品牌管理等方面。在社交媒体和网络舆论监测中，文本数据分析可以帮助识别用户的观点、看法以及情感倾向。此外，在文本分类、信息摘要、机器翻译、问题回答等任务中，文本数据分析也发挥着重要的作用。

接下来，将通过一个简单的案例来讲解文本数据分析的步骤。假设有一个游戏平台，收集了玩家对各种游戏的评论数据，通常玩家对游戏的评论会从美术、玩法、养成、运营等几方面展开，情感分为赞扬、中立和吐槽3类。希望能够通过文本分类和情感识别的技术，对这些评论进行分析，并提取出关键信息，以便了解玩家对不同游戏的评价和意见。

以下是实现的步骤和代码。

（1）数据预处理：去除特殊字符、统一为小写字母等。

（2）特征提取：将处理后的评论转换为特征向量。

（3）数据集标记：对于数据集中的每个评论，将其分配到相应的类别（美术、玩法、养成、运营等）和情感类别（赞扬、中立、吐槽）。

（4）模型训练：使用朴素贝叶斯方法，通过训练数据集训练分类器模型。

（5）模型评估：使用训练好的模型对测试数据集进行预测，并评估模型的性能。

（6）情感识别：对于已经完成文本分类的模型，使用同样的流程进行情感识别的训练和评估。

```python
import numpy as np
import pandas as pd
from sklearn.feature_extraction.text import CountVectorizer
from sklearn.naive_bayes import MultinomialNB

# 数据集
data = [
    ("美术", "赞扬", "这个游戏的画面真的很精美，色彩搭配也很和谐。"),
    ("美术", "中立", "游戏的画面还可以，但是有时候会感觉有些单调。"),
    ("美术", "吐槽", "画面太丑了，怎么看都不舒服。"),
    ("玩法", "赞扬", "游戏的操作很流畅，打击感也不错。"),
    ("玩法", "中立", "玩法一般般，没有太多创新点。"),
    ("玩法", "吐槽", "这游戏操作太难了，根本没法享受。"),
    ("养成", "赞扬", "养成系统很完善，有很多可爱的宠物可以培养。"),
    ("养成", "中立", "养成系统还可以，但是内容比较少，需要增加更多的养成选项。"),
    ("养成", "吐槽", "养成系统简直太复杂了，要了解这么多规则，很烦。"),
    ("运营", "赞扬", "游戏的活动经常更新，奖励也很丰富。"),
    ("运营", "中立", "活动一般，奖励不是很有吸引力。"),
    ("运营", "吐槽", "运营根本不积极，玩家的问题也不解决。"),
    …… ……
]

# 预测数据集
# file.csv 中是需要预测的数据集
test_data = pd.read_csv('file.csv')
categories = ["美术", "玩法", "养成", "运营"]
sentiments = ["赞扬", "中立", "吐槽"]

# 将数据集划分为特征和标签
train_text = [item[2] for item in data]
train_categories = [categories.index(item[0]) for item in data]
train_sentiments = [sentiments.index(item[1]) for item in data]

# 特征提取
vectorizer = CountVectorizer()
X_train = vectorizer.fit_transform(train_text)

# 训练分类器模型
clf_categories = MultinomialNB()
```

```
clf_categories.fit(X_train, train_categories)

clf_sentiments = MultinomialNB()
clf_sentiments.fit(X_train, train_sentiments)

# 对预测数据集进行特征提取
test_text = [item[1] for item in test_data]
X_test = vectorizer.transform(test_text)

# 使用训练好的模型对预测数据集进行预测
predicted_categories = clf_categories.predict(X_test)
predicted_sentiments = clf_sentiments.predict(X_test)

# 打印预测结果
for i in range(len(test_data)):
    print("评论:", test_data[i][1])
    print("预测分类:", categories[predicted_categories[i]])
    print("预测情感:", sentiments[predicted_sentiments[i]])
```

运行以上代码，输出的结果可展示如下。

评论：画面真的很漂亮，颜色搭配得很好。

预测分类: 美术

预测情感: 赞扬

评论：关卡怪数值设计不合理，攻略内容呆板。

预测分类: 玩法

预测情感: 吐槽

评论：我喜欢养成系统，可惜内容太少了。

预测分类: 养成

预测情感: 中立

评论：游戏的活动不多，奖励也不太丰富。

预测分类: 运营

预测情感: 吐槽

2.2 图像数据处理与分析

图像数据处理与分析是一个重要的技术领域，其发展过程可以追溯到计算机图形学和模式识别的发展。

过去，图像数据处理与分析主要集中在计算机图形学领域。计算机图形学研究如何使用计算机生成、处理和显示图像。早期的计算机图形学主要关注图像生成和渲染技术，如光线追踪和纹理映射。然而，随着计算机视觉和模式识别的发展，图像数据处理与分析开始在更广泛的领域得到应用。

随着数字图像技术的发展，人们能够轻松地获取、存储和传输大量的图像数据。这使图像数据处理与分析成为各个领域的重要任务之一。例如，在医疗领域，医疗影像分析可以帮助医生进行诊断和治疗决策。在安防领域，图像数据处理与分析可以用于人脸识别和目标跟踪等任务。在自动驾驶领域，图像数据处理与分析可以用于实时感知和场景理解。

图像数据处理与分析的重要程度不仅体现在各个应用领域中，也体现在科学研究和产业发展中。通过图像数据处理与分析，人们可以从大量的图像数据中提取有用的信息，并进行统计和预测。这对于科学研究和决策制定具有重要意义。此外，图像数据处理与分析也为许多行业提供了新的商业机会，如虚拟现实、增强现实和游戏开发等。

2.2.1 图像数据处理

图像数据处理是指对原始图像执行一系列处理步骤，以减少噪声、增强图像特征、消除不相关信息等，增强有用信息的可检测性，最大限度地简化数据，使图像数据更适合后续的分析任务，例如目标检测、图像分类、图像分割等。

图像数据预处理流程一般分为以下几步。

1. 调整图像尺寸

在图像数据预处理中，调整图像尺寸是一个重要步骤。调整图像尺寸的目的是使图像适应特定的应用场景或模型需求，改变图像尺寸并提取待处理的区域。常见的调整图像尺寸的方法包括保持宽高比缩放、等比例缩放以及裁剪。

保持宽高比缩放可以将图像按照指定的比例进行缩放，确保图像不会失真变形。等比例缩放可以将图像在宽度或高度上等比例缩放至指定尺寸，保持原始图像的比例关系。裁剪则是通过剪切图像，将其调整到所需的尺寸。调整图像尺寸不仅有助于降低计算复杂度，提高运算速度，还能够使图像更好地匹配模型的输入要求，以提高模型的精度和性能。

例如，将一幅 1080 像素×1440 像素的图像转换为 300 像素×300 像素的图像，实现步骤如下：

```python
import cv2

# 读取图像
image = cv2.imread('img.jpg')

# 检查是否成功读取图像
if image is None:
    print("无法读取图像")
    exit()

# 设置新的图像尺寸
new_width = 300
new_height = 300

# 调整图像尺寸
resized_image = cv2.resize(image, (new_width, new_height))

# 保存调整尺寸后的图像
cv2.imwrite(resized_img.jpg', resized_img)
```

处理效果如图 2-1 所示。

图 2-1 调整图像尺寸处理效果

例如，要从一幅图像中选出待处理的区域为：左上角坐标为(200,0)，右下角坐标为(600,400)，即 y 轴上由 0 至 400，x 轴上由 200 至 600，实现步骤如下：

```python
import cv2

# 读取图像
image = cv2.imread('img.jpg')

# 裁剪图像
cropped = image[300:800, 400:800]

# 保存裁剪后的图像
cv2.imwrite('output.jpg', cropped)
```

处理效果如图 2-2 所示。

图 2-2 裁剪图像处理效果

2. 灰度化处理

灰度化处理是指将彩色图像转换成灰度图像。

它主要有 3 个作用：一是降低计算复杂度，因为灰度图像只有 1 个通道，相比彩色图像的 3 个通道，计算复杂度大大降低，提高了计算效率；二是精简数据信息，对于某些应用场景，颜色信息对结果影响较小，如人脸识别和图像检索，通过灰度化处理可以降低数据维度，提高处理速度和准确性，同时节省存储空间；三是弱化光照条件的影响，灰度图像只包含亮度信息，不受光照变化影响，能够更好地反映图像中物体的轮廓和结构特征，对于明暗差异较大的场景，可以在视觉上增加对比，突出目标检测区域，如医疗影像和目标检测，灰度化处理可以更好地突出目标或结构。

常用的灰度化处理方法有以下几种，不同的方法适用于不同的图像处理任务和应用场景。

（1）平均值法：对彩色图像的每个像素点的 R、G、B 值进行平均，得到一个灰度值。

（2）加权平均法：对彩色图像的每个像素点的 R、G、B 值按照一定的权重进行加权平均，得到一个灰度值。常用的权重是 R、G、B 分量的灰度值：$Y=0.299R + 0.587G + 0.114B$。

（3）最大值法：对彩色图像的每个像素点取 R、G、B 值中最大的一个，作为灰度值。

（4）最小值法：对彩色图像的每个像素点取 R、G、B 值中最小的一个，作为灰度值。

（5）分量法：针对不同的应用场景，选择特定的 R、G、B 分量作为灰度值。

（6）感知权重法：根据人类视觉系统对不同颜色的敏感度，使用不同的权重对彩色图像的 R、G、B 值进行加权平均。

（7）红外灰度化方法：主要适用于红外图像的灰度化，根据红外辐射能量对应的灰度值进行映射。

（8）自适应阈值法：根据局部像素的亮度分布情况，在每个像素点周围的邻域内计算一个局部阈值，将像素点的灰度值与该局部阈值进行比较，从而进行二值化。相关代码如下：

```python
import cv2

# 读取图像
image = cv2.imread('img.jpg')

# 最大值法
max_value = image.max(axis=2)
max_value_image = cv2.merge([max_value, max_value, max_value])
cv2.imwrite('max_value.jpg', max_value_image)

# 平均值法
average_value = image.mean(axis=2)
average_value_image = cv2.merge([average_value, average_value, average_value])
cv2.imwrite('average_value.jpg', average_value_image)

# 加权平均法
weighted_average = cv2.cvtColor(image, cv2.COLOR_BGR2GRAY)
weighted_average_image = cv2.merge([weighted_average, weighted_average, weighted_average])
cv2.imwrite('weighted_average.jpg', weighted_average_image)
```

运行以上代码可以得到图 2-3，最大值法产生的灰度图像亮度最高，平均值法产生的灰度图像较暗，加权平均法产生的灰度图像明暗介于二者之间。

图 2-3　灰度化处理效果

3. 几何变换

几何变换是指对原始图像执行一系列变换操作，这些变换操作可以改变图像的尺寸、形状、位置和方向，从而提取出感兴趣的特征或者使图像更适应后续的处理与分析。

几何变换的目的主要有两个：一是对图像进行校正，消除图像损坏、畸变等问题，提高图像质量；二是进行图像增强，改善图像的视觉效果，使其更清晰、美观。几何变换在计算机视觉、图像处理、模式识别等领域都有广泛应用，可以帮助我们更好地解析图像信息，提取目标特征，实现自动化的图像分析与处理任务。

图像数据可以进行多种几何变换，常见的包括缩放、平移、旋转、翻转和投影等。缩放是改变图像尺寸的变换，可以缩小或放大图像。平移是改变图像位置的变换，将图像沿着 x、y 轴方向进行移动。旋转是将图像按照一定的角度进行旋转的变换。翻转是在水平或垂直方向上进行镜像反转的变换，即左右翻转或上下翻转图像。投影是通过相机模型将三维场景投影到二维图像上的变换，常用于校正图像透视、畸变等应用。这些几何变换可以对图像进行调整、修复、变形及增强等操作，从而改善图像质量、适应不同的应用需求。相关代码如下：

```python
import cv2
import matplotlib.pyplot as plt

# 读取图像
img = cv2.imread('dd.jpg', 0)

# 缩小图像，将图像原始宽度的90%和高度的50%作为新的尺寸
img_small = cv2.resize(img, (int(0.9*img.shape[1]), int(0.5*img.shape[0])))

# 放大图像，将图像放大至固定尺寸100像素×600像素
img_big = cv2.resize(img, (100, 600))

# 混合变换，将图像缩放至100像素×400像素
img_mix = cv2.resize(img, (100, 400))

# 输出各个图像的尺寸
```

```python
print(img.shape, img_small.shape, img_big.shape, img_mix.shape)

# 显示结果图像
plt.subplot(141)
plt.imshow(img, cmap='gray')  # 将色彩模式改为灰度模式
plt.xlim(0, img.shape[1])  # 设置 x 轴坐标显示范围
plt.ylim(img.shape[0], 0)  # 设置 y 轴坐标显示范围

plt.subplot(142)
plt.imshow(img_small, cmap='gray')  # 将色彩模式改为灰度模式
plt.xlim(0, img_small.shape[1])  # 设置 x 轴坐标显示范围
plt.ylim(img_small.shape[0], 0)  # 设置 y 轴坐标显示范围

plt.subplot(143)
plt.imshow(img_big, cmap='gray')  # 将色彩模式改为灰度模式
plt.xlim(0, img_big.shape[1])  # 设置 x 轴坐标显示范围
plt.ylim(img_big.shape[0], 0)  # 设置 y 轴坐标显示范围

plt.subplot(144)
plt.imshow(img_mix, cmap='gray')  # 将色彩模式改为灰度模式
plt.xlim(0, img_mix.shape[1])  # 设置 x 轴坐标显示范围
plt.ylim(img_mix.shape[0], 0)  # 设置 y 轴坐标显示范围

plt.show()
```

运行以上代码,处理效果如图 2-4 所示。

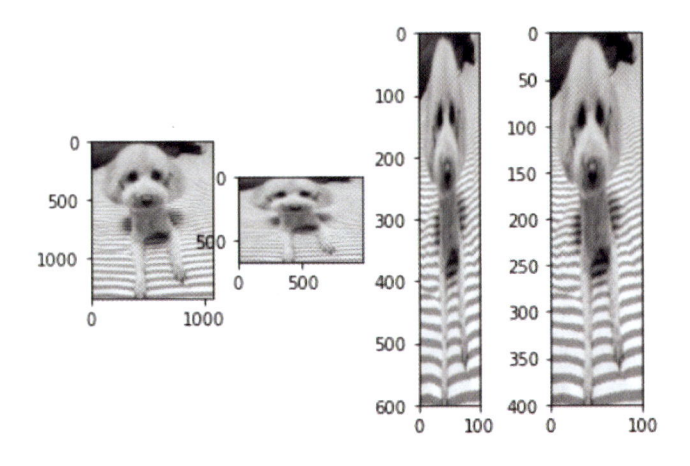

图 2-4 几何变换处理效果

4. 图像增强

图像增强是改善图像视觉效果的过程，它通过强调图像的整体或局部特征来提高图像质量。根据应用需求，图像增强可以使图像清晰或突出感兴趣的特征，增加不同物体之间的差异，并抑制不感兴趣的特征。图像增强算法分为空间域法和频率域法。

空间域法直接对图像进行处理，包括点运算算法和邻域去噪算法。点运算算法通过灰度级校正、灰度变换和直方图修正等方法来实现均匀成像、扩大动态范围和增强对比度。邻域去噪算法包括图像平滑和锐化两种方法。平滑算法常用的有均值滤波、中值滤波等，用于消除图像噪声；而锐化算法的目的是突出物体的边缘轮廓，常用的有梯度算子法、高通滤波等。相关代码如下：

```python
import cv2
import numpy as np

# 点运算算法——增强对比度

# 读取图像
image = cv2.imread('bb.jpg', 0)

# 灰度级校正
alpha = 1.5  # 调整系数
beta = 50    # 调整常数
adjusted_image = cv2.convertScaleAbs(image, alpha=alpha, beta=beta)

# 灰度变换——对数变换
# log_image = np.log1p(image)
log_image = np.log1p(image) * (255 / np.log1p(256))
log_image = np.uint8(log_image)

# 直方图修正——均衡化
eq_image = cv2.equalizeHist(image)

# 显示结果图像
cv2.imwrite('Original.jpg', image.astype(np.uint8))
cv2.imwrite('Adjusted.jpg', adjusted_image)
cv2.imwrite('Log_Transformation.jpg', log_image.astype(np.float32))
cv2.imwrite('Histogram_Equalization.jpg', eq_image)
```

运行以上代码，处理效果如图 2-5 所示。

图 2-5　空间域法图像增强处理效果

频率域法是一种间接的图像增强方法，主要包括低通滤波器和高通滤波器。低通滤波器主要用于去除图像中的噪声，常见的有理想低通滤波器、巴特沃斯低通滤波器、高斯低通滤波器等。高通滤波器用于增强图像中的边缘和高频信号，常用的有理想高通滤波器、巴特沃斯高通滤波器、高斯高通滤波器等。相关代码如下：

```python
import cv2
import numpy as np
import matplotlib.pyplot as plt

# 读取图像
image = cv2.imread('bb.jpg', 0)

# 进行傅里叶变换
dft = np.fft.fft2(image)
dft_shift = np.fft.fftshift(dft)
magnitude_spectrum = np.log(1 + np.abs(dft_shift))

# 创建理想低通滤波器
rows, cols = image.shape
crow, ccol = int(rows/2), int(cols/2)
mask = np.zeros((rows, cols), np.uint8)
r = 50  # 设置截断半径
mask[crow-r:crow+r, ccol-r:ccol+r] = 1

# 应用低通滤波器
fshift = dft_shift * mask
magnitude_spectrum_filtered = np.log(1 + np.abs(fshift))
f_ishift = np.fft.ifftshift(fshift)
filtered_image = np.fft.ifft2(f_ishift)
```

```python
filtered_image = np.abs(filtered_image)

# 显示结果图像
fig = plt.figure(figsize=(12, 8))
ax1 = fig.add_subplot(2, 2, 1)
ax1.imshow(image, cmap='gray')
ax1.title.set_text('Original Image')
ax2 = fig.add_subplot(2, 2, 2)
ax2.imshow(magnitude_spectrum, cmap='gray')
ax2.title.set_text('Magnitude Spectrum')
ax3 = fig.add_subplot(2, 2, 3)
ax3.imshow(mask, cmap='gray')
ax3.title.set_text('Low Pass Filter')
ax4 = fig.add_subplot(2, 2, 4)
ax4.imshow(filtered_image, cmap='gray')
ax4.title.set_text('Filtered Image')

# 保存结果图像
plt.savefig('output.jpg')
plt.show()
```

运行以上代码，处理效果如图 2-6 所示。

图 2-6 频率域法图像增强处理效果

总而言之，图像增强通过选择性地突出或抑制图像特征来改善图像质量。空间域法直接对图像像素进行操作，而频率域法则通过在变换域内进行修正来实现图像增强。

2.2.2 图像目标检测

图像目标检测是计算机视觉领域的一个重要任务，旨在从图像中准确识别和确定特定目标的位置。它可以用于在图像或视频中实时检测和跟踪感兴趣的目标物体。图像目标检测的主要作用是帮助机器理解图像内容，并在各种应用场景下自动识别、定位和分类目标物体。

进行图像目标检测具有重要性。首先，它可以广泛应用于许多领域，如视频监控、自动驾驶、人脸识别、智能交通等。其次，图像目标检测是实现自动化和智能化的关键环节，通过准确识别和定位目标物体，可以为其他应用提供有价值的数据支持。此外，图像目标检测还在安全、医疗等领域发挥着重要的作用，助力防范和处理各种危险事件。

图像目标检测可以应用于各种场景。在视频监控领域，它可用于实时检测和跟踪安全事件，如异常行为识别、物体遗留检测等。在自动驾驶领域，图像目标检测可以识别并跟踪道路上的车辆、行人和交通标志，为智能驾驶系统提供关键的环境感知能力。而在医疗领域，图像目标检测可用于诊断疾病，如肿瘤检测、眼底病变识别等。

图像目标检测在计算机视觉领域具有重要作用，可以帮助机器理解图像内容，并应用于多个领域，从而提高效率、降低人力成本，并为智能化决策提供支持。随着深度学习和人工智能等技术的不断发展，图像目标检测的精度和实时性将得到进一步提升，为更多应用场景带来更大的价值。

下面通过一个案例来具体讲解人脸检测的实现过程。

（1）导入 cv2（OpenCV）库。

（2）使用 cv2.CascadeClassifier 类加载一个人脸识别的预训练模型文件（haarcascade_frontalface_default.xml）。这个模型将用于检测人脸。

（3）使用 cv2.imread 函数加载一幅图像。

（4）将加载的图像转换为灰度图像，因为人脸检测算法在灰度图像上效果更好，可以提高检测的准确性。这里使用 cv2.cvtColor 函数进行颜色空间转换。

（5）使用 face_cascade.detectMultiScale 函数在灰度图像上进行人脸检测，返回检测到的人脸的矩形区域。

- scaleFactor 参数表示每次图像尺寸缩小的比例。
- minNeighbors 参数表示每个候选矩形应该有的邻居个数，它也可以帮助排除一些虚假检测。
- minSize 参数表示检测到的人脸矩形的最小尺寸。

（6）将检测到的人脸信息存储在 faces 变量中，它是一个矩形列表。对于每一个检测到的人脸，我们都绘制一个矩形框，使用 cv2.rectangle 函数实现。

- cv2.rectangle 函数的第一个参数是图像，第二个参数是矩形的左上角坐标，第三个参数是矩形的右下角坐标，第四个参数是矩形框的颜色，第五个参数是矩形框的线条宽度。

（7）使用 cv2.imshow 函数显示带有矩形框的图像，并使用 cv2.waitKey 函数等待用户的按键输入，最后使用 cv2.destroyAllWindows 释放图像窗口资源。

案例代码如下：

```
import cv2

# 加载人脸识别的预训练模型文件
face_cascade = cv2.CascadeClassifier('haarcascade_frontalface_default.xml')

# 读取图像
image = cv2.imread('image.jpg')

# 将图像转换为灰度图像
gray = cv2.cvtColor(image, cv2.COLOR_BGR2GRAY)
```

```
# 人脸检测
faces = face_cascade.detectMultiScale(gray, scaleFactor=1.1,
minNeighbors=5, minSize=(30, 30))

# 绘制人脸矩形框
for (x, y, w, h) in faces:
    cv2.rectangle(image, (x, y), (x+w, y+h), (255, 0, 0), 2)

# 显示结果图像
cv2.imshow('Detected Faces', image)
cv2.waitKey(0)
cv2.destroyAllWindows()
```

运行以上代码，处理效果如图 2-7 所示。

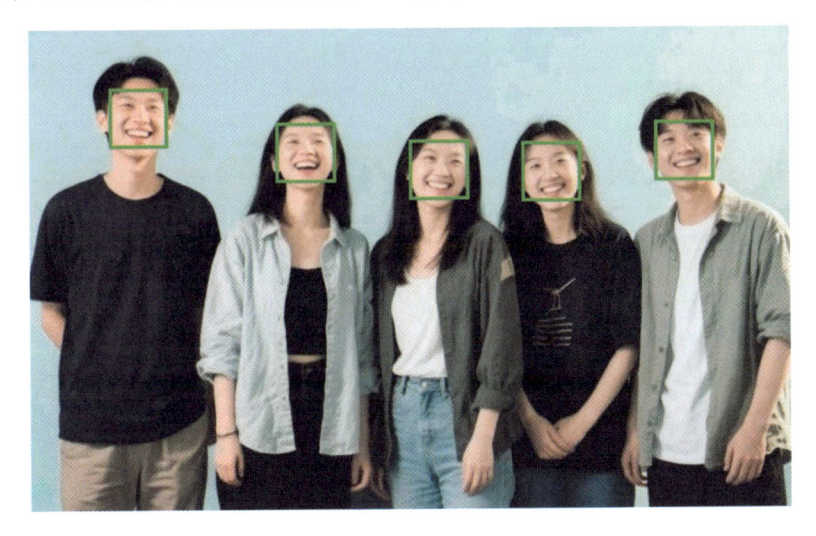

图 2-7　人脸检测处理效果

2.3　音频数据处理与分析

音频数据处理与分析对于许多领域和业务具有重要作用。首先，音频数据处理与分析可以帮助我们从音频数据中提取有价值的信息和见解。通过使用各种技术和算法，我们可以识别声音中的语音、音乐、噪声及其他音频特征。它对于语音识别、声音分类、音乐推荐等应用非常关键。

音频数据处理与分析可以用于智能音频搜索与检索。通过对音频进行分析和建模，我们可以构建强大的音频索引系统，使用户能够快速搜索和找到所需的音频内容。它在音频数据库、音乐流媒体平台、声纹识别等领域中是非常有用的。

音频数据处理与分析在声音增强和降噪方面也起着重要作用。通过信号处理技术，我们可以去除音频中的噪声和干扰，提高音频质量，改善用户体验。它在通信、语音识别、语音合成等领域中尤为重要。

音频数据处理与分析还能够用于情感分析和声音识别。通过对音频进行学习和建模，我们可以分析人的情绪状态或者检测特定的声音（如汽车喇叭、火灾警报等）。它在情感智能、安全监控、声音识别系统等领域中都有广泛的应用。

2.3.1　音频数据预处理

对音频数据进行预处理是为了提取有效的音频特征、降噪和增强信号质量、规范化音频格式和采样率、去除不必要的噪声和干扰，使后续的音频分析任务（如语音识别、音乐分类等）更准确、稳定地执行。常见的音频数据预处理步骤包括：音频裁剪和分段、音频加窗和傅里叶变换、去除噪声和滤波处理、音频归一化和标准化、音频压缩和编码等。通过这些预处理步骤，可以提高音频数据在后续任务中的可靠性、准确性和可解释性。

音频数据预处理的步骤通常包括以下几个方面。

1. 采样率转换

音频数据处理中的采样率转换指的是将音频信号的采样率从一个值转换为另一个值的过程。其作用是适应不同设备或系统对音频采样率的要求，以实现互操作性和兼容性。

采样率转换通常在以下情况下进行：需要在不同设备间传输或处理音频，而不同设备支持不同的采样率；音频需要与特定系统或应用程序集成，而特定系统或应用程序可能有特定的采样率要求。例如，将 48kHz 采样率的音频信号转换为 44.1kHz 采样率，以便与 CD 播放器兼容；或将 16kHz 采样率的语音信号转换为 8kHz 采样率，以符合电话网络的要求。

采样率转换通过插值和抽取等算法来实现，并且需要考虑保持音频质量和避免信号失真等因素，如图 2-8 所示。

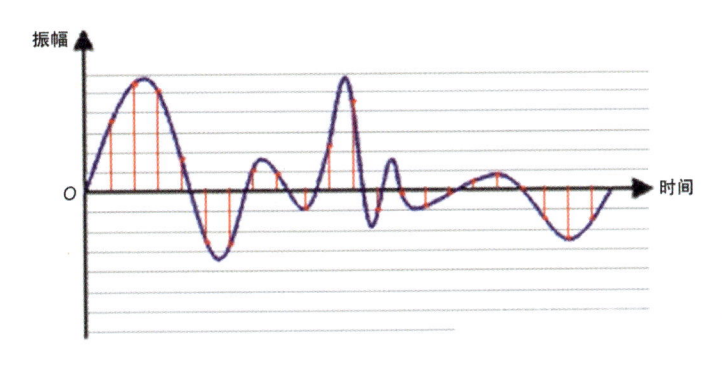

图 2-8　声音的采样和量化

2. 时域转频域

时域和频域是音频应用中最常用的两个概念，也是衡量音频特征的两个维度。

时域是指以时间为自变量来描述信号的变化，它直观地展示了信号随时间波动的情况，例如我们常见的随时间变化的电压、电流信号等。时域图的横轴是时间、纵轴是声音强度，其是从时间维度来衡量一段音频的，如图 2-9 所示。

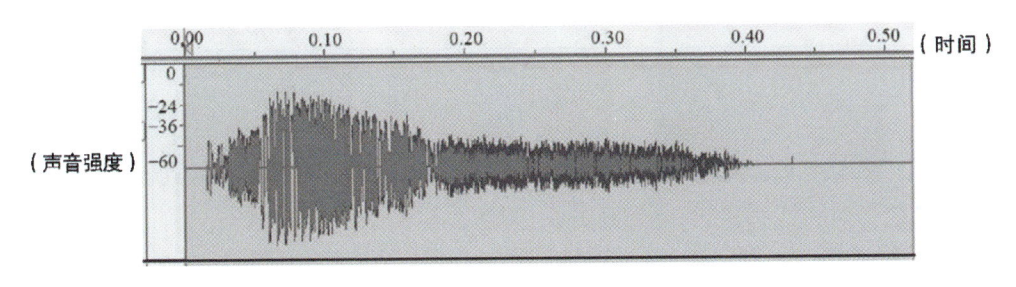

图 2-9　时域图

频域以频率为自变量来描述信号,它将信号分解为不同频率的正弦波或余弦波的组合,揭示了信号在不同频率成分上的分布特性。频域图的横轴是频率、纵轴是当前频率的能量大小,从频率分布维度衡量一段音频,如图 2-10 所示。

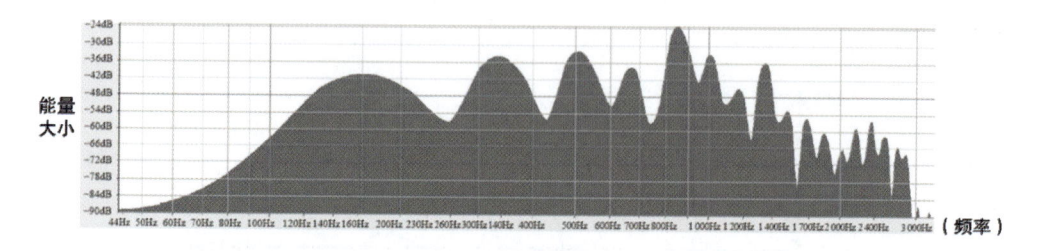

图 2-10 频域图

时域转频域是指将音频数据从时间域转换为频率域。实现时域转频域的主要数学工具是傅里叶变换及其相关的变换形式。对于连续时间信号,常用的是连续傅里叶变换(CTFT),它将时域中的连续信号转换为频域中的连续频谱。对于离散时间信号,则使用离散傅里叶变换(DFT)或其快速算法快速傅里叶变换(FFT)来实现时域到频域的转换。

以 FFT 为例的时域转频域的过程,如图 2-11 所示。

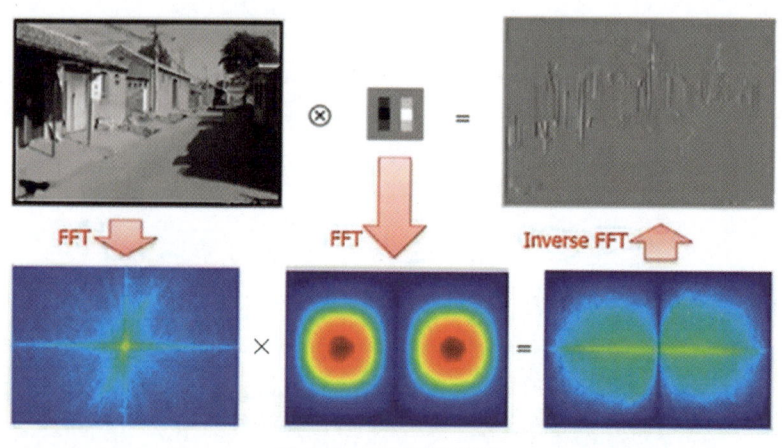

图 2-11 时域转频域

时域转频域的主要作用是提取音频数据中隐含的频率信息,并分析不同频率成分的振幅、相位等特征。这种转换可以帮助我们更好地理解音频信号的频谱结构，识别和提取关键频率成分，从而实现一些重要的应用，如语音识别、音乐编辑、信号处理、音频压缩等。

在以下情况下可以对音频数据进行时域转频域。

（1）频谱分析：可以用于分析频率成分的分布、强度和变化情况，以帮助了解音频数据的特征及其内在规律。

（2）滤波操作：时域滤波通常会改变信号的相位响应，而频域滤波则可以仅抑制或增强某些特定频率成分，保持信号的相位关系不变。

（3）声音合成：通过分析源音频信号的频域特征，可以合成新的音频信号，如虚拟乐器效果、语音合成等。

（4）压缩编码：频域表示可以提供更高的压缩效率，因为在频域内，一些重要的频率成分可以以较少的位数进行表示或消除，从而降低数据量。

在音频数据预处理中，时域转频域可以帮助我们更好地理解和处理音频信号，提取有用信息，并实现一系列应用，如分析、滤波、合成和压缩编码等。举几个实际生活中的例子，包括通过频谱分析来检测电子设备故障声音、通过频域滤波来抑制噪声、通过频域合成来创建虚拟乐器音色，以及通过频域压缩编码来缩小音频文件的大小。

以下案例为对一段音频进行频谱分析的步骤和代码：

```python
import numpy as np
import matplotlib.pyplot as plt
from scipy.io import wavfile

# 从音频文件中读取声音数据
sample_rate, signal = wavfile.read('yinpin.wav')

# 将声音数据转换为单声道
if len(signal.shape) > 1:
    signal = signal[:, 0]

# 计算FFT（快速傅里叶变换）结果
fft_result = np.fft.fft(signal)
```

```python
# 计算频谱
spectrum = np.abs(fft_result)
frequencies = np.fft.fftfreq(len(signal), 1/sample_rate)
positive_frequencies = frequencies[:len(frequencies)//2]
spectrum = spectrum[:len(spectrum)//2]

# 绘制原始音频波形图
plt.subplot(2, 1, 1)
plt.title('Original Waveform')
plt.plot(signal)
plt.xlabel('Time')
plt.ylabel('Amplitude')

# 绘制频谱图
plt.subplot(2, 1, 2)
plt.title('Spectrum Analysis')
plt.plot(positive_frequencies, spectrum)
plt.xlabel('Frequency (Hz)')
plt.ylabel('Amplitude')
plt.ylim([0, max(spectrum)])

plt.tight_layout()
plt.show()
```

运行以上代码，处理结果如图 2-12 所示。

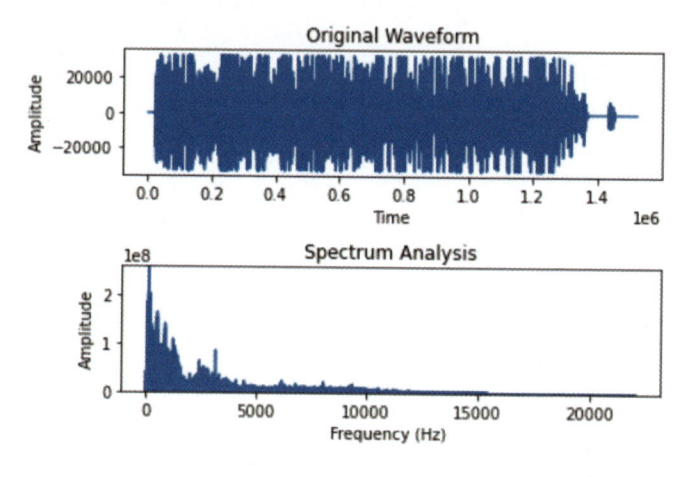

图 2-12 频谱分析处理结果

3. 降低噪声

当我们处理音频数据时，通常会面临噪声的干扰。噪声是指非信号部分中的随机或非随机分量，它可以来自环境、设备或传输过程中的种种因素。降低噪声就是通过一系列的处理技术和算法，将噪声的影响降到最低。

降低噪声的主要目的是提高音频数据的质量和可理解性。在许多应用领域，如通信系统、语音识别、语音合成、音乐处理等，都需要对输入的音频数据进行降低噪声处理。

降低噪声通常适用于以下情况：首先，当我们在外部环境中录制音频时，可能会受到背景噪声的影响，例如风声、交通噪声等；其次，当我们使用低质量的麦克风或其他设备进行录制时，可能会引入一定的噪声；最后，还可能因传输过程中的信号损失、干扰等产生噪声。在以上情况下，降低噪声可以提高音频数据的清晰度和可理解性，进而对后续的分析、处理或应用产生积极影响。

对于存在噪声的音频数据，可以采用相关技术（如降噪滤波器、谱减法等）来降低噪声干扰，提升音频信号的质量。相关代码如下：

```python
import numpy as np
import matplotlib.pyplot as plt
import scipy.io.wavfile as wav

# 1. 加载音频文件
sampling_rate, audio_data = wav.read('yinpin.wav')

# 2. 显示原始音频波形
plt.figure(figsize=(10, 4))
plt.plot(audio_data)
plt.title('Original Audio Waveform')
plt.show()

# 3. 计算音频数据的能量
energy = np.sum(audio_data ** 2)

# 4. 设置能量阈值，用于判断哪些样本是噪声
threshold = 0.02 * energy
```

```
# 5. 进行降噪处理
filtered_audio = np.where(np.abs(audio_data) < threshold, 0, audio_data)

# 6. 显示降噪后的音频波形
plt.figure(figsize=(10, 4))
plt.plot(filtered_audio)
plt.title('Denoised Audio Waveform')
plt.show()
```

运行以上代码，处理结果如图 2-13 所示。

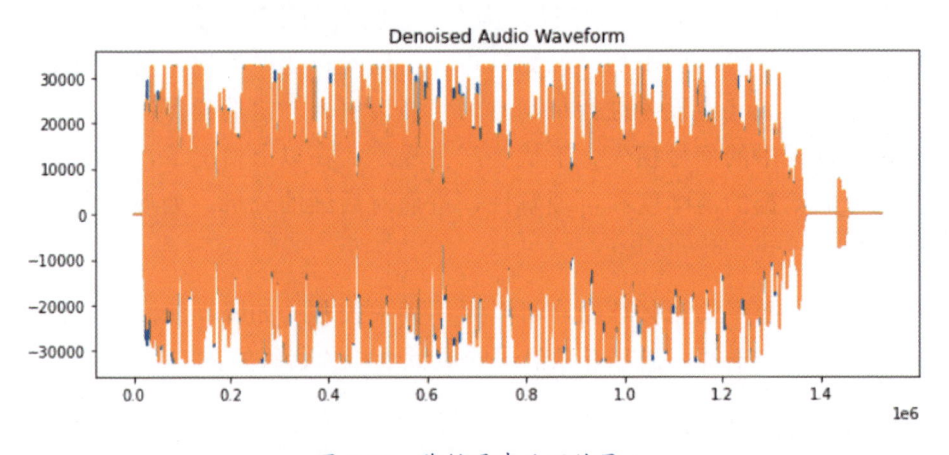

图 2-13　降低噪声处理结果

4. 音量归一化

音量归一化是音频数据预处理中的一项操作，用于调整不同音频片段或语音录音的音量，使其达到统一的标准，通常是将音频的振幅重新映射到合适的范围内，以便更好地进行后续处理或展示。

音量归一化可以在不同的时间点进行。在音频采集阶段，可以在录制过程中实时地进行音量调整，确保每个音频片段都具有相似的音量。另外，在音频后期制作或处理阶段，也可以对已录制好的音频进行音量调整，以保证整个音频具有统一的音量水平。

音量归一化的作用主要有两方面。首先，它可以消除音频中存在的显著的音量差异，使播放或处理音频时不会出现音量跳变或失真的情况。其次，音量归一化可以使音频具备更好的可听性和可比性，方便用户进行观听或分析，并能够提高后续音频处理任务的效果，如语音识别、语音合成等。

举例来说，假设有一个包含多个音乐曲目的音频数据集。这些曲目可能来自不同的录音会话，并且有不同的音量要求。在进行分析或合成任务之前，需要对这些曲目进行音量归一化，以确保它们的音量水平统一，避免因音量差异导致结果不准确或不和谐的情况。

音量归一化主要包括以下几个步骤。

（1）获取音频数据：获取原始的音频数据。

（2）计算音频的振幅：通过对音频数据进行分析，计算出音频中各个时刻的振幅。

（3）确定目标音量范围：根据实际需求，确定音频的目标音量范围。例如，将音频的音量调整到接近0dB的水平。

（4）计算音频的平均振幅：计算出音频的平均振幅，作为参考值。

（5）调整音频的音量：根据目标音量范围和平均振幅，对音频的振幅进行调整。通常采用增益调整的方式，将音频的振幅调整到目标范围内。

（6）输出音量归一化后的音频：将经过音量归一化处理后的音频数据输出。

举例说明：假设有一个音频片段，振幅在-50dB和-10dB之间。我们希望将该音频的振幅调整到-20dB到0dB的范围内，即进行音量归一化处理。首先计算出音频的平均振幅为-30dB，然后根据目标音量范围和平均振幅的差异，对音频的振幅进行调整，最后输出音量归一化后的音频数据，振幅在-20dB和0dB之间，实现了音量归一化处理。相关代码如下。

```
import numpy as np
import soundfile as sf

# 读取原始音频文件
audio, sr = sf.read('yinpin.wav')

# 计算音频音量的最大值和最小值
```

```
max_val = np.max(np.abs(audio))
min_val = np.min(np.abs(audio))

# 将音频进行音量归一化
normalized_audio = audio / max_val

# 保存经音量归一化处理后的音频文件
sf.write('normalized_audio.wav', normalized_audio, sr)
```

2.3.2 音频分类与事件检测

音频分类与事件检测是音频数据处理中的重要任务之一。通过对音频进行分类，我们可以将不同类型的音频进行有效的区分和管理，而事件检测则可以帮助我们定位和识别出音频中的特定事件。下面让我为你详细解释一下这两个概念。

首先，音频分类是指根据音频的特征、频谱分布和时域信息等将音频分为不同的类别。这样做可以使我们更好地理解和组织大量的音频数据。例如，我们可以将音频分为音乐、对话、环境噪声等不同的类别。在实际应用中，我们通常会使用机器学习算法，如支持向量机（SVM）或深度学习模型（如卷积神经网络 CNN）来进行音频分类。这些算法能够自动学习音频的特征并准确地将其分类。

接下来是事件检测。事件检测是指在已经将音频分类的基础上，进一步检测和识别音频中具体的事件或特定的声音。这些事件可能包括拍手声、喷射声、汽车鸣笛声等。事件检测的目标是确定音频中的特定事件出现的位置和持续时间。同样地，我们可以使用机器学习模型和信号处理技术来实现事件检测。例如，我们可以使用时频分析方法，如短时傅里叶变换（STFT）、梅尔频率倒谱系数（MFCC），以及隐马尔可夫模型（HMM）等方法，进行事件检测。

下面举一个案例来帮助理解音频分类和事件检测。假设有来自不同音乐流派（如摇滚、民谣、古典等）的一系列音频文件。首先，我们可以使用音频分类算法对这些音频进行分类。例如，我们可以将这些音频分类为摇滚乐、民谣或古典音乐。一旦完成了音频分类，我们就可以进一步地进行事件检测，并识别出特定音乐流派中的一些重要事件，如吉他独奏、歌曲高潮部分等。为了展示整个处理过程的结果，我们可以使用图表或可视化工具来呈现音频分类与事件检测的结果，比如绘制音频波形图、频谱图或事件发生时间线。相关代码如下：

```python
import librosa
import numpy as np
import matplotlib.pyplot as plt
from sklearn.model_selection import train_test_split
from sklearn.preprocessing import LabelEncoder
from tensorflow.keras.models import Sequential
from tensorflow.keras.layers import LSTM, Dense, Dropout

# 准备训练数据和标签，以音频分类为例，假设有3个类别：音乐、语音和环境声音
# 加载音频文件并提取音频特征
def extract_features(file_name):
    try:
        audio_data, sample_rate = librosa.load(file_name, res_type='kaiser_fast')
        mfccs = librosa.feature.mfcc(y=audio_data, sr=sample_rate, n_mfcc=40)
        mfccs_processed = np.mean(mfccs.T, axis=0)
    except Exception as e:
        print("Error encountered while parsing audio file: ", e)
        return None, None
    return np.array([mfccs_processed])


# 设置音频文件路径和标签
audio_files = ['music1.wav', 'music2.wav', 'speech1.wav', 'speech2.wav', 'sound1.wav', 'sound2.wav']
labels = ['music', 'music', 'speech', 'speech', 'sound', 'sound']

# 对标签进行编码
label_encoder = LabelEncoder()
labels_encoded = label_encoder.fit_transform(labels)

# 提取特征并划分训练集和测试集
features = []
for audio_file in audio_files:
```

```python
        feature = extract_features(audio_file)
        features.append(feature)
    features = np.array(features)
    labels_encoded = np.array(labels_encoded)
    X_train, X_test, y_train, y_test = train_test_split(features,
labels_encoded, test_size=0.2, random_state=0)

    # 创建 LSTM 模型,进行音频分类
    model = Sequential()
    model.add(LSTM(units=128, input_shape=(X_train.shape[1], )))
    model.add(Dropout(0.5))
    model.add(Dense(units=np.max(y_train) + 1, activation='softmax'))
    model.compile(loss='sparse_categorical_crossentropy', optimizer='adam',
metrics=['accuracy'])

    # 训练 LSTM 模型
    history = model.fit(X_train, y_train, validation_data=(X_test, y_test),
epochs=50, batch_size=32)

    # 绘制准确率和损失曲线
    plt.figure(figsize=(12, 4))
    plt.subplot(1, 2, 1)
    plt.plot(history.history['accuracy'], label='Train Acc')
    plt.plot(history.history['val_accuracy'], label='Test Acc')
    plt.xlabel('Epochs')
    plt.ylabel('Accuracy')
    plt.legend()

    plt.subplot(1, 2, 2)
    plt.plot(history.history['loss'], label='Train Loss')
    plt.plot(history.history['val_loss'], label='Test Loss')
    plt.xlabel('Epochs')
    plt.ylabel('Loss')
    plt.legend()
    plt.show()
```

最后,我们可以使用训练好的模型对新的音频进行分类和事件检测。

```python
    def predict_audio(file_name, model):
        feature = extract_features(file_name)
        if feature is not None:
```

```
            feature = np.expand_dims(feature, axis=0)
            predictions = model.predict(feature)
            predicted_class = label_encoder.inverse_transform
(np.argmax(predictions))
            print("Predicted class: ", predicted_class[0])

    # 使用训练好的模型进行预测
    predict_audio('test.wav', model)
```

2.4 视频数据处理与分析

视频数据处理与分析指的是对视频数据进行提取、转换和清洗等操作，以便从中提取有价值的信息。对视频数据进行处理与分析的目的是揭示视频中的隐含信息，并通过分析结果来实现各种应用。

视频数据处理与分析可以帮助我们理解视频中的内容和特征。通过对视频进行帧提取、对象识别、动作检测等操作，可以获取视频中的物体、人物、动作等关键信息。这些信息有助于我们理解视频的主题和故事情节，帮助我们更好地观看和理解视频内容。

视频数据处理与分析可以用于提取视频中的关键特征和模式。通过对视频进行图像处理、特征提取、运动分析等，可以获得与视频中的空间和时间相关的特征信息。这些特征和模式可以用于视频内容检索、相似度匹配、行为分析等应用，有助于我们对视频进行高效的搜索和管理。

视频数据处理与分析也可以用于视频的智能化应用。通过对视频进行情感分析、情节推断、用户行为分析等，可以实现视频的个性化推荐、广告定位、用户行为分析等应用。这些应用可以提升用户体验，优化视频的呈现方式，增加视频的商业价值。

视频数据处理与分析在许多领域都有广泛的应用。例如，在视频监控领域，可以通过对监控视频进行检测与分析，实现目标识别、异常检测、行为分析等功能；在虚拟现实领域，可以通过对视频数据进行处理与分析，实现虚拟环境的构建和交互的呈现；在媒体与广告领域，可以通过视频数据处理与分析，实现媒体资源管理、广告投放优化等。

视频数据处理与分析通过挖掘视频数据中的信息和特征，为我们提供了更多的视觉理解和智能化应用的可能性，被广泛应用于各个领域，为我们带来了许多便利和创新应用。

2.4.1 视频数据预处理

视频数据预处理是在对视频数据进行分析和应用之前，对原始视频数据进行清洗、转换和归一化处理的过程。它旨在提高视频数据的质量、降低噪声影响、增强视频数据可用性，并为后续的分析和应用提供更多的可能性。

根据具体的任务需求，可能需要选择合适的方法和技术进行视频数据预处理，以便提高后续分析和应用的效果。下面是视频数据预处理的一般步骤和常用方法。

1. 提取视频帧

将视频序列分解为一系列离散的视频帧，每秒通常包含24～30帧。这一步可以通过读取视频文件、网络流或摄像头捕获来完成。

例如，要为一部经典电影制作集锦或者分析直播比赛中的高光时刻，可以使用视频库（如OpenCV）来实现视频帧提取，并将每一帧都存储为图像。相关代码如下：

```python
import cv2

# 打开电影文件
video = cv2.VideoCapture('shawshank_redemption.mp4')

# 检查是否成功打开了电影文件
if not video.isOpened():
    print("无法打开电影文件")
    exit()
```

```python
frame_count = 0

# 遍历每一帧,并将其存储为图像
while True:
    # 读取当前帧
    ret, frame = video.read()
    
    # 检查是否到达视频的结尾
    if not ret:
        break
    
    # 将当前帧存储为图像
    cv2.imwrite(f"frame_{frame_count}.jpg", frame)
    
    frame_count += 1

# 释放资源
video.release()
cv2.destroyAllWindows()

print(f"提取了{frame_count}帧图像")
```

运行以上代码,处理结果如图 2-14 所示。

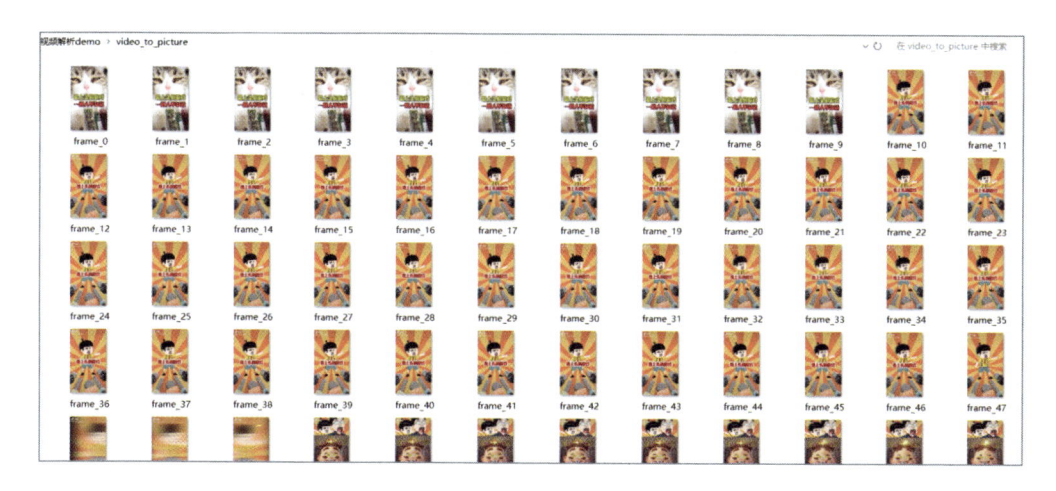

图 2-14 提取视频帧处理结果

2. 视频格式转换

视频格式转换是根据不同需求对视频的各项参数进行调整与重塑的过程。在实际应用中，不同的播放设备、平台以及创作要求，都可能促使我们改变视频的编码、分辨率或帧率等关键要素。

编码格式决定视频的压缩方式与存储效率，如 H.264、H.265 等编码在兼顾画质的同时大幅减小文件体积。改变分辨率能调整画面的清晰度与尺寸大小，满足从手机小屏到电视大屏等不同终端的显示需求。帧率的调整则影响视频的流畅度，常见的帧率有 24fps、30fps、60fps 等，帧率越高，动态画面越顺滑。

转换格式时，像将 MOV 格式转换为 MP4 格式这样的操作很常见。MP4 格式兼容性强，广泛适用于各类设备和平台。通过专业的视频转换工具，能够快速、精准地实现格式转换，确保视频在不同场景下都能以最佳状态呈现，为传播与使用提供便利。

3. 视频降噪

视频降噪是视频数据预处理的一个重要步骤，旨在降低或消除视频中的噪声，提高图像质量和视觉感受。噪声通常是由摄像机传感器、信号传输、视频压缩等引起的，会导致图像出现变得模糊、有颗粒感、失真等问题。

视频降噪的方法有很多种，可以根据实际需求和应用场景选择合适的方法，以下是其中几种常见的视频降噪方法。

（1）均值滤波：均值滤波通过计算图像中每个像素及其邻域像素的平均值来实现图像平滑，其原理是利用邻域像素的统计特性估计当前像素值，以达到抑制噪声、平滑图像的效果。具体过程为：首先定义一个滑动窗口（即卷积核），该窗口在图像上逐像素滑动并覆盖每个待处理的像素点；接着对于每个像素点，提取窗口内的所有像素值，将这些像素值求和后除以窗口内的像素总数得到平均值；然后用该平均值替换当前像素位置的原始像素值；最后通过不断移动窗口，重复上述操作直至所有像素处理完毕，如图 2-15 所示。

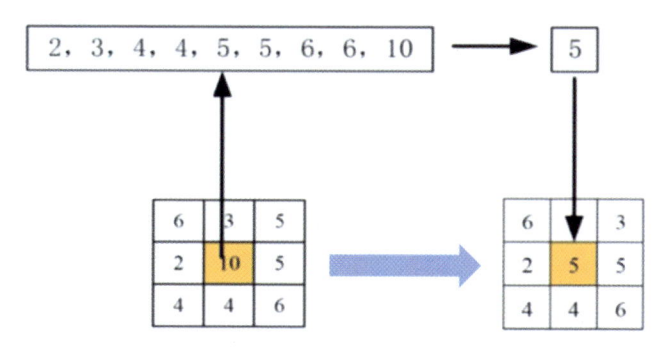

图 2-15　均值滤波

但是这种方法适用于噪声分布较为均匀的场景，通过邻域平均操作能够有效降低高斯噪声的影响，但在处理局部细节丰富或边缘特征明显的图像时，可能会因平均计算导致边缘模糊或细节损失。

（2）中值滤波：中值滤波是一种非线性空间滤波技术，通过计算图像中每个像素及其邻域内像素的中值，替代该像素的原始值，从而实现图像平滑。相较于均值滤波等线性方法，它不会模糊图像边缘，能有效保留图像细节。其工作原理基于排序统计，在选定的滤波窗口（如 3×3、5×5）内，将窗口覆盖的像素灰度值按大小排序，取中间值作为窗口中心像素的新灰度值。这种特性使其在处理椒盐噪声（表现为图像中随机出现的黑白噪点）时效果显著，能快速识别并替换这些异常像素，而不影响正常区域的像素值分布。

（3）高斯滤波：通过卷积运算将图像与高斯核进行模糊处理，可以降低高频噪声，适用于噪声随机分布的视频场景。视频降噪中的高斯滤波原理是一种基于高斯分布的滤波方法，用于降低视频中的噪声。高斯滤波的目标是通过平滑图像中每个像素点的值来消除高频噪声。

首先，选择一个滤波器的大小，通常为奇数，例如3×3、5×5、7×7等。这个大小确定了滤波器在图像中移动时遍历周围像素的范围。然后，计算并生成一个二维高斯核（也称为模板），其形状是一个以中心像素为中心的正态分布曲线。这个高斯核用来加权周围像素的值，以产生平滑后的像素值。对于图像中的每个像素点，将滤波器与其周围的像素区域进行卷积运算。卷积运算的目的是将滤波器对应的像素值与图像中对应位置的像素值相乘，并求和得到新的像素值。对于边缘上的像素，由于周围没有足够的像素可以进行卷积运算，可以采用不同的处理方法，如忽略边缘像素或通过边缘像素的镜像、补充或重复来处理。最后，将处理后的像素值替换原始的像素值，从而完成高斯滤波操作。这样可以平滑图像中的噪声，同时保留图像的整体结构和细节，如图 2-16 所示。

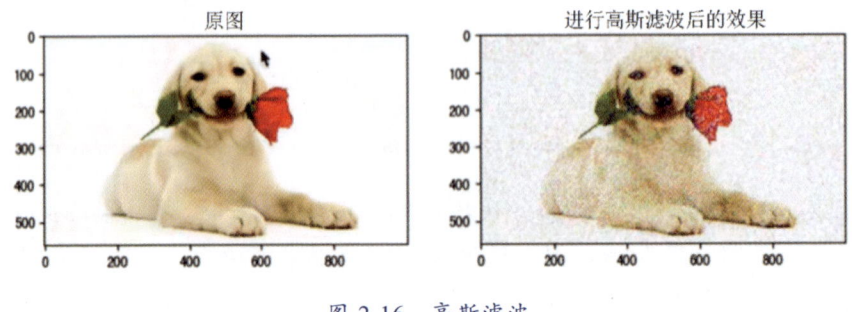

图 2-16 高斯滤波

（4）双边滤波：双边滤波是一种保边去噪的非线性滤波算法，它在滤波过程中，同时考虑像素间的空间距离与灰度相似性两个关键因素。空间距离权重确保邻近像素对滤波结果影响更大，而灰度相似性权重则使灰度值相近的像素在计算时拥有更大的话语权。当处理图像时，若像素间灰度值差异大（如边缘区域），即使空间距离近，灰度相似性权重也会降低其对滤波结果的影响，从而有效保留边缘；在平滑区域，像素灰度值接近，两个权重共同作用，实现高效降噪。这种独特的加权方式，使其不同于传统滤波方法，既能去除图像中的高斯噪声、椒盐噪声等，又能避免边缘模糊、细节丢失。因此，双边滤波常用于对细节和边缘保护要求高的视频处理、图像编辑等场景，是兼顾降噪与细节保留的重要技术手段。

（5）非局部均值滤波：非局部均值滤波是一种基于图像块相似性的去噪算法，突破传统局部滤波局限，通过计算目标像素与整幅图像中各像素块的相似程度，对图像进行平滑处理。在算法运行时，它会在图像全局范围内搜索与当前像素所在块特征相似的区域，相似程度越高，该区域像素在计算当前像素新值时的权重越大。相较于仅考虑局部邻域的滤波方法，非局部均值滤波能充分利用图像中重复或相似的结构信息，在有效抑制高斯噪声、椒盐噪声等复杂噪声的同时，更好地保留图像纹理和细节，避免边缘模糊。

（6）时域滤波：时域滤波是基于视频帧间时间相关性的降噪技术，将含噪声图像输入后，经帧比较分析当前帧及其相邻帧间的关系，利用相邻帧内容相似性识别噪声，再通过抑制噪声输出高质量图像，实现有效抑制时域噪声、减少运动伪影，如图 2-17 所示。

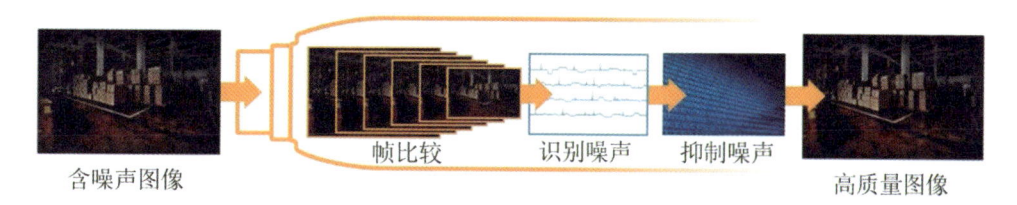

图 2-17　时域滤波图

但这种方法存在局限性，在处理含动态物体的画面时，容易产生伪影，如图 2-18 所示，时域滤波更适用于静态场景。

图 2-18　伪影图

除了上述方法，还可以结合深度学习等技术来进行视频降噪。利用深度神经网络模型可以学到图像中的高频和低频成分，从而更好地降低噪声，并提高图像质量。

需要注意的是，视频降噪可能会导致图像细节丢失或过度模糊，因此需要根据实际需求进行调整，并选择合适的降噪程度，以避免过度处理。

4. 视频增强

视频增强是提升视频质量与视觉体验的重要手段。当视频存在画质欠佳、清晰度不足等问题时，视频增强技术便能发挥关键作用。

对比度增强通过拉伸图像灰度级范围，扩大像素间灰度值差异，使暗部更暗、亮部更亮，从而凸显画面细节，让图像层次感更丰富。亮度调整则根据场景需求，合理提升或降低整体亮度，确保画面在不同光照条件下都能呈现清晰内容，避免过亮或过暗导致信息丢失。锐化技术聚焦于增强图像边缘和细节，通过提升相邻像素间的灰度值变化率，使模糊的图像轮廓变得清晰锐利，文字、景物边缘等细节更易辨识。

这些技术可单独运用，也可组合使用，根据视频原始状况及预期效果灵活调整参数，它们广泛应用于影视制作、安防监控、网络视频等领域，可以有效改善视频质量，提升视觉感受。

5. 镜头校正

在视频拍摄中，镜头自身特性、拍摄角度及环境等因素，常使视频出现镜头畸变、透视畸变或图像畸变等问题。镜头畸变表现为画面的桶形或枕形变形，直线不再笔直；透视畸变会让物体比例和空间关系失真；图像畸变则可能造成整体画面的扭曲。

几何校正算法是解决这些问题的有效手段。它基于对镜头成像原理和畸变数学模型的分析，通过坐标变换和图像重采样来调整画面。先对畸变图像的像素坐标进行重新计算，确定其在理想无畸变图像中的对应位置，再采用合适的插值算法对新位置的像素值进行填充，从而将变形的图像恢复到接近真实的几何形态。

经过几何校正算法处理，能有效提高图像的几何质量，使画面更符合人眼视觉习惯，在摄影、测绘、机器视觉等领域，对于还原真实场景、提升图像可用性可起到关键作用。

6. 运动估计和跟踪

在视频处理中，物体运动信息是众多应用的核心要素，光流估计算法与物体跟踪算法是获取物体运动轨迹和速度的关键手段。

光流描述的是图像序列中像素点随时间变化的位移量，是计算机视觉领域刻画物体运动的重要概念。其计算基于一个关键假设：相邻两帧图像间，同一物体的像素点在时间上变换规律相似。通过分析相邻帧像素点的亮度变化，光流估计算法能够定位对应像素点，进而推导物体运动关系。光流示意图如图 2-19 所示。

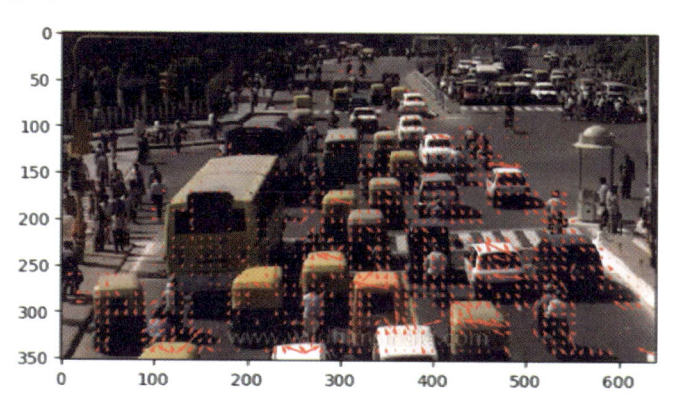

图 2-19　光流示意图 1

根据选取像素点的特性，光流估计分为稀疏光流与稠密光流。稀疏光流聚焦于图像中梯度大、特征显著的点，以这些关键像素为代表进行光流估计与跟踪，计算效率高且对特征明显物体的运动捕捉精准；稠密光流则覆盖整幅图像，对每一帧的每个像素点都进行光流计算，能够呈现出连续、完整的物体运动全貌，适用于需要精细运动分析的场景。如图 2-20 所示，左边选取了一些特征明显（梯度较大）的点进行光流估计和跟踪，右边为连续帧稠密光流示意图。两者各有优势，在不同应用场景中发挥着重要作用。

图 2-20　光流示意图 2

7. 物体检测和识别

在视频分析领域，若需要提取特定物体或场景，物体检测和识别算法是关键技术。其中，传统的特征匹配方法（如 Haar 特征、HOG 特征等）为物体检测和识别奠定了重要基础。

　　Haar 特征在传统特征匹配方法中占据重要地位，它基于捕捉图像中不同位置像素点的灰度值差异来表征特征。其以一个或多个矩形区域作为基本单元，区域内像素灰度值之和构成特征描述。从原理层面来看，Haar 特征包括边缘特征、线性特征、中心特征及对角线特征这 4 种基本类型，如图 2-21 所示。由这些特征构建成的特征模板，由白色和黑色两种矩形组成，通过计算白色矩形区域内所有像素值总和减去黑色矩形区域内所有像素值总和得到特征值，这种简单的灰度差值计算方式，能有效反映图像局部区域的结构差异。

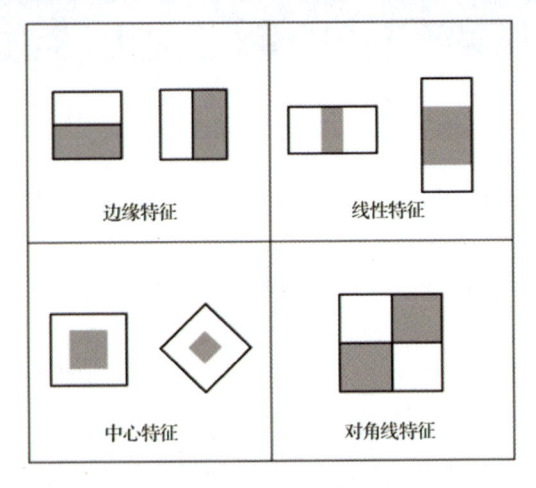

图 2-21　Haar 特征

　　在实际应用中，Haar 特征的提取过程是通过灵活调整特征模板的大小、在图像中的位置，以及模板类型来实现的。每一次调整都会计算白色矩形区域像素总和与黑色矩形区域像素总和的差值，由此不断生成海量不同类型、不同尺寸和位置的子特征，以捕捉图像中丰富的结构信息。Haar 特征的优势在于计算速度快，仅需要通过积分图就能快速计算出矩形区域的像素总和，这大大提升了特征提取的效率。而且，它对图像的边缘、纹理等结构信息敏感，在目标检测等领域表现出色，比如经典的 Viola-Jones 目标检测框架，就是利用 Haar 特征和级联分类器实现了快速高效的人脸检测。不过，Haar 特征也存在局限性，它描述的特征较为简单，缺乏对图像全局和复杂语义信息的表达，在面对复杂背景、光照变化较大的场景时，检测准确率可能会受到影响。

HOG 特征作为计算机视觉领域重要的特征描述方法，从图像局部区域梯度方向直方图入手，实现对物体形状与纹理特征的精准描述。其核心思路是将图像划分为若干细胞单元，在每个细胞单元内计算梯度方向和大小，并投影到预定义的梯度方向直方图。随后，对相邻细胞单元的直方图进行归一化处理并连接，生成图像的特征向量，以此捕捉图像丰富的结构信息，如图 2-22 所示。

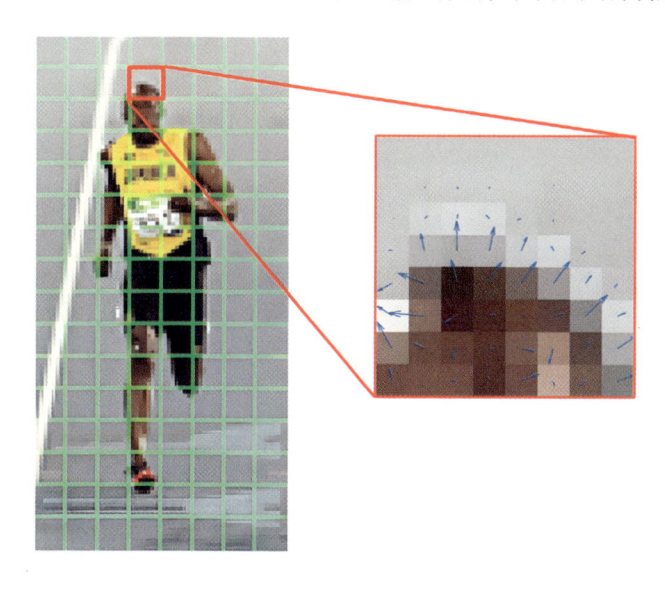

图 2-22　HOG 特征

在具体操作流程上，首先对图像进行灰度化，消除颜色信息干扰，使后续的梯度计算更聚焦于图像的结构变化。接着，计算图像中每个像素点的梯度幅值和梯度方向，梯度幅值反映像素变化的剧烈程度，梯度方向则揭示图像边缘的走向。然后，将图像划分成小的细胞单元（如 8 像素×8 像素的单元），在每个细胞单元内统计梯度方向直方图，一般将 $0\sim180°$（或 $0\sim360°$）划分为若干个区间（如 9 个区间），根据像素点的梯度方向将其梯度幅值分配到对应的区间中，形成细胞单元的梯度方向直方图。为了降低光照和局部对比度变化的影响，会将相邻的细胞单元组合成块（如 2×2 个细胞单元组成一个块），对块内的细胞单元直方图进行归一化处理，最后将所有块的归一化直方图依次连接起来，构成图像的 HOG 特征向量。

HOG 特征具有显著优势：一方面，它对图像的几何和光学形变具有较强的稳健性，比如在目标发生一定程度的旋转、缩放，或者光照条件改变时，依然能够稳定地提取到有效的特征；另一方面，由于其基于梯度方向的统计特性，能精准捕捉物体的边缘和纹理，在目标检测与识别任务中表现出色，像在行人检测领域，HOG 特征与支持向量机（SVM）结合的经典方法曾长期作为行人检测的主流方案，实现了较高的检测准确率。不过，HOG 特征也存在一定的局限性，其计算复杂度相对较高，提取过程涉及多次梯度计算、分块和归一化操作，耗时较长，不利于实时性要求高的应用场景；而且它对小目标的检测效果欠佳，当目标在图像中占比较小时，难以提取足够有区分度的特征。

8. 视频压缩和编码

对于大规模的视频数据，可以使用压缩和编码技术来减少存储空间和降低传输带宽。常用的视频压缩和编码算法包括 MPEG、H.264、HEVC 等。

2.4.2 行为识别与动作分析

行为识别与动作分析是视频分析领域的两大核心任务，二者既相互关联又各有侧重。其中，行为识别聚焦于通过解析视频中的运动模式与动作序列，对视频内人或物体所展现的具体行为进行识别；而动作分析则更着重于对特定动作细节的剖析，例如动作的起始与结束时间点、运动速度及动作幅度等。

在行为识别技术中，传统机器学习算法与深度学习算法是两类主流方法。前者依托支持向量机（SVM）、决策树等模型，通过人工设计特征来提取视频中的有效信息，进而完成分类或检测任务；后者则借助卷积神经网络（CNN）等强大架构，自动学习视频数据中的时空特征，实现更精准的行为识别。这一技术广泛应用于智能视频监控、运动员训练表现评估、用户行为分析等场景，助力安防、体育、商业等多领域智能化升级。

动作分析的核心在于对视频中运动轨迹、物体姿态和关键点的深度挖掘。姿态估计算法能够定位人体或物体的关键关节点，为动作细节分析奠定基础；运动跟踪技术可实时捕捉目标的运动轨迹；动作检测与重建则进一步解析动作的时间序列特征与空间形态。这些方法在医疗康复、工业自动化、虚拟现实等领域发挥着重要作用,如辅助医生评估患者康复训练效果、优化工业机器人作业流程等。

通过准确地识别和理解视频中的行为和动作,可以为各个应用领域提供更全面、准确和智能化的分析和决策支持。随着计算机视觉技术的发展,基于深度学习的动作识别方法在视频分析领域取得了显著进展。其中,I3D(Inflated 3D ConvNet)模型通过将 2D 卷积网络扩展到 3D 空间,能够有效捕捉视频中的时空特征,成为动作识别的主流方法之一。

接下来以一个简单案例说明不同卷积方式在视频动作识别中的作用差异。如图 2-23 所示,对于图像和视频的卷积处理存在明显不同。在图(A)中,对单幅图像进行 2D 卷积操作;在图(B)中,将视频的多个帧当作多个通道,同样进行 2D 卷积操作;图(C)则采用 3D 卷积处理视频,这种方式将时序信息融入输入信号中。无论是对单幅图像进行 2D 卷积操作,还是将视频多帧视为多通道进行 2D 卷积操作,其输出均为二维特征图,这意味着,2D 卷积的处理过程中,无论输入是否包含时间信息,最终输出都丢失了时序信息,只有 3D 卷积由于在处理时考虑了时间维度,在输出时能够有效保留时序信息,从而更适用于视频动作识别任务。

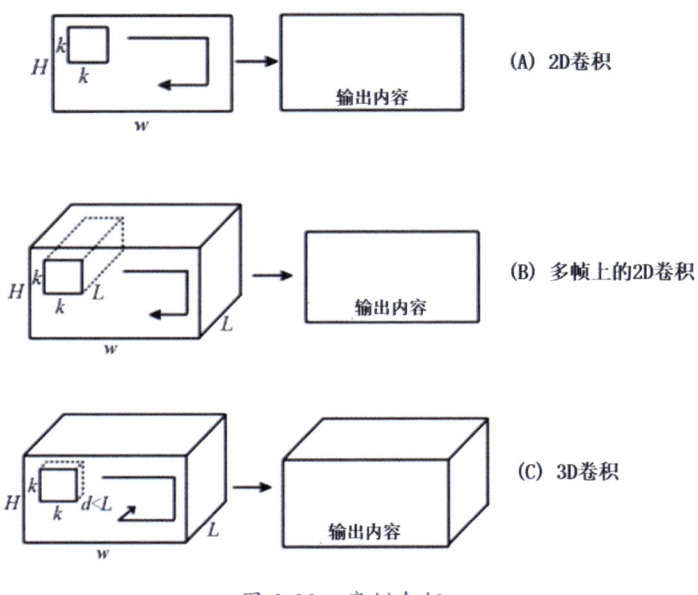

图 2-23 案例介绍

下面采用 I3D 模型实现对体育动作的识别与分析，代码样例如下：

首先，引入相关的包：

```
import numpy as np
import tensorflow as tf
import i3d
```

进行参数的定义：

```
# 输入图像大小
_IMAGE_SIZE = 224
# 视频的帧数
_SAMPLE_VIDEO_FRAMES = 79
# 输入数据包括两部分：RGB 和光流
# RGB 和光流数据已经经过提前计算
_SAMPLE_PATHS = {
  'rgb': 'data/v_CricketShot_g04_c01_rgb.npy',
  'flow': 'data/v_CricketShot_g04_c01_flow.npy',
}
# 提供了多种可以选择的预训练权重
# 其中，ImageNet 系列模型从 ImageNet 的 2D 权重中拓展而来，其余为视频数据下的预
# 训练权重
_CHECKPOINT_PATHS = {
  'rgb': 'data/checkpoints/rgb_scratch/model.ckpt',
  'flow': 'data/checkpoints/flow_scratch/model.ckpt',
  'rgb_imagenet': 'data/checkpoints/rgb_imagenet/model.ckpt',
  'flow_imagenet': 'data/checkpoints/flow_imagenet/model.ckpt',
}
# 记录类别文件
_LABEL_MAP_PATH = 'data/label_map.txt'
# 类别数量为 400
NUM_CLASSES = 400
```

定义参数时，imagenet_pretrained 的值如果为 True，则调用预训练权重，如果为 False，则调用由 ImageNet 转换的权重。相关代码如下：

```
# 选择预训练权重
imagenet_pretrained = True
# 加载动作类型
```

```python
kinetics_classes = [x.strip() for x in open(_LABEL_MAP_PATH)]
tf.logging.set_verbosity(tf.logging.INFO)
```

构建 RGB 部分模型:

```python
rgb_input = tf.placeholder(tf.float32, shape=(1, _SAMPLE_VIDEO_FRAMES,
_IMAGE_SIZE, _IMAGE_SIZE, 3))
  with tf.variable_scope('RGB', reuse=tf.AUTO_REUSE):
    rgb_model = i3d.InceptionI3d(NUM_CLASSES, spatial_squeeze=True,
final_endpoint='Logits')
    rgb_logits, _ = rgb_model(rgb_input, is_training=False,
dropout_keep_prob=1.0)
  rgb_variable_map = {}
  for variable in tf.global_variables():
    if variable.name.split('/')[0] == 'RGB':
      rgb_variable_map[variable.name.replace(':0', '')] = variable
  rgb_saver = tf.train.Saver(var_list=rgb_variable_map, reshape=True)
```

构建光流部分模型:

```python
flow_input = tf.placeholder(tf.float32,shape=(1, _SAMPLE_VIDEO_FRAMES,
_IMAGE_SIZE, _IMAGE_SIZE, 2))
  with tf.variable_scope('Flow', reuse=tf.AUTO_REUSE):
    flow_model = i3d.InceptionI3d(NUM_CLASSES, spatial_squeeze=True,
final_endpoint='Logits')
    flow_logits, _ = flow_model(flow_input, is_training=False,
dropout_keep_prob=1.0)
  flow_variable_map = {}
  for variable in tf.global_variables():
    if variable.name.split('/')[0] == 'Flow':
      flow_variable_map[variable.name.replace(':0', '')] = variable
  flow_saver = tf.train.Saver(var_list=flow_variable_map, reshape=True)
```

将以上两个模型联合,成为完整的 I3D 模型:

```python
model_logits = rgb_logits + flow_logits
model_predictions = tf.nn.softmax(model_logits)
```

开始模型预测,获得视频动作预测结果:

```python
with tf.Session() as sess:
    # 初始化变量
```

```
        sess.run(tf.global_variables_initializer())

        # 根据 imagenet_pretrained 选择加载的权重
        rgb_ckpt = _CHECKPOINT_PATHS['rgb_imagenet'] if imagenet_pretrained
else _CHECKPOINT_PATHS['rgb']
        flow_ckpt = _CHECKPOINT_PATHS['flow_imagenet'] if imagenet_pretrained
else _CHECKPOINT_PATHS['flow']

        # 加载预训练权重
        rgb_saver.restore(sess, rgb_ckpt)
        flow_saver.restore(sess, flow_ckpt)

        # 加载测试数据
        rgb_data = np.load(_SAMPLE_PATHS['rgb'])
        flow_data = np.load(_SAMPLE_PATHS['flow'])

        # 确保数据维度正确
        if len(rgb_data.shape) == 4:
            rgb_data = np.expand_dims(rgb_data, axis=0)
        if len(flow_data.shape) == 4:
            flow_data = np.expand_dims(flow_data, axis=0)

        # 运行模型
        out_logits, out_predictions = sess.run(
            [model_logits, model_predictions],
            feed_dict={rgb_input: rgb_data, flow_input: flow_data})

        # 输出预测结果
        out_logits = out_logits[0]
        out_predictions = out_predictions[0]
        sorted_indices = np.argsort(out_predictions)[::-1]

        print('最终预测结果:')
        for index in sorted_indices[:5]:
            print('    类别名称: %s, 概率: %.5f, 得分: %.5f' % (
                kinetics_classes[index], out_predictions[index],
out_logits[index]))
```

结果效果图如图 2-24 所示，需要注意的是，具体实现需要结合实际情况进行调整。

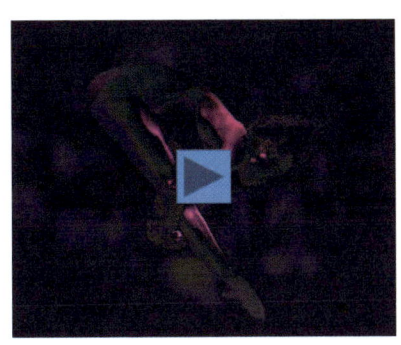

图 2-24 结果效果图

2.5 小结

本章围绕单一模态数据处理与分析展开,详细探讨了文本、图像、音频和视频这 4 类数据的处理与分析方法。

在文本数据处理方面,涵盖了从数据收集到标注的一系列预处理步骤,如清洗、切分、标准化、特征向量表示等,同时介绍了文本分类和主题建模的应用及案例,能够从文本中提取关键信息,助力决策制定和用户意图洞察。

图像数据处理包括调整图像尺寸、灰度化处理、几何变换和图像增强等预处理操作,图像目标检测则可实现对特定目标的识别与定位,在医学、安防、自动驾驶等领域发挥重要作用。

音频数据预处理包括采样率转换、时域转频域、降低噪声和音量归一化等,音频分类与事件检测能够区分音频类别、识别特定事件,广泛应用于语音识别、音乐推荐等场景。

视频数据预处理涉及提取视频帧、视频格式转换、视频降噪、视频增强、镜头校正等多种操作,行为识别与动作分析可用于理解视频中的行为和动作,在智能监控、运动分析等方面具有重要价值。

这些单一模态数据的处理与分析技术,为多模态数据融合及更复杂的数据分析奠定了坚实基础,推动了众多领域的智能化发展。

第 3 章 多模态数据融合

多模态数据可以提供更全面、准确和丰富的信息，在各个领域，如计算机视觉、自然语言处理、语音识别等，多模态数据的融合成为研究热点之一。本章旨在探讨多模态数据融合方法，并介绍其在实际应用中的重要性和潜在价值。

本章主要内容如下：

- 多模态数据融合的研究意义。
- 多模态数据融合的常规方法。
- 多模态数据融合的创新方法。

3.1 多模态数据融合的研究意义

多模态数据融合是指在信息时代随着数据规模和复杂性的增加，我们需要同时考虑并整合来自多种不同模态的数据信息，使数据丰富、全面和易于理解。

在传统数据分析中，我们往往只从单一维度出发，而忽略了多模态数据之间的互补性。这导致分析结果的精确度和准确性降低。例如，在汽车自动驾驶或辅助泊车时，仅通过图像数据进行分析可能无法获得足够准确的信息，从而影响自动驾驶或辅助泊车的精确度。同样地，在网页内容分析中，使用单一类型的数据可能导致分析结果偏差较大。

因此，我们需要对同一事物对象对应的不同类型数据的特征进行提取，并综合利用这些多重特征，以获取更全面和准确的信息。这就是多模态数据融合所要解决的问题。在处理多模态数据时，可以采用多种方法来实现多模态数据融合。

多模态数据融合在各个领域都有重要的应用价值。例如，在计算机视觉领域，可以将图像和文本信息进行融合，完成更准确的图像描述生成、图像分类和目标检测等任务；在自然语言处理领域，可以将文本和语音信息进行融合，提高情感分析、文本摘要和语音识别等任务的性能。此外，多模态数据融合还可以应用于智能推荐系统、情感分析、生物信息学等众多领域，以更全面地挖掘数据中的潜在信息和关联性。

多模态数据处理在前面的章节中有详细说明，下面将重点讲解多模态数据处理后的融合方法。

3.2 多模态数据融合的常规方法

3.2.1 特征级融合

特征级融合也称早期融合，是多模态数据融合最常用的策略。在该方法中，首先从每种模态或传感器中提取特征，再通过特定的融合策略进行特征融合，常见的融合方式包括加权平均、特征拼接、特征映射等。

特征级融合能够有效解决多模态数据中的冗余信息、信息丢失及数据异质性问题。通过融合不同模态的特征，可以增强多模态数据的判别度和表达能力，同时降低噪声影响，进而提升系统性能。

特征级融合实现步骤如图 3-1 所示。

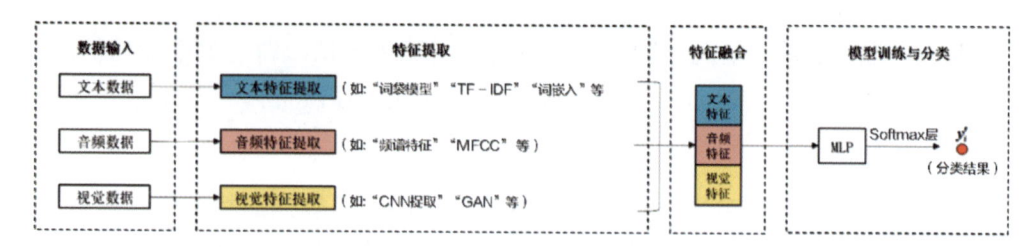

图 3-1　特征级融合实现步骤

1. 数据输入

作为特征级融合的起始阶段，数据输入步骤负责接纳多种类型的多模态数据，包括文本数据、音频数据及视觉数据。这些不同模态的数据来源广泛，例如文本数据可能来自社交媒体的帖子、新闻文章等；音频数据可以是语音对话、音乐片段等；视觉数据则涵盖图像、视频帧等。多样化的数据源为后续分析提供了丰富的信息基础。

2. 特征提取

在此步骤中，针对不同模态的原始数据分别运用特定的技术手段进行特征提取，将原始数据转换为计算机能够理解和处理的特征向量。

文本特征提取的常见方法有"词袋模型""TF-IDF""词嵌入"等。"词袋模型"，忽略词的顺序，将文本表示为词的集合；"TF-IDF"，用于衡量一个词在文档集合中的重要程度；"词嵌入"，如 Word2Vec、GloVe 等，能够将词映射到低维的向量空间，捕捉词与词之间的语义关系。

音频特征提取的常见方法有"频谱特征""MFCC"等。"频谱特征"，可展示音频信号在不同频率上的能量分布；"MFCC"，则模拟人类听觉系统特性，常用于语音识别等任务，能够有效提取音频中的关键特征。

视觉特征提取的常见方法有"CNN 提取""GAN"等。借助"CNN 提取"，可以自动学习图像中的局部特征和层次化结构；"GAN"（生成对抗网络）不仅能生成逼真的图像，其判别器部分也可用于提取图像的特征。

3. 特征融合

将从不同模态提取出的特征向量，按照预先设定的规则进行融合操作。常见的融合方式包括加权平均、特征拼接、特征映射等。可以是简单地将特征向量串联起来，即将各模态的特征向量依次连接；也可以根据不同模态的重要性赋予不同特征向量相应的权重后再进行融合，形成一个整合了多模态信息的融合特征向量，使该向量能够综合反映多种模态数据的特征，为后续的模型训练提供更全面的信息。

4. 模型训练与分类

这一步骤能够充分利用多模态数据的互补信息，提高分类的准确性和可靠性。将融合后的特征向量输入 MLP（多层感知机）模型中进行训练。在训练过程中，运用反向传播算法来调整模型的参数，以最小化预测结果与真实标签之间的误差。在模型训练完成后，可对新的输入数据进行分类操作。此时，通过 Softmax 层将 MLP 输出的分数转换为概率值，每个概率值代表输入数据属于不同类别的可能性，最终将概率最大的类别作为分类结果。

以下是一个简单的多模态特征级融合的 Python 示例代码，使用了一些常见的库来模拟特征的提取和融合过程。相关代码如下：

```python
import numpy as np
from sklearn.feature_extraction.text import TfidfVectorizer
# 用于文本特征提取的 TF-IDF 工具
# 模拟文本数据
text_data = ["这是第一个文本", "这是第二个文本"]
# 初始化 TF-IDF 向量器
vectorizer = TfidfVectorizer()
# 提取文本特征
text_features = vectorizer.fit_transform(text_data).toarray()
print("文本特征形状:", text_features.shape)

# 模拟音频数据，这里直接生成随机特征向量，实际应用中需要从音频中提取
audio_data = np.random.rand(2, 10)
# 假设有 2 条音频数据，从每条音频数据中提取出 10 维特征向量
print("音频特征形状:", audio_data.shape)
```

```python
# 模拟视觉数据，同样生成随机特征向量，实际应用中需要从图像中提取
visual_data = np.random.rand(2, 15)
# 假设有2条视觉数据，从每条视觉数据中提取出15维特征向量
print("视觉特征形状:", visual_data.shape)

# 特征融合，将文本、音频、视觉特征按列拼接
fusion_features = np.concatenate((text_features, audio_data, visual_data), axis=1)
print("融合后特征形状:", fusion_features.shape)

# 导入多层感知机模型相关库，这里使用简单的 Keras 示例
from tensorflow.keras.models import Sequential
from tensorflow.keras.layers import Dense

# 初始化多层感知机模型
model = Sequential()
# 添加输入层和隐藏层，输入维度为融合后特征的维度
model.add(Dense(32, input_dim=fusion_features.shape[1], activation='relu'))
# 添加输出层，假设是二分类问题
model.add(Dense(2, activation='softmax'))

# 编译模型，指定损失函数、优化器和评估指标
model.compile(loss='categorical_crossentropy', optimizer='adam', metrics=['accuracy'])

# 模拟标签数据，这里生成随机的 One-Hot 编码标签
labels = np.random.randint(0, 2, size=(2, 2))
print("标签形状:", labels.shape)

# 训练模型，这里只训练一个 epoch 作为示例
model.fit(fusion_features, labels, epochs=1, batch_size=1)
```

请注意，这只是一个简单的示例，实际应用中需要根据具体的多模态数据和任务需求对特征提取和模型部分进行更深入和准确的处理。在使用代码之前，请确保已经正确导入相关库，并且根据具体任务适当调整代码和参数。

在实际应用中，特征级融合存在一定的局限性。其一，通过直接连接不同模态的特征，融合后特征向量的维度通常会显著增加。这不仅提高了计算的复杂度，使模型训练和预测所需的时间成本大幅上升，还加大了存储开销，对硬件资源提出了更高的要求。其二，特征级融合在处理模态间的复杂关系

时能力有限，它主要是将各模态特征简单拼接，难以深入挖掘模态之间的潜在联系和相互影响。正因如此，即便融合了多模态特征，在某些复杂场景下，依旧无法充分捕捉数据中的深层次信息。面对这类情况，可考虑采用更先进的融合方法，例如注意力机制，它能够让模型聚焦于重要信息，动态调整不同模态特征的权重，以及多模态编码器-解码器，其可以有效地处理不同模态数据的转换和融合，从而实现更优的数据融合与建模效果。

3.2.2 决策级融合

决策级融合是多模态数据融合的一种方法，其核心思想是：针对各模态的数据，先独立处理并生成初步决策，然后在决策阶段将这些初步决策结果进行整合，以生成最终的决策。与特征级融合不同，决策级融合不直接处理原始数据或特征，而是在高层次上对决策结果进行整合。

决策级融合通常可以分为以下几个步骤。

（1）独立处理各模态数据。针对每种模态的数据（如图像、文本、音频等），首先通过专门的模型或算法进行处理，生成初步决策结果。例如，在医疗诊断中，通过深度学习模型对影像数据进行处理来生成初步诊断，并通过统计分析方法对实验室数据进行处理来生成另一组结论。

（2）生成决策结果。每种模态的初步决策结果通常是一个概率分布、分类标签或回归值。例如，在情感分析中，文本模态可能输出"积极"或"消极"标签，而语音模态可能输出情感得分。

（3）整合决策。通过特定的融合方法（如投票法、贝叶斯方法、规则推理等），将各模态的初步决策结果整合为一个最终的决策。例如，在自动驾驶中，摄像头和雷达的决策结果可以通过加权投票法整合，生成最终的路径规划决策。

（4）最终输出。整合后的决策作为系统的最终输出，用于指导后续操作或分析。

决策级融合具有几个关键特点，这些特点使其在许多复杂场景中表现出独特的优势。

首先，高层次融合是决策级融合的核心特点之一。与特征级融合不同，决策级融合并不直接处理原始数据或特征，而是在独立完成各模态数据处理并生成初步决策结果后，再对这些初步决策结果进行整合。这种高层次融合避免了原始数据或特征之间的直接交互，从而降低了融合的复杂性。其次，模态独立性是决策级融合的另一重要特点。由于各模态的数据处理和决策生成是独立的，因此系统可以灵活地添加或移除某种模态，而无须重新设计整个系统。这种模块化的设计使决策级融合非常适合多模态系统的扩展和升级。然后，容错性是决策级融合的一个重要优势。由于各模态的决策生成是独立的，如果某种模态的数据质量较差或完全丢失，系统仍然可以基于其他模态的决策结果运行。最后，适用性广是决策级融合的另一个显著特点。由于决策级融合不要求各模态数据在早期阶段进行融合，因此它特别适用于模态数据差异较大或难以在早期阶段融合的场景。

决策级融合凭借其高层次融合、模态独立性、容错性和广泛适用性等关键特点，在许多复杂场景中展现出了强大的优势。这些特点不仅简化了多模态数据的处理流程，还提高了系统的灵活性和稳健性，使其能够应对多样化的实际需求。接下来，将通过几个具体的实际应用场景，深入探讨决策级融合如何在不同领域中发挥作用。

在医疗领域，决策级融合被广泛应用于综合诊断。现代医疗诊断往往需要结合多种数据来源，例如影像数据（如 X 光片、MRI）、实验室数据（如血液检测）以及病历文本数据。这些数据在特性和表示方式上差异较大，如果强行在早期阶段融合它们，可能会导致信息丢失或模型复杂度增加。通过决策级融合，可以独立处理每种数据并生成初步诊断结果。例如，影像数据通过深度学习模型的分析可能提示肿瘤的存在，而实验室数据通过统计分析可能提示炎症或感染。最终，这些初步诊断结果可以通过贝叶斯方法或规则推理整合，生成一个综合诊断结论。这种方法不仅提高了诊断的准确性，还能降低单一数据源可能带来的误诊风险，为医生提供更可靠的决策支持。

在自动驾驶领域，决策级融合发挥着至关重要的作用。自动驾驶车辆通常配备多种传感器，如摄像头、雷达和激光雷达等，每种传感器都提供了不同类型的数据。摄像头可以捕捉视觉信息（如行人、交通标志等），雷达可以检测物体的距离和速度，而激光雷达则能生成高精度的环境三维地图。由于这些数据在物理特性和表示方式上差异较大，直接在数据或特征层次融合可能会引入噪声或丢失信息。通过决策级融合，每种传感器的数据都可被独立处理并生成初步决策结果（如"前方有行人"或"左侧有车辆"），然后在决策阶段通过加权投票法或机器学习方法整合这些结果，最终生成驾驶决策（如刹车、转向或加速）。这种方法显著提高了自动驾驶系统的安全性和可靠性，为乘客提供了更舒适的出行体验。

在智能家居系统中，决策级融合被用于整合多种传感器数据以实现更智能的环境控制。例如，一个智能家居系统可能包括温度传感器、湿度传感器、光照传感器及用户行为数据（如语音指令、手机 App 操作等）。这些数据在特性和用途上差异较大，难以在早期阶段直接融合。通过决策级融合，每种传感器的数据都可被独立处理并生成初步决策结果（如"温度过高"或"光照不足"），然后在决策阶段通过贝叶斯方法或规则推理整合这些结果，最终生成环境控制决策（如调节空调、开关灯光）。这种方法不仅提高了智能家居系统的响应速度，还能根据多模态数据提供更个性化的服务，为用户创造更舒适的居住环境。

以下是一个简单的多模态决策级融合的 Python 示例代码，这个示例模拟了一个简单的多模态分类任务，结合了 3 种模态（文本、图像和音频）的决策结果，通过加权投票法进行融合。相关代码如下：

```python
import numpy as np

# 模拟多种模态的决策结果
# 假设有 3 种模态（文本、图像、音频），分别对 5 个样本进行分类
# 类别标签为 0、1、2
np.random.seed(42)   # 设置随机种子以确保结果可复现

# 模态 1（文本分类）的决策结果：每个样本的预测概率分布
modal1_predictions = np.array([
    [0.7, 0.2, 0.1],   # 样本 1 的预测概率
    [0.1, 0.6, 0.3],   # 样本 2 的预测概率
    [0.2, 0.3, 0.5],   # 样本 3 的预测概率
```

```python
    [0.4, 0.4, 0.2],   # 样本4的预测概率
    [0.3, 0.3, 0.4]    # 样本5的预测概率
])

# 模态2（图像分类）的决策结果：每个样本的预测概率分布
modal2_predictions = np.array([
    [0.6, 0.3, 0.1],   # 样本1的预测概率
    [0.2, 0.7, 0.1],   # 样本2的预测概率
    [0.1, 0.2, 0.7],   # 样本3的预测概率
    [0.3, 0.5, 0.2],   # 样本4的预测概率
    [0.4, 0.4, 0.2]    # 样本5的预测概率
])

# 模态3（音频分类）的决策结果：每个样本的预测概率分布
modal3_predictions = np.array([
    [0.5, 0.3, 0.2],   # 样本1的预测概率
    [0.1, 0.8, 0.1],   # 样本2的预测概率
    [0.2, 0.2, 0.6],   # 样本3的预测概率
    [0.4, 0.3, 0.3],   # 样本4的预测概率
    [0.3, 0.4, 0.3]    # 样本5的预测概率
])

# 定义权重：模态1、模态2、模态3的权重分别为0.4、0.3、0.3
weights = [0.4, 0.3, 0.3]

# 决策级融合函数：加权投票法
def decision_level_fusion(modalities, weights):
    """
    对多种模态的决策结果进行加权投票融合。

    参数：
    - modalities: 各模态的决策结果，列表形式，每个元素为 (n_samples, n_classes) 的数组
    - weights: 各模态的权重，列表形式，例如 [weight1, weight2, weight3]

    返回：
    - final_predictions: 融合后的最终决策结果，形状为 (n_samples,)
    """
    # 对多种模态的决策结果进行加权
    weighted_predictions = np.zeros_like(modalities[0])  # 初始化加权结果
    for modal, weight in zip(modalities, weights):
```

```
        weighted_predictions += weight * modal

    # 取加权后的最大概率对应的类别作为最终决策结果
    final_predictions = np.argmax(weighted_predictions, axis=1)

    return final_predictions

# 调用决策级融合函数
modalities = [modal1_predictions, modal2_predictions, modal3_predictions]
final_predictions = decision_level_fusion(modalities, weights)

# 输出结果
print("模态 1 的决策结果（文本分类）: ")
print(modal1_predictions)
print("\n 模态 2 的决策结果（图像分类）: ")
print(modal2_predictions)
print("\n 模态 3 的决策结果（音频分类）: ")
print(modal3_predictions)
print("\n 融合后的最终决策结果: ")
print(final_predictions)
```

以上代码展示了如何通过加权投票法整合多种模态的决策结果，模块化的设计和良好的扩展性使其适用于多种实际场景，通过进一步优化和扩展，可以将其应用于更复杂的任务和系统中。

3.2.3 模型级融合

模型级融合是多模态数据融合中的一种重要方法，它指的是在多模态数据处理过程中，首先针对不同模态的数据分别使用独立的模型执行处理和特征提取等操作，然后将这些经过不同模型处理后得到的结果进行融合，以获取更全面、更具代表性的信息，从而用于后续的任务，如分类、预测、决策等。这种融合方法强调在模型处理后的结果层面进行信息整合，充分利用不同模态数据所蕴含的独特信息以及各个模型对相应模态数据的处理优势。

模型级融合的基本原理是基于不同模态数据具有互补性和相关性的特点，从不同模态的传感器或数据源获取的数据能够从不同的角度描述同一个对象或事件，例如图像数据可以提供物体的外观、形状等视觉信息，而音频数据可以传达与声音相关的信息，如语音内容、环境声音等。每种模态都有其独特的信息贡献，通过为每种模态选择合适的模型进行处理，这些模型能够挖掘出该模态数据中的关键特征和模式。接着，将这些来自不同模型的结果进行融合，能够综合各模态的优势，弥补单一模态的不足，使融合后的信息更加丰富和全面，更有利于对目标对象或事件的理解和分析。同时，融合过程中也会考虑不同模态结果之间的相关性，通过合适的融合策略来合理地整合这些信息，以提高系统的性能和准确性。

模型级融合通常可以分为以下几个主要步骤。

1. 模态数据预处理

对不同模态的数据进行初步处理，包括数据清洗、去噪、归一化等操作，以确保数据的质量和一致性，为后续的模型处理提供良好的数据基础。例如，对于图像数据，可能需要进行裁剪、缩放、色彩调整等操作；对于文本数据，可能需要进行分词、词性标注等预处理。

2. 独立模型选择与训练

根据不同模态数据的特征，为每种模态选择合适的模型，并使用相应模态的标注数据对模型进行训练。例如，对于图像模态，可以选择卷积神经网络（CNN）；对于音频模态，可以选择循环神经网络（RNN）或其变体，如长短期记忆网络（LSTM）等。通过训练，这些模型能够学到各自模态数据中的特征和模式，输出具有代表性的结果，如特征向量、分类概率等。

3. 模型结果提取

在训练好各模态的模型后，将待融合的多模态数据分别输入对应的模型中，获取每个模型的输出结果。这些结果可以是模型最后一层的特征表示，也可以是经过分类或回归等操作得到的预测结果等，它们代表了不同模态数据经过模型处理后的信息。

4. 融合策略选择与融合操作

根据具体的任务和数据特点，选择合适的融合策略对各个模型的结果进行融合。常见的融合策略包括简单的拼接、加权求和、基于规则的融合等。例如，拼接策略就是将不同模型的输出特征向量直接连接在一起，形成一个维度更高的特征向量；加权求和策略则是根据不同模态的重要性或可靠性为每个模型的结果分配权重，然后进行加权求和来得到融合结果。也可以采用更复杂的融合方法，如使用融合网络来学习如何有效地融合不同模型的结果。

5. 融合结果后的处理与应用

对融合后的结果进行进一步的处理，如后验概率计算、阈值设定等，以得到最终的输出结果，用于具体的任务，如目标识别、情感分析、事件预测等。例如，在目标识别任务中，融合结果可能是经过阈值判断后确定其中是否存在特定目标，并输出目标的类别等信息。

以下是一个简单的模型级融合的 Python 示例代码，使用 scikit-learn 库中的两个分类器（逻辑回归和决策树）对鸢尾花数据集进行分类，并将它们的预测结果进行融合。相关代码如下：

```python
import numpy as np
from sklearn.datasets import load_iris
from sklearn.model_selection import train_test_split
from sklearn.linear_model import LogisticRegression
from sklearn.tree import DecisionTreeClassifier
from sklearn.metrics import accuracy_score

# 加载鸢尾花数据集
iris = load_iris()
X = iris.data  # 特征数据
y = iris.target  # 标签数据

# 划分训练集和测试集
X_train, X_test, y_train, y_test = train_test_split(X, y, test_size=0.3, random_state=42)

# 训练第一个模型：逻辑回归
```

```python
model1 = LogisticRegression(max_iter=1000)
# 创建逻辑回归模型对象，设置最大迭代次数为 1000
model1.fit(X_train, y_train)  # 使用训练数据对逻辑回归模型进行训练

# 训练第二个模型：决策树
model2 = DecisionTreeClassifier()  # 创建决策树模型对象
model2.fit(X_train, y_train)  # 使用训练数据对决策树模型进行训练

# 在测试集上进行预测
y_pred1 = model1.predict(X_test)  # 使用逻辑回归模型对测试数据进行预测
y_pred2 = model2.predict(X_test)  # 使用决策树模型对测试数据进行预测

# 模型级融合：简单多数投票方式
# 初始化一个空数组来存储融合后的预测结果
y_pred_ensemble = []
for i in range(len(y_pred1)):
    # 统计每个样本在两个模型中的预测结果
    votes = [y_pred1[i], y_pred2[i]]
    # 找出出现次数最多的类别作为融合后的预测结果
    most_common = np.bincount(votes).argmax()
    y_pred_ensemble.append(most_common)

# 将融合后的预测结果转换为 numpy 数组
y_pred_ensemble = np.array(y_pred_ensemble)

# 计算各个模型和融合模型的准确率
accuracy_model1 = accuracy_score(y_test, y_pred1)
# 计算逻辑回归模型的准确率
accuracy_model2 = accuracy_score(y_test, y_pred2)  # 计算决策树模型的准确率
accuracy_ensemble = accuracy_score(y_test, y_pred_ensemble)
# 计算融合模型的准确率

# 输出结果
print(f"逻辑回归模型的准确率：{accuracy_model1}")
print(f"决策树模型的准确率：{accuracy_model2}")
print(f"融合模型的准确率：{accuracy_ensemble}")
```

这个示例展示了如何使用简单多数投票方式进行模型级融合，在实际应用中，可以根据具体需求选择更复杂的融合策略。

模型级融合的应用场景也较为广泛。在视频监控场景中，模型级融合可

将图像识别模型与行为分析模型相结合。比如，利用图像识别模型识别出监控画面中的物体和人物，再通过行为分析模型判断人物的行为动作是否异常，将两个模型的结果融合后，能更准确地实现异常行为预警和安全事件监测。在人脸识别门禁系统中，也可以融合人脸识别模型和步态识别模型，提高身份识别的准确率和安全性。在医疗影像诊断中，模型级融合可以将CT图像分析模型与MRI图像分析模型的结果进行融合。不同的医疗影像模态能提供不同的生理结构和病变信息，通过融合这些模型的输出，医生可以获得更全面且准确的诊断结果，有助于对肿瘤等疾病的早期发现和精准诊断。此外，还可以将影像分析模型与电子病历数据的分析模型融合，综合影像信息和患者的病史、症状等数据，为疾病诊断和治疗方案制定提供更有力的支持。在自动驾驶系统中，模型级融合起着关键作用。可以将摄像头图像识别模型用于识别道路标志、车道线和行人等，将激光雷达点云数据处理模型用于感知车辆周围的三维环境和障碍物，将这两种模型的结果融合，能让自动驾驶汽车更全面地了解路况，做出更准确的驾驶决策，如加速、刹车和转向等。在交通流量监测中，也可以融合视频图像分析模型和传感器数据模型，对车流量、车速等信息进行更精确的监测和统计。在智能语音助手系统中，模型级融合可以将语音识别模型的结果与自然语言理解模型的结果相结合。语音识别模型将用户的语音转换为文字，自然语言理解模型对文字内容进行语义分析和意图识别，融合两个模型的结果能使智能语音助手更准确地理解用户需求，提供更合适的回答和服务。在情感分析任务中，也可以融合文本情感分析模型和语音情感分析模型，综合文本内容和语音语调等信息，更全面地判断用户的情感状态。

模型级融合具有明显的优势与弊端。其优势在于能够综合不同模型所提取的特征和信息，有效提高信息完整性，可从多个角度对目标进行更全面的描述，同时利用各模型间的互补性增强系统的稳健性，在面对单一模态数据的噪声、缺失等问题时仍能保持一定的稳定性和准确性，并且通过融合不同模型的优势还能进一步提升预测的准确性，挖掘出更复杂的数据关系和模式；然而，模型级融合也存在一些弊端，它会使模型复杂度显著提升，导致训练、调试与维护的难度大幅上升，还面临着数据对齐与同步的挑战，需要精准处理不同模态数据在时间、空间和特征维度等方面的差异，此外，融合策略的设计并无通用的最优解，需要依据不同任务和数据的特点进行定制，这增加了找到合适融合方法的难度，往往需要大量实验和专业知识来支撑。

3.2.4 混合级融合

混合级融合是多模态数据融合的一种高级方法，结合了特征级融合和决策级融合的优点，旨在充分利用多模态数据的多层次信息。其核心思想是在不同层次上对多模态数据进行融合，以最大化信息的利用效率和融合效果。混合级融合不仅关注原始数据和特征的交互，还注重决策结果的整合，从而在多个层次上实现信息的互补和增强。

模型级融合侧重于对不同模态经过独立模型处理后的结果进行融合，而混合级融合综合了多种融合方法的特点，涵盖了从数据级、特征级到决策级等不同层次的融合操作。混合级融合可以将模型级融合作为其中的一个环节，例如在混合级融合的过程中，可能先在特征级进行部分特征的融合，然后对经过不同模态模型处理后的结果进行模型级融合，以充分利用不同融合方法的优势，实现更全面和有效的多模态数据融合。

模型级融合是较为明确的一个融合层次，而混合级融合更像一种融合策略或框架，它可以根据具体需求灵活组合不同的融合层次和方法，模型级融合是混合级融合可能采用的方法之一，但混合级融合更为灵活和多样化，其包含了模型级融合所不具备的其他融合层次和方法。

混合级融合的基本原理可以从以下几个方面展开描述。

首先，混合级融合强调多层次的信息利用。多模态数据通常包含丰富的信息，但这些信息分布在不同的层次上。例如，原始数据层次保留了最细节的信息，特征层次提取了高层次的抽象表示，而决策层次则提供了最终的分类或回归结果。混合级融合通过在多个层次上进行融合，能够充分利用这些不同层次的信息，避免单一层次融合可能带来的信息丢失或不足。例如，在医疗诊断中，原始影像数据可以提供具体的病理信息，而提取的特征可以反映更高层次的病理模式，最终的决策结果则可以结合多种模态进行综合判断。

其次，混合级融合注重信息的互补性。不同模态的数据在不同层次上可能具有不同的优势和局限性。例如，在自动驾驶中，摄像头数据在光照良好的情况下可以提供丰富的视觉信息，但在夜间或恶劣天气下可能失效；而雷达数据则可以在各种天气条件下稳定工作，但分辨率较低。通过在特征级和决策级进行融合，可以充分发挥各模态的优势，弥补单一模态的不足。例如，在特征级融合中，可以将视觉特征和雷达特征联合表示，提高环境感知的准确性；在决策级融合中，可以结合摄像头和雷达的初步决策结果，生成更可靠的驾驶决策。

然后，混合级融合支持动态调整和优化。在实际应用中，不同模态的数据质量和重要性可能会随着环境和任务的变化而发生动态变化。混合级融合通过动态调整各层次和各模态的融合策略和权重，能够适应不同的应用场景和需求。例如，在智能家居系统中，温度传感器和湿度传感器的数据在夏季和冬季的重要性可能不同，系统可以根据季节动态调整传感器的权重，以提供更智能的环境控制。

最后，混合级融合通过多层次的信息交互，提高了系统的稳健性和可靠性。单一层次的融合可能会受到数据噪声、特征冗余或决策偏差的影响，而混合级融合通过在多个层次上进行信息交互和整合，能够有效降低这些影响。例如，在安防监控中，视频数据和音频数据在特征级融合中可以互补，提高威胁检测的准确性；而在决策级融合中，可以结合视频和音频的初步警报，降低误报率。

混合级融合通常可以分为以下几个主要步骤。

1. 数据准备

获取多模态数据，即从不同来源获取多模态数据，例如文本、音频、视频、传感器数据等。这些数据可以通过摄像头、麦克风、温度传感器等设备采集。

数据预处理，即对原始数据执行清洗、归一化、对齐等操作，确保数据格式一致且适合后续处理。例如，对文本数据进行分词和向量化，对图像数据进行归一化，对音频数据进行降噪和分段。

2. 特征提取

特征提取是混合级融合的关键步骤。在这一步骤中，需要对每种模态的数据分别进行特征提取，生成高层次的抽象表示。例如，对于文本数据，可以使用词袋模型、TF-IDF 或预训练语言模型（如 BERT）提取特征；对于音频数据，可以使用梅尔频谱图（Mel-spectrogram）或语音特征提取工具（如 Librosa）提取特征；对于图像数据，可以使用卷积神经网络（CNN）或预训练视觉模型（如 ResNet）提取特征。特征提取的目的是将原始数据转换为机器可处理的向量形式，为后续的特征级融合提供输入。

3. 特征级融合

特征级融合是混合级融合的核心步骤之一。在这一步骤中，需要将不同模态的特征向量进行融合，生成一个联合特征表示。常用的方法包括特征拼接、注意力（Attention）机制、图神经网络（GNN）或多模态 Transformer 等。例如，可以将文本特征和图像特征拼接为一个长向量，或者通过注意力机制实现特征之间的交互和融合。特征级融合的优势在于能够充分利用不同模态的特征信息，生成更全面和稳健的特征表示。

4. 单独训练模态

在特征级融合之后，单独训练模态是混合级融合的重要步骤。在这一步骤中，需要使用每种模态的特征单独训练模型，生成初步决策结果。例如，对于文本模态，可以训练情感分析模型，预测情感标签；对于音频模态，可以训练语音分类模型，预测语调或情感；对于图像模态，可以训练图像分类模型，预测面部表情或场景类别。每种模态的模型输出初步决策结果（如概率分布或分类标签），为后续的决策级融合提供输入。

5. 决策级融合

决策级融合是混合级融合的重要步骤之一。在这一步骤中，需要将各模态的初步决策结果进行整合，生成最终的决策结果。常用的方法包括加权投票法、贝叶斯方法和 Dempster-Shafer 理论等。例如，可以根据各模态的可靠性分配权重，对决策结果进行加权整合；或者利用贝叶斯定理结合各模态的决策概率。决策级融合的优势在于能够综合考虑各模态的决策结果，生成更可靠和准确的最终决策结果。

6. 综合预测与优化

综合预测与优化是混合级融合的收尾工作。在这一步骤中，需要将融合后的特征或决策结果输入一个综合模型（如全连接神经网络、随机森林等）中，进行最终的任务预测。通过交叉验证、超参数调优等方法，可以进一步优化综合模型的性能。最终，系统会生成任务结果，例如分类标签、回归值或概率分布，用于指导后续操作或分析。

以下是一个简化的混合级融合示例代码，涵盖特征级融合和决策级融合：

```python
import numpy as np
from sklearn.ensemble import RandomForestClassifier

# 模拟两种模态的数据
# 模态1（文本）：5个样本，每个样本有10个特征
modal1_data = np.random.rand(5, 10)
# 模态2（图像）：5个样本，每个样本有15个特征
modal2_data = np.random.rand(5, 15)

# 特征级融合：拼接两种模态的特征
fused_features = np.concatenate((modal1_data, modal2_data), axis=1)

# 单独训练模态
clf1 = RandomForestClassifier()
clf2 = RandomForestClassifier()
labels = np.array([0, 1, 0, 1, 0])  # 假设的标签
clf1.fit(modal1_data, labels)
clf2.fit(modal2_data, labels)

# 生成初步决策结果
modal1_predictions = clf1.predict_proba(modal1_data)
modal2_predictions = clf2.predict_proba(modal2_data)

# 决策级融合：加权投票法
```

```
weights = [0.6, 0.4]  # 模态1和模态2的权重
final_predictions = weights[0] * modal1_predictions + weights[1] * modal2_predictions
final_labels = np.argmax(final_predictions, axis=1)

# 输出结果
print("模态1的决策结果：")
print(modal1_predictions)
print("\n模态2的决策结果：")
print(modal2_predictions)
print("\n融合后的最终决策结果：")
print(final_labels)
```

混合级融合的基本原理在于通过多层次的信息利用、信息的互补性、动态调整和优化以及多层次的信息交互，实现多模态数据的全面融合。这种方法不仅能够充分利用多模态数据的多层次信息，还能提高系统的稳健性和适应性，使其在复杂场景中表现出色。随着多模态数据处理技术的不断发展，混合级融合的方法和应用场景将进一步扩展，为更多领域带来智能化解决方案。

3.3 多模态数据融合的创新方法

3.3.1 基于深度学习的多模态特征自适应融合

在多模态数据融合的前沿领域，基于深度学习的多模态特征自适应融合技术正崭露头角。

这项技术旨在借助深度学习模型强大的表示学习能力，自动适配不同模态数据的特征与差异，将来自多模态数据的特征高效融合，从而提取出更具代表性、面对复杂多变情况时更具稳健性的综合特征。例如，图像数据以像素矩阵承载丰富视觉信息，文本数据借字符序列蕴含语义逻辑，音频数据通过波形携带声音特征，深度学习模型能够深入挖掘这些不同模态数据的本质特征，并以自适应的方式将它们融合在一起。

要充分理解这种融合的实现机制，就得深入探讨其基本原理。深度学习

模型依托其多层神经网络结构展现出卓越的学习能力。在大量数据的训练过程中，神经网络通过不断调整内部参数，逐渐捕捉到数据的内在模式和特征表示。在多模态数据融合的场景下，针对不同模态的数据，会分别构建与之适配的子网络。下面以图像模态和文本模态为例进行讲解。对于图像模态，通常会构建卷积神经网络（CNN）。CNN中的卷积层能够通过卷积核在图像上滑动，提取图像中的局部特征，如边缘、纹理等；池化层则对卷积后的特征图进行下采样，降低特征维度，同时保留主要特征信息。对于文本模态，循环神经网络（RNN）及其变体，如长短期记忆网络（LSTM）较为常用。RNN能够处理具有序列性质的文本数据，通过隐藏层状态的传递，捕捉文本中的上下文信息，LSTM则进一步解决了RNN在处理长序列时的梯度消失问题，更好地保存长期依赖信息。

基于这样的原理，具体该如何实现这种融合呢？实现步骤如下。

1. 数据预处理

不同模态的原始数据在采集过程中可能受到噪声干扰、数据缺失或数据格式不一致等问题的影响。因此，需要对其进行清洗、归一化等操作，使其符合模型输入要求。

对于图像数据，去除拍摄过程中产生的噪点，通过裁剪去除图像中无关的边缘部分，让图像主体更突出。接着进行归一化操作，将图像像素值从常见的[0, 255]范围，依据特定公式映射到[0, 1]或[-1, 1]区间，这样能使不同的图像数据在同一尺度下，加快后续训练模型时的收敛速度。

对于文本数据，在清洗过程中去除文本中的特殊字符，如乱码、标点符号等，同时剔除对语义理解帮助不大的停用词，像"的""地""得"等。归一化时采用词向量表示方法，如经典的Word2Vec或GloVe模型，将每个单词转换为固定维度的词向量，便于模型理解文本语义。

对于音频数据，清洗过程中运用滤波等技术去除音频中的背景噪声，让音频内容更纯净。归一化操作针对音频幅值，通过标准化处理，使不同音频数据的幅值处于合理范围，方便后续模型进行处理。

2. 构建模态子网络

根据不同模态数据的特征，为每种模态数据构建专门的深度学习子网络。

图像子网络：依据图像数据的特征和任务复杂度构建卷积神经网络。对于简单的图像分类任务，可选用轻量级的 MobileNet，其网络结构相对简单，参数较少，能快速完成特征的提取；对于复杂的图像语义分割任务，则采用 U-Net 等更深层次、结构更复杂的网络，这类网络能更好地捕捉图像细节和上下文信息，实现精准的语义分割。确定网络结构后，设置网络层数、卷积核大小、节点数等参数，这些参数需要根据数据集规模和任务难度不断调试和优化。

文本子网络：针对文本数据，选择合适的循环神经网络。对于一般文本分类任务，普通 RNN 可以满足需求；若处理长文本且需要更好地保留上下文长期依赖信息，LSTM 或 GRU（门控循环单元）更为合适。同样地，要设置网络层数、隐藏层节点数等参数，以适应不同规模和特点的文本数据集。

音频子网络：对于音频数据，构建基于傅里叶变换的卷积神经网络。首先将音频信号转换为频谱图，以展现音频在不同频率和时间上的能量分布。然后通过卷积层对频谱图进行特征提取，捕捉音频的频率特征、节奏特征等。同样需要根据音频数据的特征和任务要求，调整网络参数，如卷积核大小、层数等。

3. 特征级融合

早期融合：将各模态经过预处理和子网络初步提取的初始特征直接拼接。比如，将图像经过 CNN 初步卷积提取的特征向量与文本经过 RNN 初步处理得到的特征向量，按顺序首尾相连，形成一个新的高维特征向量。之后将这个融合后的特征向量直接输入后续的全连接层等网络结构，让后续网络一次性学习多模态的联合特征。这种方法简单直接，但不同模态特征间的交互相对浅层，可能无法充分挖掘深层次关系。

晚期融合：首先对各模态子网络独立进行深入的特征提取和处理。例如，图像子网络经过多层卷积和池化操作，提取高层次语义特征；文本子网络经过多层循环计算，得到文本的高级语义表示。然后在网络较深层次，如全连接层，采用加权求和的方式进行特征级融合。根据不同模态在任务中的重要性，为图像特征和文本特征分配不同权重后求和，确定融合比例。这种方法能充分发挥各模态子网络对自身模态数据的处理优势，但在融合前可能会丢失部分跨模态信息。

中间融合：在网络中间层进行特征的交互融合。例如，在图像子网络的某一层卷积后和文本子网络的某一隐藏层状态输出后，引入基于注意力机制的融合模块。该模块通过计算不同模态特征在该层的重要性权重，动态调整融合方法。比如，对于当前任务，如果图像中的某个区域的特征和文本中的某个关键词的语义关联紧密，注意力机制会赋予这部分特征更高的权重，然后进行融合。将融合后的特征分别输入后续的图像子网络层和文本子网络层，继续进行特征提取和处理，促进跨模态信息在网络不同阶段的交流，更全面地挖掘多模态数据的特征关系。

4. 模型训练

确定损失函数：依据任务类型选择合适的损失函数。若为分类任务，如多模态情感分类，标注数据是带有情感类别标签的多模态样本，此时常用交叉熵损失函数。它通过衡量模型预测的情感类别概率分布与真实情感类别标签之间的差异来指导模型的训练。若为回归任务，比如预测多模态数据对应的某个数值，标注数据为带有数值标签的样本，可采用均方误差损失函数，计算模型预测值与真实数值之间误差平方的均值，以此评估模型预测的准确性。

反向传播更新参数：将输入的多模态数据依次经过各模态子网络、融合层等处理，得到预测结果。首先，将预测结果与标注数据中的真实标签进行对比，根据选定的损失函数计算损失值。然后，运用反向传播算法，依据链式法则将损失值从输出层反向传播至输入层。在这个过程中，依次更新网络中各层的权重和偏置。不断重复这个过程，使模型能够自适应地学到最优的特征级融合方法，持续降低损失值，提升模型在实际任务中的性能表现，如提高分类的准确率或回归的准确性。

这种融合方法相较于传统融合方法，在处理不同模态数据时优势明显，也在众多实际应用场景中发挥着关键作用。

传统特征级融合往往难以应对不同模态特征的异质性和复杂关系。不同模态数据特征在维度、数据类型、分布等方面差异显著，如图像特征是高维连续向量，文本特征是离散词向量表示，传统特征级融合方法主要进行简单拼接或加权求和，难以深入挖掘这些特征间复杂的非线性关系。基于深度学习的多模态特征自适应融合通过构建专门子网络和自适应融合机制，借助注意力机制等手段，能更好地捕捉不同模态特征的内在联系，克服特征级融合的局限性。决策级融合通常在独立处理各模态数据并得到决策结果后再融合，像不同模态分类器分别给出分类结果后通过投票等方式确定最终决策结果，这种方法在决策过程中丢弃了大量原始特征细节信息，容易导致决策不准确。基于深度学习的多模态特征自适应融合利用深度模型强大的表示能力，在特征层次融合，保留了更多原始特征信息，避免了决策级融合的信息损失，使模型能依据更丰富的信息进行决策。模型级融合需要在设计复杂模型结构的同时处理多模态数据，训练过程中还得协调不同模态数据的训练，防止出现模态不平衡等问题。基于深度学习的多模态特征自适应融合则基于现有成熟的深度学习架构进行融合，例如在已有的 CNN、RNN 等架构基础上添加融合层或共享层，这样降低了模型设计和训练的复杂性，同时通过自适应参数调整机制，能更好地适应不同模态的数据特征，提高模型训练的稳定性和效率。在实际应用中，在图像与文本联合检索方面，该技术能更好地融合图像视觉特征和文本语义特征，提升检索准确率。当用户输入描述性文本时，传统检索系统仅基于文本与文本匹配检索，无法充分利用图像视觉信息。而基于深度学习的多模态特征自适应融合模型，可将文本经文本子网络提取语义特征，图像经图像子网络提取视觉特征，通过自适应融合得到综合特征，检索时通过计算输入文本与数据库中图像—文本对综合特征的相似度，更准确地找到与文本描述匹配的图像，大幅提高检索的准确率和召回率。在多模态情感分析领域，人类情感通过语音、面部表情等多种模态表达，语音的语调、语速、音量变化，面部表情中的皱眉、微笑、眼神等都蕴含情感信息。传统情感分析方法可能仅依赖单一模态数据，无法全面、准确地识别情感。基于深度学习的多模态特征自适应融合模型能够将语音模态的声学特征和面部表情模态的视觉特征进行自适应融合，模型可根据不同模态特征在情感表达中的重要性自动调整融合权重，比如在某些场景下面部表情对情感识别更关键，模型会赋予面部表情特征更高的权重，从而更准确地识别用户的情感状态，其在智能客服、心理健康监测等领域具有重要应用价值。

3.3.2 基于跨模态语义对齐的一致性增强融合

基于跨模态语义对齐的一致性增强融合，旨在构建不同模态数据间精准的语义对齐关系，全面强化跨模态数据在语义层次的一致性，以实现更高效、深入的多模态数据融合。不同模态数据，像图像以像素矩阵展现视觉场景、文本用字符序列传达语义逻辑、音频借波形携带声音特征，虽形式各异，但语义上存在内在联系。该技术借助深度学习模型，挖掘这些潜在关联，整合不同模态数据的特征，提取更具代表性、更能反映数据本质的综合特征，达成多模态数据在语义层次的深度融合。

该创新方法的实现原理体现在不同模态数据虽表现形式大不相同，可在语义层次确有对应关系。比如，描绘自然风光的图像，其中的青山绿水等视觉元素与描述该场景文本里的"青山""绿水"等词汇语义对应。基于跨模态语义对齐的一致性增强融合技术，正是捕捉到了这种对应关系，通过构建语义映射函数或模型，将不同模态数据的特征映射到共同的语义空间。在这个空间里，不同模态数据的特征能以统一的语义标准表达和理解，具备语义一致性。在把图像中的物体视觉特征与描述该物体的文本词汇特征映射进去后，它们在语义层次的相似性与关联性会得以凸显。完成映射后，对同一语义空间的不同模态数据的特征进行融合，可提升融合效果，为后续分析和应用提供更好的数据基础。

以下是该方法的具体实现步骤。

1. 语义空间构建

这是整个技术流程的基石。需要根据具体的任务需求以及所涉及数据的特征，审慎地确定一个合适的语义空间。

例如，在处理文本与图像的跨模态融合任务时，如果文本数据主要围绕自然语言描述，且图像内容也与常见的自然场景相关，那么基于词向量空间，如 Word2Vec 或 GloVe 所构建的语义空间可能较为合适。这些词向量空间能够将文本中的词汇映射为具有语义内涵的向量，同时，通过特定的算法和模型，也可以将图像的视觉特征转换为与之相对应的向量形式，使其能在同一语义空间中进行比较和关联。

又或者，当面对一些专业性较强的多模态数据，如医疗领域的影像与病历文本时，基于预训练的医疗语义模型空间可能更为适宜。预训练模型已经在大量医疗数据上进行了学习，能够更好地捕捉医疗领域特定的语义关系，有助于更精准地构建适用于该领域的语义空间。构建好语义空间后，接下来就要将不同模态数据的特征引入这个空间。

2. 模态特征映射

针对不同模态的数据，需要分别采取不同的策略来训练或利用已有的映射模型，从而将各模态数据的特征成功映射到之前构建好的共同语义空间中。

对于文本模态，若选择基于词向量空间构建语义空间，可利用现有的词向量训练工具，如将文本数据输入 Word2Vec 模型中进行训练，得到每个单词对应的词向量表示，这些词向量便是文本特征在语义空间中的一种映射。

对于图像模态，则需要借助深度学习模型，如卷积神经网络（CNN）与全连接层相结合的结构。首先通过 CNN 对图像进行特征提取，获取图像的局部和全局特征，然后利用全连接层将这些特征进一步转换为与语义空间维度匹配的向量形式，使图像特征也能在语义空间中得以体现。

通过这样的方法，不同模态数据的特征在语义上就具备了可比性，为后续的一致性增强和融合操作奠定了基础。完成特征映射后，还需要进一步增强不同模态数据的特征在语义空间中的一致性。

3. 一致性增强

为了使映射后的不同模态数据的特征在语义空间中更加紧密地关联，即增强它们之间的语义关联，需要精心设计损失函数或施加特定的约束条件。常见的方法有对比学习损失和互信息最大化等。以对比学习损失为例，其核心思想是通过构造正样本对和负样本对，让模型学到，在语义空间中，来自不同模态但语义相关的特征应该靠近，而语义不相关的特征应该远离。

比如，对于一幅包含猫的图像和描述"猫在玩耍"的文本，将它们视为正样本对，在训练过程中，通过调整模型参数，使图像特征向量和文本特征向量在语义空间中的距离不断缩小；而对于与猫无关的图像和文本组合，则将它们视为负样本对，让它们的特征向量在语义空间中保持较大的距离。

互信息最大化则是通过最大化不同模态数据特征之间的互信息，以增强它们的语义一致性。互信息反映了两个随机变量之间的依赖程度，通过优化模型使不同模态数据特征之间的互信息达到最大，这意味着模型能够更好地捕捉到它们之间的语义关联。经过一致性增强后，不同模态数据的特征在语义空间中的关系更加紧密。

4. 融合操作

在语义空间中对经过一致性增强的不同模态数据的特征进行融合，方法丰富多样。

既可以采用简单直观的加权求和方式，根据不同模态数据的特征在任务中的重要程度为其分配权重，然后将加权后的特征向量相加，得到融合后的特征向量。例如，在一个图像与文本联合分类任务中，如果发现图像特征对分类结果的影响更大，就可以为图像特征分配较高的权重。

也可以使用拼接的方式，将不同模态的特征向量按顺序首尾连接，形成一个新的高维特征向量，这种方式能够保留更多的原始特征信息。

还可以运用更复杂的融合模型，如基于注意力机制的融合网络。在这种网络中，模型能够自动学习不同模态数据的特征在不同任务场景下的重要性权重，以更智能地进行特征级融合。

通过融合操作，不同模态数据的特征被有机地整合在一起，形成了更具代表性的多模态融合特征，可用于后续的各种分析和应用任务。

这种基于跨模态语义对齐的一致性增强融合技术相较于传统融合方法，有着怎样的优势呢？这就涉及融合方法的弊端及应用价值了。

基于跨模态语义对齐的一致性增强融合技术，相比传统融合方法优势显著。

传统特征级融合只是简单地将不同模态数据的原始特征进行组合，比如直接拼接图像的像素特征和文本的词袋特征。这就导致不同模态数据特征间的语义差异被忽视，像图像中圆形物体的视觉特征与文本里"圆形"这个词汇，没有建立起有效的语义联系，最终导致融合效果不理想。而基于跨模态语义对齐的一致性增强融合技术，借助语义对齐和一致性增强手段，能够深入挖掘不同模态数据特征的语义内涵，让它们在语义层次实现精准匹配，其成功解决了特征级融合中语义不匹配的难题。

决策级融合通常是先独立处理各模态数据的特征并得出决策结果，然后对这些决策结果进行融合。这种方法对语义的理解较为表面，难以充分挖掘和运用跨模态语义信息。以多模态情感分析为例，要是仅依据图像分类器和文本分类器各自的决策结果来投票判断情感，很容易忽略图像中表情细节和文本中情感词汇之间深层次的语义关联。但基于跨模态语义对齐的一致性增强融合技术，能够在特征层次就对不同模态的数据进行深入的语义分析与融合，这极大地提升了决策级融合对语义的理解能力，让决策结果变得更加准确和可靠。

模型级融合尝试通过构建复杂模型来处理多模态数据，然而其在跨模态语义一致性方面表现不佳。不同模态数据的特征在模型中可能无法得到充分的语义对齐，致使模型难以捕捉和利用跨模态语义关系。例如，在构建融合图像和文本的深度学习模型时，如果没有对图像和文本的语义进行有效对齐，模型就无法准确理解图像中物体与文本描述的对应关系。而基于跨模态语义对齐的一致性增强融合技术，通过构建语义映射模型及增强语义一致性，能够显著提升模型级融合对跨模态语义关系的建模能力，从而提升模型在多模态数据处理任务中的性能。

3.3.3 基于图的多模态图像关系推理融合

在多模态数据融合领域，基于图的多模态图像关系推理融合是一种极具创新性的方法。该方法借助图结构，将多模态图像中的各类元素以及它们之间的关系进行有效表示。这些元素涵盖了视觉图像中的物体、区域，以及与之相关的文本描述中的关键实体和概念等。通过将这些元素转换为图的节点，将元素间的空间关系、语义关系、语法关系等设定为边，可以达成多模态图像数据向统一图结构的转变。在此基础上,利用推理机制深入挖掘和运用这些关系,最终实现多模态图像数据的高效、准确融合,进而提取出更具价值的信息,为各类图像相关任务提供有力的支持。

该方法实现原理包括两个关键方面。

一方面是图结构表示。在多模态图像中,不同模态的信息有着各自的特点。以视觉图像为例,其中的物体作为节点,物体间的空间位置关系,如上下、左右、远近,以及语义上的包含、相似等关系,都化作边。对于文本描述,关键实体和概念构成节点,词语间的语法关联,像主谓宾结构,以及语义上的相近、因果等关系构成边。如此一来,多模态图像数据在图结构中得以整合,不同模态的信息都能在同一框架下被处理和分析。

另一方面是关系推理机制。主要依托图神经网络技术,对图结构里的节点和边展开学习与推理。节点的特征信息沿着边传播和更新,模型借此捕捉节点间的复杂关系并进行推理。例如,结合图像中物体的空间布局以及文本描述中对这些物体的阐述,能推理出物体更精确的属性,像颜色、大小,以及场景所蕴含的深层信息。这种机制能挖掘出多模态图像中潜藏的语义和结构信息,为深度融合奠定基础。

该方法的实施步骤可分为以下几步。

1. 数据预处理

对多模态图像数据开展清洗、归一化等操作。对于图像,可能涉及裁剪掉无关边缘部分、缩放至合适尺寸、调整色彩饱和度等,以提升图像质量并统一规格。对于文本,则要进行词法分析以识别单词词性,进行句法分析以确定句子结构,进行命名实体识别以找出关键实体,从而提取关键信息与特征。

2. 图构建

图构建是指依据预处理后的数据构建图结构。明确图中的节点和边,并为它们赋予相应的特征。图像中的物体节点,可用其视觉特征向量,如通过卷积神经网络提取的特征作为节点特征;文本中的实体节点,采用词向量或其他语义特征向量作为节点特征。边的特征依据关系类型确定,空间关系边以物体间距离、角度等信息作为特征。

3. 图神经网络训练

利用构建好的图数据训练图神经网络模型。在训练过程中，模型通过学习节点和边的特征，不断调整自身参数，优化对多模态图像关系的推理能力。常见的图神经网络算法，如 Graph Convolutional Network（GCN）、Graph Attention Network（GAT），通过多层图卷积或图注意力操作，逐步提炼出更高级的图特征表示。

4. 融合与推理

基于训练好的图神经网络，开展多模态图像的融合与关系推理工作。将新的多模态图像数据输入模型，模型依据图结构以及已习得的关系模式，对图像中的元素及其关系进行推理分析，输出融合后的结果，比如给出对图像内容更精准的描述、推断物体间的关系、完成场景分类等，切实达成多模态图像数据的有效融合与利用。

基于图的多模态图像关系推理融合在众多领域有着广泛且独特的应用场景。在智能安防中，融合视频监控图像里的人物、物体、场景等信息。以人物、物体为节点，空间与行为关系为边构建图，借关系推理实现异常行为检测、目标跟踪与事件预警，如识别银行门口徘徊者、跟踪目标轨迹、预警物品异常丢弃等。进行医疗影像诊断时，整合 CT、MRI 等数据。将器官、组织、病变设为节点，空间、形态及病变关联设为边，辅助医生精准定位病变、判断病情，比如在脑部 MRI 影像中确定肿瘤位置并分析其与周边组织的关系。在自动驾驶中，融合车辆摄像头、激光雷达获取的多模态图像数据。以道路、车辆、行人等为节点，距离、速度等关系为边，实现环境感知、目标识别和路径规划，判断前方车辆距离与行人意图，确保安全行驶。在虚拟现实与增强现实领域，融合虚拟与现实图像。以虚拟元素和现实物体为节点，空间与交互关系为边，实现自然交互。如在 AR 游戏里，虚拟角色能依据现实环境和玩家动作做出反应，增强沉浸感。

3.4 小结

本章围绕多模态数据融合展开了全面且深入的探讨，从研究意义、常规方法、创新方法等多个层面进行了详细阐述，展现了该领域的丰富内涵与发展潜力。

多模态数据融合的研究意义非凡，它突破了传统单一维度数据分析的桎梏，能够整合不同模态数据的独特优势，为各个领域提供更全面、精确的信息，其在计算机视觉、自然语言处理、智能推荐等众多领域都发挥着至关重要的作用，极大地推动了各领域的发展和进步。

在常规融合方法上，特征级融合、决策级融合、模型级融合和混合级融合各具特点与优劣。特征级融合通过直接融合不同模态的特征，增强了数据的判别度，但存在计算复杂度高、挖掘模态间复杂关系能力不足的问题；决策级融合会在高层次整合决策结果，具有降低融合复杂性、灵活性强、容错性好和适用范围广等优势；模型级融合基于不同模型处理结果进行融合，能综合多种信息，但面临模型复杂度高、数据对齐困难和融合策略选择复杂的挑战；混合级融合综合了多种融合方法的长处，能够多层次利用信息，其显著提升了系统的稳健性和适应性。

在创新方法方面，基于深度学习的多模态特征自适应融合、基于跨模态语义对齐的一致性增强融合以及基于图的多模态图像关系推理融合，代表了多模态数据融合领域的前沿探索方向。这些创新方法针对传统融合方法的弊端，通过独特的设计思路和技术手段，有效提升了融合效果和数据处理能力，在图像与文本联合检索、多模态情感分析、智能安防、医疗影像诊断、自动驾驶等多个实际应用场景中展现出了巨大的优势和价值。

多模态数据融合技术正处于快速发展阶段，随着研究的不断深入和技术的持续创新，未来有望在更多领域取得重大突破，进一步提升信息处理的智能化水平，为解决复杂的实际问题提供更为有效的方案，推动各行业向智能化、高效化方向迈进。

第 4 章
统计学与数据分析

在第 3 章中，我们了解了多模态数据融合的方法，本章将介绍统计学与数据分析的相关知识，帮助大家从数据中发现问题、整理思路和解决问题。

本章主要内容如下：

- 统计学概述。
- 基础知识。
- 相关性分析。
- 回归分析。
- 算法案例：基于相关性统计的短语词云。

本章提供了两个案例，其中的代码可以帮助读者快速上手数据分析工作。

4.1 统计学概述

统计学是一门研究数据的科学，无论分析什么样的数据，统计学都是整个分析框架的基础。统计学涉及大量的数学及其他学科的专业知识，其应用范围几乎覆盖了社会科学和自然科学的各个领域。统计学在学术领域通常被视为一个独立的一级学科，它与应用数学等其他学科并列，而不是从属于应用数学的下级学科。虽然统计学在历史上曾被视为数学的一个分支，但随着其理论和应用的发展，统计学已经成长为一个拥有自己独特理论、方法和应用领域的独立学科。

在高等教育体系和学术研究中，常常设有独立的统计学系或学院，并提供了专门的学位课程，如统计学学士、硕士和博士学位。统计学的独立性体现在其专业的研究对象、研究方法和实际应用上，它不仅包括数学理论，还涉及计算机科学、经济学、社会学等多个领域的交叉内容。

统计学在各个领域都有广泛的应用，如经济、金融、医学、社会学等。在经济领域，统计学被用于研究各种经济指标和数据，以帮助决策者做出更好的决策。在医疗领域，统计学被用于研究疾病的发生、发展以及治疗的效果等。在社会学领域，统计学被用于研究社会现象和人类行为等。

经典的统计学方法主要包括以下几种。

（1）描述统计学：通过图表或数学方法，对数据资料进行整理、分析，并对数据的分布状态、数字特征和随机变量之间的关系进行估计和描述。具体包括集中趋势分析（如平均数、中位数、众数、四分位数等统计指标）、离中趋势分析（如极差、四分位差、平均差、方差、标准差等统计指标）及相关分析。

（2）推断统计学：基于样本数据对总体进行推断和预测的方法。例如，通过样本数据来推断总体的分布情况、参数值等。

（3）回归分析：用于研究因变量和自变量之间的相关关系，并根据自变量的值来预测因变量的值。常见的回归分析方法包括线性回归、多项式回归、逻辑回归等。

（4）方差分析：用于研究不同因素对观测值的影响程度，通过将观测值分解为不同的组成部分，分析各个因素对观测值的影响。常见的方差分析方法包括单因素方差分析、双因素方差分析和协方差分析等。

（5）假设检验：用于检验某个假设是否成立的方法，通过选择合适的样本数据，应用适当的统计量，检验假设的可靠性。常见的假设检验方法包括 t 检验、卡方检验、F 检验等。

（6）贝叶斯统计学：基于贝叶斯定理的统计学方法，通过将先验信息与样本信息结合，推断总体参数的值。贝叶斯统计学在许多领域都有广泛的应用，例如在政治预测、金融风险评估等领域。

事实上，很多统计学方法也有共通之处，本章不会深入研究统计学的理论，只会介绍一些统计学知识来帮助读者快速理解后面的算法和机制。

4.2 基础知识

4.2.1 描述统计

描述统计是数据分析的重要方法，主要是分析师通过图表或者数据方法对数据进行整理和分析，从而达到了解数据内在规律的目的。本节主要介绍一些数据指标和统计图表的使用方法。

在统计学里有两个重要的概念：总体与样本。总体可以是一个模糊的概念，比如中国成年男性身高，这个总体由于时间关系一直在变化，一般我们不能认为这是一个样本数量有限的总体。但如果给这个总体加上一个限定条件——2023年中国成年男性身高，那么这个群体是可以被算法穷尽的。假如我们有一个记录了所有中国成年男性身高的数据库，我们只需要加上限制条件：在2023年内年满18岁，就能统计出所有2023年中国成年男性身高数据。

就上面的例子，我们如果研究中国成年男性身高，那么2023年中国成年男性身高就可以是一个样本。但是如果我们要研究2023年中国成年男性身高，那么它也可以是一个总体，它的样本可以是2023年北京成年男性身高。

总之，总体可以是一个模糊的概念，也可以是一个可以穷尽的群体，这取决于研究者需要研究的问题。样本一定是总体下的子集，一般是可以穷尽的群体。将总体和样本明确后，统计学要做的最核心的事情就是用样本规律学习总体规律。

一般我们使用各种统计学指标来描述样本规律，从而达到学习总体规律的目的，一般常用的统计学指标如表4-1所示。

表 4-1 一般常用的统计学指标

指 标 名	详 情
样本数	数据的个数
算术平均值	全部数据累加除以样本数
四分位数	将数据集从小到大排列，在中间位置的是中位数，中位数左边数据的中位数是下四分位数，中位数右边数据的中位数是上四分位数
标准差	样本中的数据到平均数的平均距离，用于衡量样本的离散程度

以上统计学指标主要针对数值型数据，比如身高、体重、年龄等，是可以用数值来量化的数据。而在日常工作中，可以使用 Python 的 pandas 库中的 describe 函数，简单计算出上述统计学指标（见图 4-1）。相关代码如下：

```
#对 dataframe 对象使用 describe 函数
data_rate.describe()
```

	Rater	Rating	original Rating
count	330000.000000	330000.000000	38500.000000
mean	30.500000	2.990891	2.921065
std	17.318129	0.942182	0.939854
min	1.000000	1.000000	1.000000
25%	15.750000	2.000000	2.000000
50%	30.500000	3.000000	3.000000
75%	45.250000	4.000000	3.000000
max	60.000000	5.000000	5.000000

图 4-1 describe 函数使用示例

describe 函数展示 dataframe 有 3 列数值型变量，其中 count 行展示有效数据行数，mean 行展示算术平均值，std 行展示标准差，其余行分别展示最小值、下四分位数、中位数、上四分位数、最大值。

统计学指标对于数据的描述并不直观，而且没办法展示变量和变量之间的联系。我们可以使用 Python 的 matplotlib 库和 seaborn 库绘制各种图来展示样本的分布规律。

我们使用二手车数据来做展示，比如研究二手车报价与新车含税价的关系，我们可以查看散点图。从图 4-2 可以得出结论，报价一般都比新车含税价低，但也有报价比新车含税价还高的个例。

```python
import pandas as pd
import numpy as np
import math
import matplotlib.pyplot as plt
import seaborn as sns
import warnings # 警告处理
import time
warnings.filterwarnings("ignore")
data=pd.read_csv('二手车数据.csv',encoding='gbk')
plt.rcParams['font.sans-serif']=['SimHei'] # 用来正常显示中文标签
plt.rcParams['axes.unicode_minus']=False # 用来正常显示负号
# 使用 scatterplot 查看两个数值型变量的关系
sns.scatterplot(x=data['报价'],y=data['新车含税价'],
color=sns.color_palette('Blues')[2])
```

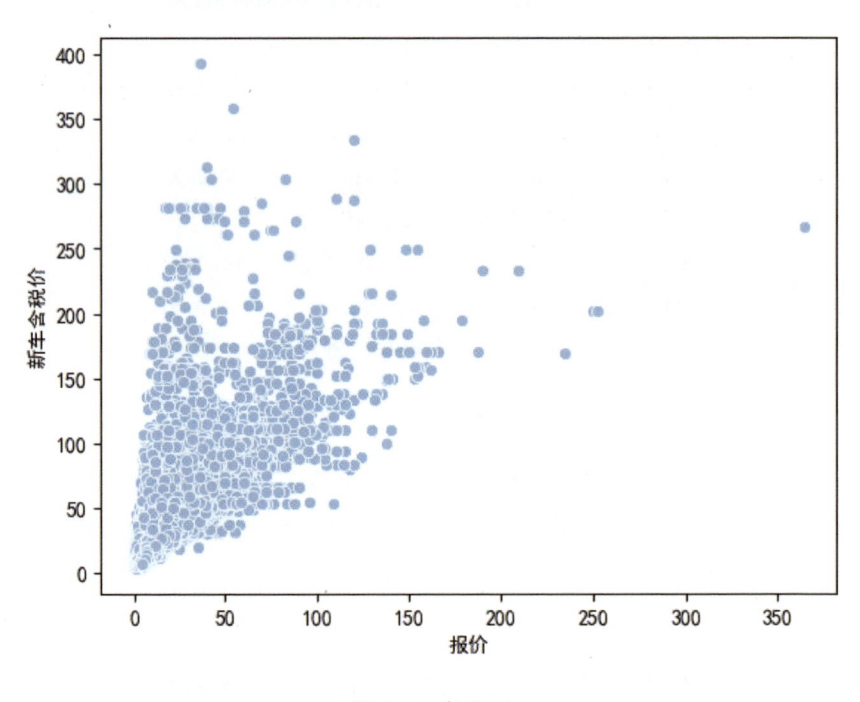

图 4-2　散点图

seaborn 库中有定义好的调色板,比如上述代码中我们使用了 sns.color_palette ('Blues')[2],这个调色板是一个蓝色集合,我们使用了第三个蓝色。使用某一颜色前可以直接输入 sns.color_palette('Blues') 显示所有的颜色,然后挑选合适的颜色。

数值型变量的分布可以使用频数直方图查看,比如从图 4-3 可以发现汽车的报价基本在 100 万元以下,集中在 0~30 万元。对于分类型变量,也可以查看频数分布,但一般我们都查看频率分布,可以使用柱状图。想同时出多个图的话,我们可以像如下这样使用 subplot 模块。相关代码如下:

```
data=data[data['报价']<100]
figure=plt.figure(2,(15,10))

# subplot 是一个容器,221 表示总共有两行两列,这是从左到右、从上到下的第一个图

ax=plt.subplot(221)

sns.histplot(data['报价'],color=sns.color_palette('Blues')[2])

# plt.title 可用于给图添加标题
plt.title('报价频数直方图')

# plt.ylabel 可以给图添加 y 轴名,plt.xlabel 可以给图添加 x 轴名
plt.ylabel('频数')

ax=plt.subplot(222)

# distplot 可用于绘制频率直方图,可以直接添加趋势线
sns.distplot(data['报价'],color=sns.color_palette('Blues')[2])

plt.title('报价频率直方图')
plt.ylabel('频率')
ax=plt.subplot(223)
sns.histplot(data['颜色'],color=sns.color_palette('Blues')[2])
plt.title('颜色频数柱状图')
plt.ylabel('频数')
ax=plt.subplot(224)

# histplot 也可用于绘制频率直方图,将参数 stat 改成 'probability' 即可
```

```
sns.histplot(data['颜色'],stat='probability',color=sns.color_palette
('Blues')[2])

plt.title('颜色频率柱状图')
plt.ylabel('频率')
```

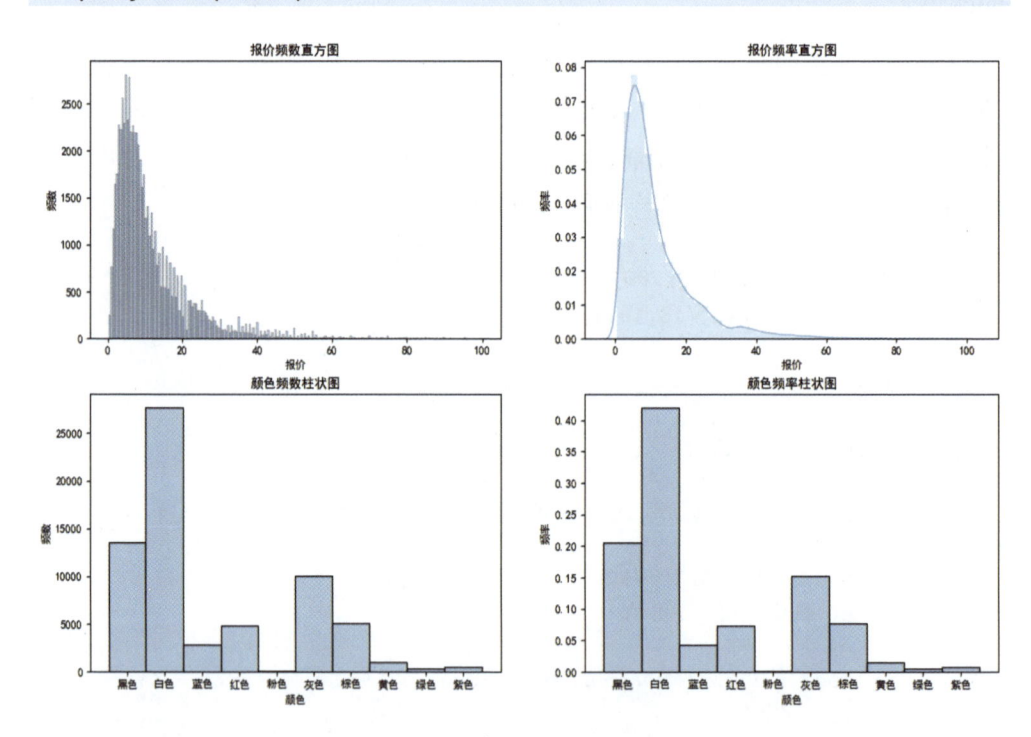

图 4-3　多图组合统计图

涉及分类型变量的频率统计，我们也可以使用更加关注全局的饼图（见图 4-4）。相关代码如下：

```
# 给出颜色的计数
color_frame=data['颜色'].value_counts()

# 记录总数据量
sum_frame=color_frame.sum()
# 去掉较小的区域，以免图像过于冗杂
color_frame=color_frame[color_frame>=1000]

# 将去掉的部分记为其他项，其他项的计数为原总数据量减去现在的总数据量
color_frame['其他']=sum_frame-color_frame.sum()
```

```
# autopct='%1.1f%%'，可以显示饼图的百分比
plt.pie(color_frame, labels = color_frame.index, startangle = 90,
        counterclock = True,autopct='%1.1f%%' )
plt.axis('square')
```

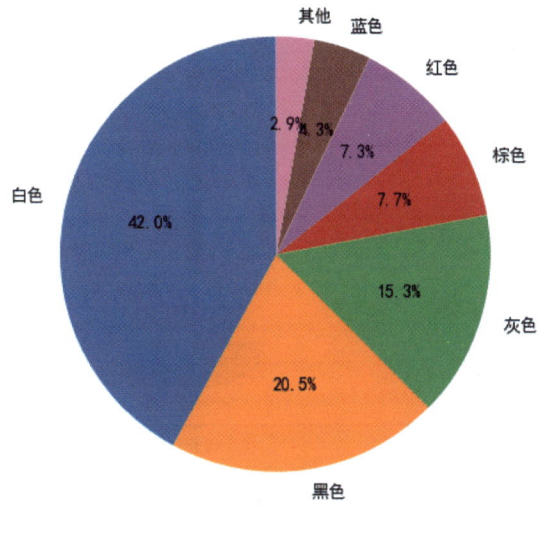

图 4-4　饼图

对于有分组的数据，可以看到不同分组的箱线图（见图 4-5）。相关代码如下：

```
# showmeans 参数用于显示平均值
# boxplot 的输入是多维数组，比如本次我们输入了两列数组，第一列是过户次数等于 1
# 的二手车报价，第二列是过户次数等于 2 的二手车报价，showmeans 可用于展示平均值

plt.boxplot([data[data['过户次数']==1]['报价'],data[data['过户次数']
==2]['报价']],patch_artist=True,widths=0.4,showmeans=True)

# xticks 可用于设置 x 轴的刻度
plt.xticks([1,2],['过户次数等于1','过户次数等于2'])
```

箱线图着重于比较不同分组数据之间的差异，箱线图的每个箱子展示了每个分组下数据的最小值、下四分位数、中位数、上四分位数和最大值。箱线图会根据总体分布识别异常点，比如图 4-5 中的黑色空心圆都是箱线图认为

的过大的异常点。从图 4-5 可以清晰地看到，过户次数等于 2 的二手车的报价整体比过户次数等于 1 的低。

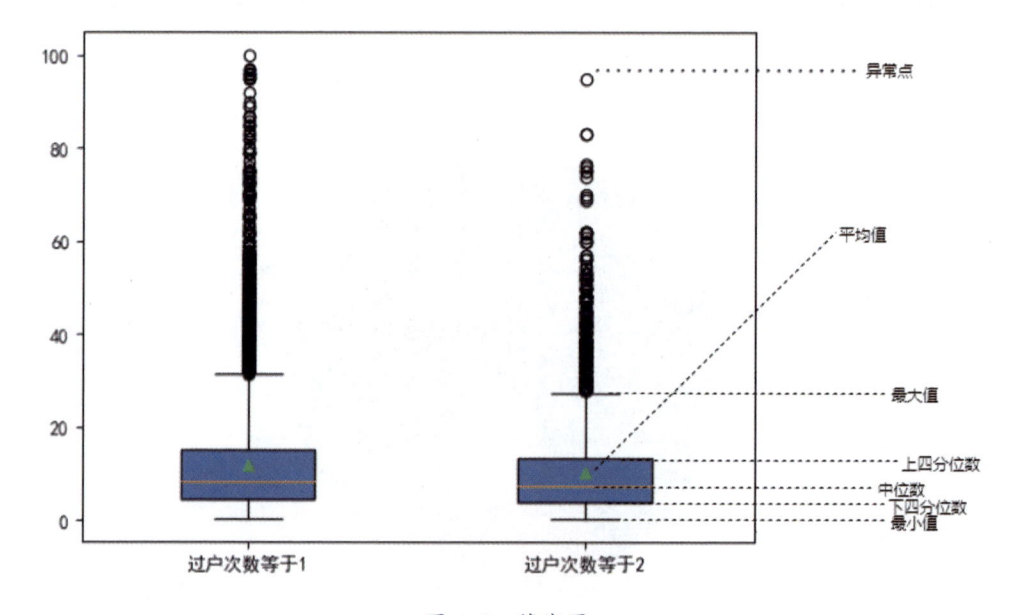

图 4-5　箱线图

一般查询时序数据或者数值型分布数据，使用柱状图可能会显得过于冗杂，我们可以使用折线图来查看规律（见图 4-6）。相关代码如下：

```
figure=plt.figure(1,(15,6))
ax=plt.subplot(121)
# 统计不同车龄的二手车的报价平均值，使用 groupby 分组统计平均值
df=data.groupby('车龄')['报价'].mean()
df=df[df.index<=60]
sns.lineplot(df)
plt.title('不同车龄二手车报价平均值-折线图')
ax=plt.subplot(122)
sns.barplot(x=df.index,y=df.values)
plt.xticks((9,19,29,39,49,59))
plt.title('不同车龄二手车报价平均值-柱状图')
```

从图 4-6 两种图像的对比可以看出，折线图在显示数据趋势方面更有优势，我们可以初步得出结论：二手车车龄越大，样本数量越少。

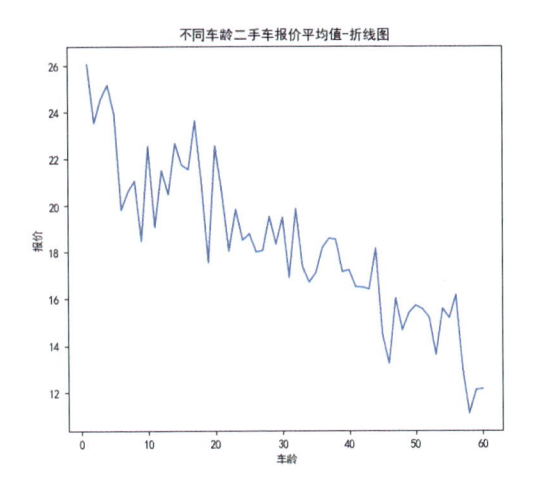

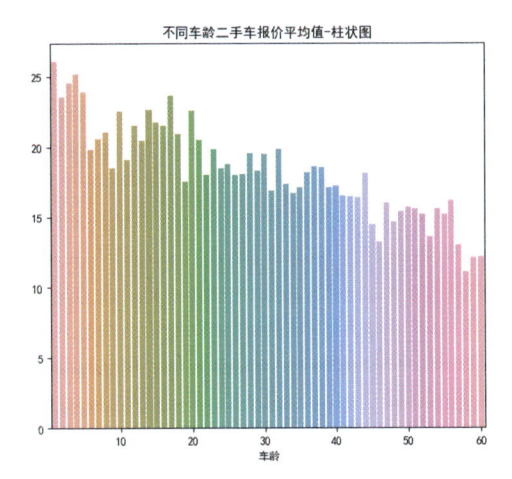

图 4-6　不同车龄二手车报价平均值

此外，还有一些比较不常用的图像，比如热力图，用于展示变量之间相关关系的强弱；雷达图，用于展示一个主体的各项属性；地图分布图，用于展示不同地域的变量分布情况。在这里，我们仅仅展示了一些常用图像的使用场景和代码示例，感兴趣的读者可以自行研究 Python 可视化相关内容。

4.2.2　假设检验

假设检验是什么，生活中存在着大量的基于假设检验原理做出的逻辑推断，比如经常有人会说："如果是我，就不会这样做。"这句话中包含着假设：是我，具体什么是我，因没有上下文而无法判断，其中还包含着假设后的结果：不会这样做。假设检验的原理就是类似上述话语，只不过假设检验应该反过来理解："这么做那还是你吗？"其逻辑是：按照一贯理解，你不会这么做，如果你这么做了，那就不是你了。

上述例子看起来有些不够具体，那么再举一个例子。生活中我们会有一个说法，那就是小时候多喝牛奶容易长高，很多父母都会说，孩子现在没长到一米八是因为小时候没多喝牛奶。这里的前提是小时候多喝牛奶容易长高，原假设是：小时候多喝牛奶，结果是：没长到一米八，因此原假设不成立，得出结论：小时候没多喝牛奶。

在统计学里，假设检验一般和概率论结合才能发挥作用。一般的假设检验流程如下。

（1）提出假设：这是假设检验的第一步，通常包含一个或多个关于总体特征的声明，这些声明构成了所谓的原假设。

（2）选择合适的统计量：这个统计量的选取要使得假设成立时，其分布已知。

（3）确定显著性水平：显著性水平是衡量一个事件在一次试验中出现的概率，通常用 α 表示，它是用于判断原假设是否被拒绝的标准。

（4）计算并解释统计结果：根据样本数据计算出统计量的值，并根据显著性水平决定是否拒绝原假设。

请注意假设检验很多时候都要否认原假设，它可以用来证伪，但是不能证明原假设为真。比如，某游戏上线了一个新的匹配策略，上线后玩家人数增长了 5%，那么我们能认为这个匹配策略有效果吗？起码根据结果，我们没有证据否认这个原假设：新的匹配策略有效果，毕竟玩家人数有所增长。但是有没有可能用原来的匹配策略玩家人数也能增长 5%呢？这个事情在没有验证之前，我们也没办法直接认为新的匹配策略有效果。这也是假设检验的不足之处。当我们使用假设检验时，在没有理由认为原假设是假的的情况下，也没办法认为原假设是真的，我们只是暂时接受了原假设。

假设检验有两类经典错误。一类叫弃真错误，比如，在宇宙大爆炸理论背景下，人类诞生的概率非常小，那么我们应该认为宇宙大爆炸理论是假的。但人类发展衍化至今，本来就是极小概率事件（至少还没有发现其他类似文明），如果我们认为宇宙大爆炸理论是假的，就有可能犯弃真错误。

另一类纳伪错误就像上文所说的，我们暂时认为新的匹配策略有效果，但实际上在没有其他数据验证能够量化干预的效果时，我们很可能犯纳伪错误。

总结两类错误的情况如下。

（1）弃真错误：由于发生小概率事件，拒绝了原本为真的假设，出现这个错误的概率一般为显著性水平 α。

（2）纳伪错误：没有拒绝原假设，但是原假设原本就是错误的，出现这个错误的概率由于真实情况未知，很难估算，一般记为 β。

在统计学中，假设检验是很多模型算法的检验手段，比如常见的 t 检验、卡方检验等都是在假设分布的情况下使用假设检验的原理来帮助我们解决问题的。

4.3 相关性分析

相关性是什么，我们在社会生活中经常会使用某种经验规律来总结社会现象，比如走亲访友时主人家会给中年男客人递烟，大家普遍认为中年男人会抽烟。那么有没有中年男人不抽烟的呢？肯定是有的，但只是小部分人群，所以中年男人和会抽烟相关性很高，一般递烟的行为不会让人觉得奇怪。

在数据科学领域，相关性就是两个变量的密切程度，对于两个数值型变量，一般可以用相关系数来表示其相关性。比如，人的身高和体重有一定的相关性，我们记个体的身高为 X_i，体重为 Y_i，那么相关系数的计算公式为：

$$\rho_{x,y} = \frac{\text{cov}_{x,y}}{\sqrt{\text{var}_x \cdot \text{var}_y}} = \frac{\sum_{i=1}^{n}(x_i - \bar{x})(y_i - \bar{y})}{\sqrt{\sum_{i=1}^{n}(x_i - \bar{x})^2 \sum_{i=1}^{n}(y_i - \bar{y})^2}}$$

相关系数计算的是两个数值型变量的相关关系，它是一个介于-1 和 1 之间的数值，其绝对值越大，相关性越强。当相关系数是 1 或-1 时，可以认为 $y=ax+b$，这是线性的变换关系，比如一个人摄入的能量一定，那么他的体重和运动量一定是成反比的，相关系数为-1。当相关系数为 0 时，可以认为两个变量毫无关联。

但生活中更多的不是数值型变量，比如性别、地域、学历等，我们同样可以将其转换为数值型变量来进行分析。比如，性别可以写成是否为男性，是男性记为 1，是女性记为 0，这样就能基本概括性别这个变量。但在实际的社会研究中，我们对分类型变量有一套既定的研究方法，我们一般称之为方差分析或者拟合优度检验，二者在分类型变量的相关性分析上差别不大。方差分析主要比较多组样本之间的差异，比如判断两批样本的平均质量有没有差别。拟合优度检验通常用于评估理论模型的拟合程度，比如新样本比旧样本的质量高 10%时是否符合这个理论预期，就可以使用拟合优度检验。

细心的读者可能已经发现，拟合优度检验可以包括方差分析，我们只需要把新样本比旧样本质量高 10%变成新样本比旧样本质量高 0%，就可以达到方差分析的效果。

假设我们有两批样本，样本 1 的质量评分为：5，6，7，5，6，7，4，8，6，7，5，5，6，6，8，8，6，7，7，7，8，4，6，7，6，5，7，6，4，6，7，8，6，5，6，7；样本 2 的质量评分为：6，7，5，6，7，8，4，6，6，7，7，8，7，6，6，5，6，5，4，7，6，7，6，5，6，7，8，7，7，9，4，5，7，7，6，7。

样本 1 的平均质量评分约为 6.22，标准差约为 1.15，样本 2 的平均质量评分约为 6.31，标准差约为 1.17，两批样本的数量都是 36。先用方差分析做一次示例，检验过程如下。

原假设：两批样本在质量上没有差别。

备择假设：两批样本在质量上有差别。

我们记样本 1 为 X，样本 2 为 Y，在原假设成立的情况下，X 和 Y 应该服从正态分布，我们将其记为 $N(\mu,\sigma^2)$，那么样本平均质量评分应服从 $N(\mu,\sigma^2/n)$。我们可以构造正态分布统计量 U，如下面的公式所示：

$$U = \frac{\overline{X} - \overline{Y}}{\sigma_{\overline{X} - \overline{Y}}} \sim N(0,1)$$

根据上述公式，我们可以直接使用样本数据来计算 U 统计量的值，由于两批样本相互独立，可以用下面的公式计算：

$$U = \frac{\overline{X} - \overline{Y}}{\sigma_{\overline{X} - \overline{Y}}} = \frac{\overline{X} - \overline{Y}}{\sqrt{\sigma_{\overline{X}}^2 + \sigma_{\overline{Y}}^2}} \rightarrow \frac{6.22 - 6.31}{\sqrt{(1.15^2 + 1.17^2)/36}} \approx -0.3291$$

在置信度为 90%的条件下，双侧检验应取 1.65，也就是说 U 统计量的绝对值大于 1.65 时，我们可以认为在两批样本没有差异的条件下发生了 10% 的小概率事件。这里的 U 没有达到这个条件，所以没有理由拒绝原假设。

如果我们使用拟合优度检验，认为样本 2 的质量比样本 1 的高 10%，检验流程如下。

原假设：样本 2 的质量比样本 1 的高 10%。

备择假设：样本 2 的质量不比样本 1 的高 10%。

根据原假设，样本 1 若服从 $N(\mu,\sigma^2)$，那么样本 2 就服从 $N(1.1\mu,1.21\sigma^2)$，故而可以构造统计量 U 为如下公式：

$$U = \frac{1.1\bar{X} - \bar{Y}}{\sigma_{1.1\bar{X}-\bar{Y}}} \sim N(0,1)$$

$$U = \frac{1.1\bar{X} - \bar{Y}}{\sigma_{1.1\bar{X}-\bar{Y}}} = \frac{1.1\bar{X} - \bar{Y}}{\sqrt{1.21\sigma_{\bar{X}}^2 + \sigma_{\bar{Y}}^2}} \rightarrow \frac{1.1 \times 6.22 - 6.31}{\sqrt{(1.21 \times 1.15^2 + 1.17^2)/36}} \approx 1.852$$

由于统计量 U 的值为 1.852，大于 1.65，故而我们不能认为样本 2 的质量比样本 1 的高 10%。

上述内容为分类型变量的相关性分析举例，相关性分析是统计学里最基本的分析方法，在 4.4 节中我们将介绍统计学里最基础的线性回归模型和案例。

4.4 回归分析

4.4.1 回归分析介绍

回归分析是确定两种或两种以上变量间相互依赖的定量关系的一种统计分析方法。在统计学中，回归分析按照涉及的变量的多少，分为一元回归分析和多元回归分析；按照因变量的多少，分为简单回归分析和多重回归分析；按照自变量和因变量之间的关系类型，分为线性回归分析和非线性回归分析。

在大数据分析中，回归分析是一种预测性的建模技术，它研究的是因变量（目标）和自变量（预测器）之间的关系。具体来说，回归分析是通过构建一个数学模型来描述因变量和自变量之间的关系，然后利用这个模型来预测因变量的值。例如，在二元线性回归中，模型的形式通常为 $y = a_1x_1 + a_2x_2 + b$，其中 y 是因变量，x_1 和 x_2 是自变量，a_1 和 a_2 是权重系数，b 是截距。通过求解这个模型，我们可以找到自变量和因变量之间的定量关系，并利用这个关系来预测新的数据点的因变量值。

简单一点儿说，一元线性回归分析就是找到一条直线能够拟合自变量 x 和因变量 y。如图 4-7 所示，图中有 5 个点，我们需要找到直线 $y=ax+b$，使点到直线的竖直距离的平方和最小，可将图中间的黑点坐标记为 (x_1, y_1)，那么图中的星号坐标可被记为 (x_1, ax_1+b)，两点之间距离的平方可被记为 $(y_1-ax_1-b)^2$，我们要求 a 和 b 使 5 个点到直线的竖直距离的平方和最小。多元线性回归分析也同理求解，只是增加了自变量数量，使求解难度变大了而已。

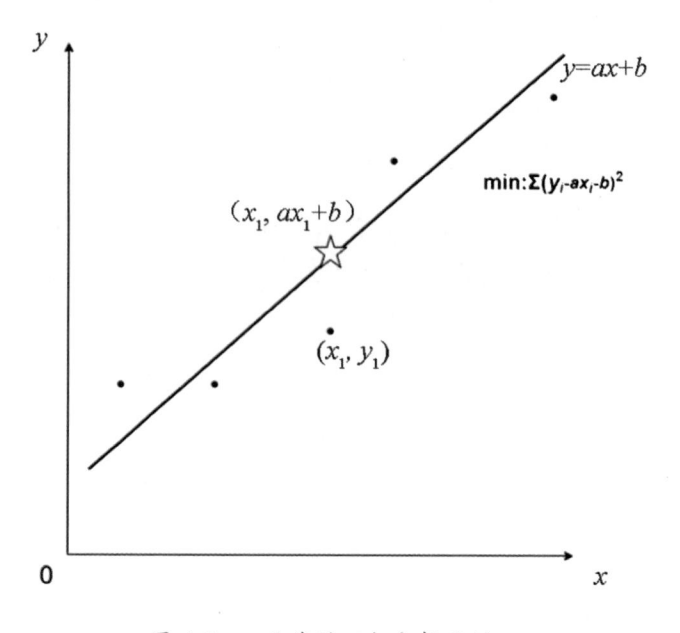

图 4-7　一元线性回归分析示例

回归分析在各个领域都有广泛的应用，如经济、金融、医学、社会学等。例如，在经济领域，回归分析可以用于研究各种经济指标之间的关系，如 GDP 和失业率之间的关系；在医疗领域，回归分析可以用于研究疾病的发生和发展与各种因素之间的关系，如吸烟和肺癌之间的关系。

回归分析与复杂模型相比优点是，可以被直接解读，比如 GDP 上升 10%，失业率下降 1%，这种可解释性人类普遍能够理解，甚至可以做出应用。下面我们将使用回归分析做一些实际生活中的相关关系分析，并给出一些应用场景。

4.4.2 案例：二手车怎么买

衣食住行是人类生活的基本保障，现代社会的很多家庭都具有私家车，但一般人并不了解汽车市场，在购买二手车时难免遇到一些麻烦。近年来，随着大数据技术的不断发展，二手车的车况和价格信息得以极大的透明化。二手车市场上如雨后春笋般地出现了很多优质的二手车交易平台，如瓜子二手车、人人车等。

对于消费者来说，获取二手车的车况信息只是购车的第一步，更烦琐的过程在于根据影响二手车价格的各种车况因素，对比市面上各款二手车车型，最终购买到与自己需求和公允价格相吻合的车辆。本案例希望能够通过模型学习二手车市场的相关规律，然后将模型学到的规律展现给消费者，帮助他们更有效率地挑选汽车，如图 4-8 所示。

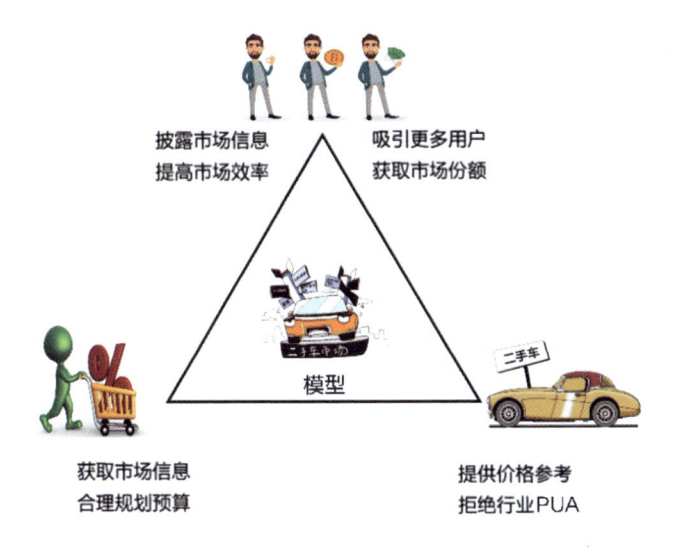

图 4-8　模型价值示意图

我们从某二手车网站上获取一部分二手车的车况和价格信息，如图 4-9 所示，有车的上牌信息、车的里程数、新车的含税价格和车的标价等。一些车的检测信息也包含在内，图 4-9 中的点评信息属于文本描述信息，需要用一定的技术处理手段来将其转换为我们能够使用的变量。我们在获取信息的过程中，一般会直接使用 Python 的 re 库提取相关的关键信息，比如在这个案例中，我们提取了点评信息中外观检测中的异常项作为变量。

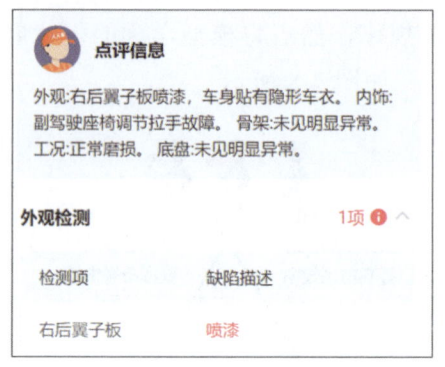

图 4-9　车辆信息示例

经过本案例清洗的数据总共包含 9 个变量，其中因变量为二手车报价和新车含税价的比例，我们称它为残值率，自变量共有 8 个，如表 4-2 所示。

构建一个新变量作为因变量需要对多方因素进行考虑。如果单纯用价格作为预测变量，很多逻辑都讲不通。比如，我们肯定不会认为豪车和普通汽车开两年后折旧价格差不多，但是这两种汽车的折旧比例可能差不太多。

表 4-2 变量说明表

变量类型	变量名称	详细说明	取值范围
因变量	残值率	二手车报价/新车含税价	0.028~0.9988
自变量	品牌	分类型变量	19 个水平
自变量	使用频率	每年开多少万公里	0.00125~3
自变量	车龄	出厂至现在的时间（单位为月）	1~213
自变量	变速器	分类型变量	5 个水平
自变量	颜色	分类型变量	6 个水平
自变量	过户次数	数值型变量	0~10
自变量	车型	分类型变量	4 个水平
自变量	车异常指标	数值型变量，多少项异常	略

品牌变量是一个分类型变量，包括了奥迪、宝马、奔驰、本田、比亚迪、标致、别克、大众、丰田、福特、哈弗、路虎、马自达、起亚等 19 个水平。

使用频率变量是一个数值型变量，代表二手车每年行驶了多少万公里的平均值。这个变量用二手车总的行驶里程除以二手车的使用年份，可以很好地体现二手车的使用程度和年龄情况，也使不同车龄下的行驶里程可以相比较。

车龄变量是一个数值型变量，在本案例的数据中，车龄的取值范围为 1~213 个月。一般来说，车龄越长，二手车的保值能力越差，残值率就越低。

变速器变量是一个分类型变量，包括了无级变速、双离合、手自一体、自动和手动共 5 个水平。由于消费者对变速器的偏好不同，变速器对二手车的价格也有不同的影响。

颜色变量也是一个分类型变量，包括了白色、黑色、红色、灰色、蓝色和棕色共 6 个水平。在原始数据中，一些二手车的颜色是绿色、黄色、粉色和紫色等少见的颜色。这些稀有色的样本量太少，不利于进行回归分析，因此在数据处理中被筛除。

过户次数变量是一个数值型变量，但在实际的模型构建中，过户次数被转换为一个分类型变量，共有 4 个水平，分别是过户次数为 0 次、1 次、2 次和 3 次以上。构建这样一个新变量的原因在于，过户次数是一个右偏分布的变量，过户次数达到 3 次以上的二手车样本量较少，而且残值率相较于过户次数少的二手车来说下降得更多。

车型变量是一个分类型变量，包括紧凑型车、小型车、中型车和中大型车共 4 个水平。车型的不同对于二手车的价格也有很大的影响。比如，市面上的小型车保有量最大，在二手车市场上的供给量也最大。同样质量的二手小型车的竞争程度要比中大型车更加激烈，一般来说残值率也会比中大型车相对而言低一些。

车异常指标变量是经过图文清洗得到的一个数值型变量，车的异常指标越多，车的价值也相对越低。下面我们给出使用 Python 做线性回归的示例，首先加载二手车数据 csv 文件。我们定义二手车的报价除以新车含税价为残值率，先看看残值率的分布情况，然后去掉异常的数据。比如，某些车的残值率大于 1，这些车可能是有收藏意义的车，可能已经绝版，导致价格不降反升，这种情况对我们的研究来说是干扰，需要去掉。

残值率分布如图 4-10 所示。相关代码如下：

```
import pandas as pd
import numpy as np
import matplotlib.pyplot as plt
import seaborn as sns
data=pd.read_csv('二手车数据.csv')
data['target']=data['报价']/data['新车含税价']
%config InlineBackend.figure_format ='retina'
sns.histplot(data['target'],color=sns.color_palette('Blues')[1])
data=data[data['target']<1]
```

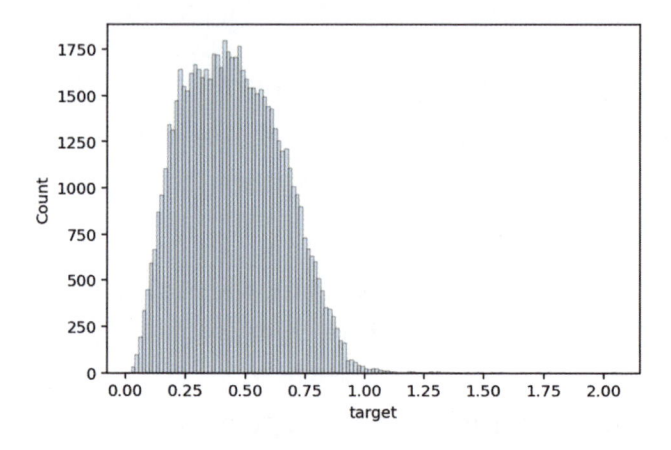

图 4-10 残值率分布

我们将行驶里程限制在 50 万公里以内，使用频率限制在每年小于 3 万公里。如果行驶里程超过 50 万公里、使用频率超过每年 3 万公里，这款车使用得太过频繁，可能不受二手车市场青睐。同时，其折旧计算方式也和普通二手车不太一样，可能存在加速折旧的问题。

里程、车龄、报价分布直方图如图 4-11 所示。相关代码如下：

```python
# 上牌时间单位是月，所以前面要乘以12
data['使用频率']=12*data['里程']/data['车龄']
data=data[data['使用频率']<=3]
data=data[data['里程']<=50]
col=['里程','车龄','报价']
plt.rcParams['font.sans-serif']=['SimHei'] # 用来正常显示中文标签
plt.rcParams['axes.unicode_minus']=False # 用来正常显示负号
fig=plt.figure(1,(15,5))
for i in range(3):
    ax=plt.subplot(1,3,i+1)
    sns.histplot(data[col[i]],color=sns.color_palette('Blues')[2])
```

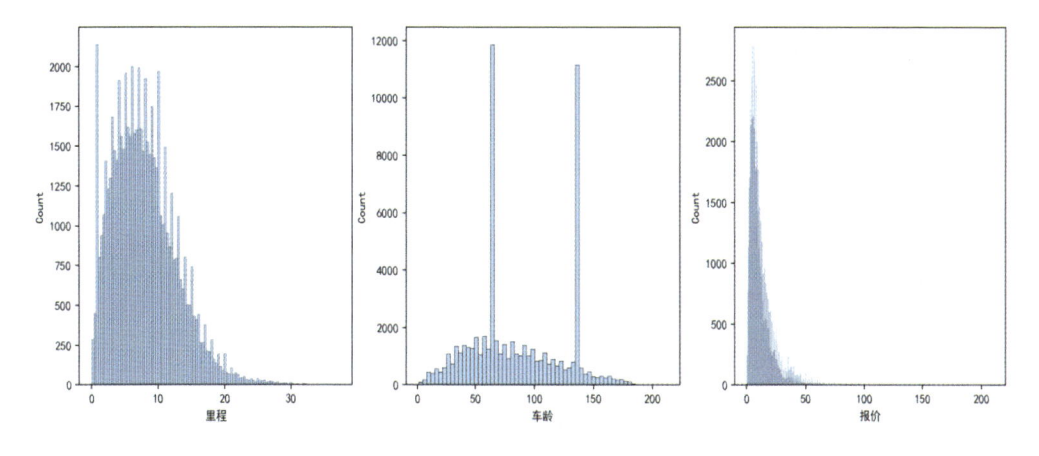

图 4-11　里程、车龄、报价分布直方图

从图 4-11 可以发现，车龄上似乎有一些异常点不太符合一般规律，有部分车龄的车数量过多，这可能是数据获取出现了问题，可以先不做处理。此外，可以去掉车龄 180 个月以上的少量样本。另外，大部分车的报价在 100 万元以下，价格太高的车样本量较少，可以直接剔除。

接着我们对颜色和车型数据做一些数据清洗，查看车型变量时发现变量的描述不统一。比如，小型车的描述有小型和小型车，这两种描述都是一个意思，需要统一。相关代码如下：

```python
def car_type(x):
    if x =='紧凑型车' or x=='紧凑型':
        return '紧凑型'
    elif x=='中型车' or x=='中型':
        return '中型'
    elif x=='小型车' or x=='小型':
        return '小型'
    elif x=='中大型车' or x=='中大型':
        return '中大型'
    else:
        return '无效'
data['车型']=data['车型'].apply(car_type)
data=data[data['车型']!='无效']

# 清洗颜色数据
data['颜色']=data['颜色'].apply(lambda x:x if x in ['白色','黑色','灰色','棕色','红色','蓝色'] else '无效')
data=data[data['颜色']!='无效']
```

完成了数据清洗工作，按照以上思路，我们使用线性回归模型做一个初步的模型，操作如下：

```python
import statsmodels.api as sm
import statsmodels.formula.api as smf
col=['使用频率','车龄','过户次数','C(品牌)','C(车型)','C(颜色)','C(变速器)','车异常指标']
xtil='+'.join(col[:-1])
print(xtil)
# 可以直接将 smf.ols 函数写入 y~x+z+k 来进行模型拟合，可以将分类型变量记为 C(x)
lg1=smf.ols('target~'+xtil, data=data).fit()
lg1.summary()
```

statsmodels.formula.api 包可以用于简单上手线性回归，可以直接将数值型变量代入方程，如果是文本分类型变量，可以用 C(变量名)代入方程。我们前面也提到分类型变量可以写成 0-1 变量，比如车型有 4 个分类，那么可以直接将其转换为 3 个 0-1 变量（其中有一个分类作为基准）。

线性回归的结果用 R-squared 来评价，它是一个大小在 0 和 1 之间的数字，值越接近 1 证明模型的效果越好。从下面的公式可以看出当每一个预测值和实际值越接近时，这个值越接近 1（公式中的 $\hat{y}_i$ 代表模型的预测值）。我们用所有数据"跑"一遍线性回归模型，能够得到 0.67 的 R-squared，这个数字证明模型基本上有一定的预测能力，但我们可以继续优化模型，不同档次的车的折旧水平应该不一样。我们将新车含税价分成不同区间，对每个价格区间单独做预测，这样能将 R-squared 提升至 0.85 左右。

$$\text{R-squared} = 1 - \frac{\sum_{i=1}^{n}(y_i - \hat{y}_i)^2}{\sum_{i=1}^{n}(y_i - \overline{y})^2}$$

表 4-3 将以新车含税价 15 万~20 万元这一区间为例展示部分回归结果，并就结果做出有效的解读。二手车车龄每增加一个月，其残值率将下降 0.03014，也就是说在其他条件不变的情况下，每多开一个月，你的车就折旧 3%。从理性认知来讲，车随时间的折旧不应该是一个固定值，应该遵循一个随时间衰减的函数，这也是线性回归不足的地方。但是线性回归的逻辑比较简单，大家都能看得懂，复杂函数难以给大众解释清楚模型背后的逻辑，故而这既是线性回归的弱势也是优势。

表 4-3 备注中基准组的意思是，每一项和基准组的差异，比如平均来看，品牌为比亚迪的汽车会比基准组（品牌为大众的汽车）残值率低 0.16325，颜色为蓝色的汽车会比基准组（颜色为白色的汽车）残值率高 0.01554。

表 4-3 部分回归结果

变量	回归系数	标准误	p-值	备注
截距项	−0.03014	0.00196	<0.001	
使用频率	−0.00406	0.00003	<0.001	数值型变量
车龄	−0.03014	0.00196	<0.001	数值型变量
过户次数>3	−0.00412	0.00816	0.61353	
过户次数 1	0.00536	0.00234	0.02235	基准组过户次数 0
过户次数 2	−0.00051	0.00385	0.89513	
过户次数 3	−0.00077	0.00618	0.90141	

续表

变　　量	回归系数	标　准　误	p-值	备　　注
品牌丰田	0.05564	0.00635	<0.001	基准组品牌大众
品牌别克	-0.10498	0.00398	<0.001	
品牌奥迪	0.04210	0.01011	0.00003	
品牌日产	0.00274	0.00888	0.75724	
品牌本田	0.09600	0.00670	<0.001	
品牌标致	-0.10547	0.00531	<0.001	
品牌比亚迪	-0.16325	0.01162	<0.001	
品牌现代	-0.04874	0.00531	<0.001	
品牌福特	-0.05316	0.00502	<0.001	
品牌起亚	-0.06302	0.00738	<0.001	
品牌长安	-0.17902	0.01727	<0.001	
品牌雪佛兰	-0.11298	0.00524	<0.001	
品牌马自达	-0.04045	0.00524	<0.001	
颜色棕色	-0.01376	0.00403	0.00065	基准组颜色白色
颜色灰色	0.00254	0.00292	0.38499	
颜色红色	-0.00829	0.00388	0.03262	
颜色蓝色	0.01554	0.00487	0.00142	
颜色黑色	-0.00489	0.00316	0.12133	
p-值 <0.001		R-squared 0.9106		

对分类型变量系数的理解更简单一些，比如丰田的残值率比大众高 0.05564，说明丰田车相比于大众车更加保值，棕色比白色残值率低 0.01376，说明棕色车没有白色车保值。当然车辆保值与否与多种因素相关，我们上面的描述只是针对本数据集样本的一般情况。表 4-3 的第 4 列是检验指标 p-值，主要是为了检验变量的系数是不是 0，比如品牌日产的 p-值为 0.75724，这意味着品牌日产的系数有 75.7%的概率为 0。我们可以理解品牌日产和品牌大众在这个模型里有 75.7%的概率是没有什么区别的。我们一般认为 p-值越低，这个变量越显著，用大白话解释就是越有用。

从表 4-3 可以看出：品牌、使用频率和车龄是最显著的几个变量，而过户次数和颜色相比之下显著性水平并不那么高。

这与我们的常识也是相符合的。对于一辆二手车，最影响其价格的因素首先应该是使用频率。因为车辆轻度使用与重度使用对汽车的损耗是不一样的，就像平时上下班只开 30 公里左右与跑网约车每天开 300 公里左右，对于汽车寿命及性能的影响是不一样的。而且不仅使用频率关键，使用时长也同样关键，虽然同样是每年开 10000 公里，开 1 年对汽车的损耗和开 5 年对汽车的损耗是不一样的。

变速器的类型显著影响汽车的折旧，在生活中，自动挡汽车与手动挡汽车相比开起来更方便，而且有部分人考取的驾照要求其只能选择自动挡而不能选择手动挡。除此之外，不同的汽车品牌意味着不同的售后服务、大众认可度及零件的耐用性，人们在选择购买新车和二手车的时候也常常会考虑这几点。

但是颜色、过户次数及车型，对于二手车的购买而言可能显得相对不那么重要。因为购买二手车主要是在权衡价格及性能，所以这 3 个变量便被边缘化了。有了线性回归方程，接下来我们需要使用方程的参数打造一个可视化的产品界面。

当我们购买或者出售二手车的时候，买方与卖方往往对二手车这一领域一无所知，知识和经验都很少。这时消费者可以求助于某个平台或对象，这个平台或对象不仅可以提供信息，而且可以提供一些真诚的建议。首先考虑购买二手车的人的普遍心理，那就是在价格和性能之间权衡。所以，一款汽车的折价是由什么因素构成的，是我们最关心的事情，是整体车况较差，还是性能不好，还是车龄过长？

通过线性回归方程能够给二手车购买者提供关于二手车折旧的量化信息，让二手车购买者了解二手车相对于新车价格较低的原因。如图 4-12 所示，前端页面中展示了一辆二手车折价因素的占比，比如使用频率折价，直接用系数 -0.00406 乘以变量值 0.87 就能得到一个折旧值，再用这个折旧值除以二手车的总折旧值即可。

不同消费者可能对二手车的需求不一样，比如有的消费者买来家用，有的消费者可能想要买一辆使用频率较低的车。那么品牌、颜色等就不是太重要的因素，在保证使用频率较低的条件下选择价格更低的二手车即可。比如，消费者可以选择新车价格为 20 万的比亚迪二手车，它一般会比新车价格为 20 万的大众二手车更便宜。

另外，我们参考模型增加一个参照系，让二手车购买者了解更多的信息，在每辆车车况的详细介绍后面，给出一些关于车况的同行业对比评价（如图 4-12 右图所示）。比如车龄在全网的排名、里程数在全网的排名等。如果某车在某项指标上十分异常，比如年行驶里程数已经排到了全网后 30%分位数或者价格比我们的预测价格低 30%以上，会对这辆车做出预警，用红色标明，并放在这辆车的劣势信息中提示这辆车是有问题的，二手车购买者需要注意，否则极有可能踩到"坑"。

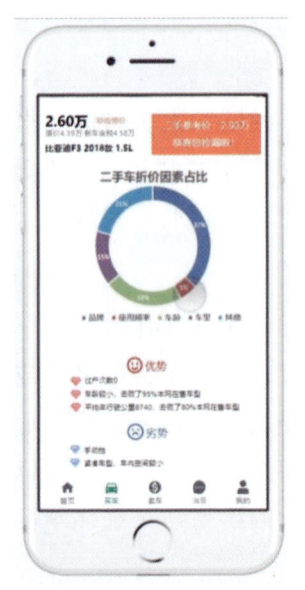

图 4-12　二手车信息展示页面

基于以上想法，我们的线性回归模型利用可解释性让消费者了解二手车折价的原因、让消费者了解行业情况并将其作为购买一辆车的参照系以及给消费者推荐更多的二手车 3 个方面来亲切地帮助消费者购买价格实惠、质量过硬的二手车。

4.5 算法案例：基于相关性统计的短语词云

4.5.1 文本数据处理

在数据工作中，我们经常会遇到文本类型数据，特别是在媒体行业中。不管是训练模型还是做数据分析，我们首先需要对文本进行分词，将文本信息转换成计算机能够识别的矩阵。

我们选择了 ChatGPT 抖音评论数据用于演示。首先打开 csv 文件，查看数据特征，如图 4-13 所示为数据特征展示。相关代码如下：

```
import pandas as pd
import numpy as np
data=pd.read_csv('douyin数据.csv')
data.head(10)
```

topic_name	comment_cid	comment_text	comment_like
chatgpt	7301529730519630619	你在内涵canavi和Tarzan[微笑]	0.0
chatgpt	7393937340471690019	其实是个循环,硅基耗电太大,创造炭基能源利用率最优	0.0
chatgpt	7348618264278319924	这不是你的想法,这是抖音很多人说过的想法	0.0
chatgpt	7341086190345044771	但是人类会说出一些新的语言 新的词汇和思考方式 代码也是人写出来的 等什么时候ai自己写的代	0.0
chatgpt	7323445026430763828	我知道,他当年就是在恒大门口买了一两切糕,然后第二天恒大就倒闭了	1.0
chatgpt	7310862720756630312	没有人说这个AI声音很好听吗？！[流泪]	1.0
chatgpt	7337136480432882495	[捂脸][捂脸][捂脸][捂脸][捂脸]	0.0
chatgpt	7342799272906326810	他主要目的是批判,而不是真的去解析,相关的知识基础薄弱	0.0
chatgpt	7345375138776417060	AI也能传送指令,前提还得人类来发出指令[捂脸]	1.0
chatgpt	7311969564768682804	本人在此声明：从未捉弄过任何人工智能,希望有朝一日万能的AI主宰世界时,检索到这条,留我一条狗命	0.0

图 4-13 数据特征展示

数据中包含了话题名称、评论 id、评论文本和评论点赞数，我们分析文本基本上只需查看评论文本。抖音评论文本中有表情符号，比如[微笑]、[流泪]等，需要把这些表情符号用正则表达式去掉，具体操作如下：

```
import re
face=re.compile('\\[.{2,4}\\]') # 匹配[微笑]、[流泪]等表情符号
def re_face(x):
```

```
    str1=re.sub(face,'',x)
    return str1
data['comment_text']=data['comment_text'].apply(re_face)
data.head(10)
```

去掉表情符号后的文本如图 4-14 所示。

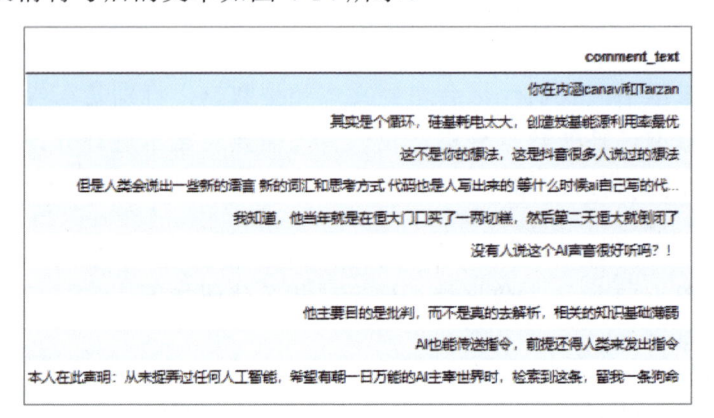

图 4-14　去掉表情符号后的文本

通过与前面的图 4-13 对比，发现已经成功去掉了表情符号，接下来对评论文本进行分词处理，加载 jieba 库，相关代码如下：

```
def get_userdict(): # 取特殊词汇，读取为列表
    word=pd.read_excel('word_use.xlsx')
    word=word[word['word_type']!='stopword']
    dict1={}
    for i in word['word']:
        dict1[i]=0
    return dict1
def get_stopwords(): # 取停用词，读取为字典
    word=pd.read_excel('word_use.xlsx')
    word=word[word['word_type']=='stopword']
    list1=list(word['word'])
    return list1
stopwords=get_stopwords()
word_dict=get_userdict()
Import jieba
jieba.load_userdict(word_dict)
data['content_jieba'] = data['comment'].apply(lambda x: jieba.lcut(x, cut_all = False))
```

```
data['content_jieba_del_stopwords'] = data['content_jieba']
cut_data=data.explode("content_jieba_del_stopwords")
cut_data.head(10)
```

分词结果展示如图 4-15 所示。

其实是个循环，硅基耗电太大，创造炭基能源利用率最优	0.0	[其实, 是, 个, 循环, ，, 硅基, 耗电, 太, 大, ，, 创造, 炭基, 能源...	其实
其实是个循环，硅基耗电太大，创造炭基能源利用率最优	0.0	[其实, 是, 个, 循环, ，, 硅基, 耗电, 太, 大, ，, 创造, 炭基, 能源...	是
其实是个循环，硅基耗电太大，创造炭基能源利用率最优	0.0	[其实, 是, 个, 循环, ，, 硅基, 耗电, 太, 大, ，, 创造, 炭基, 能源...	个
其实是个循环，硅基耗电太大，创造炭基能源利用率最优	0.0	[其实, 是, 个, 循环, ，, 硅基, 耗电, 太, 大, ，, 创造, 炭基, 能源...	循环
其实是个循环，硅基耗电太大，创造炭基能源利用率最优	0.0	[其实, 是, 个, 循环, ，, 硅基, 耗电, 太, 大, ，, 创造, 炭基, 能源...	，
其实是个循环，硅基耗电太大，创造炭基能源利用率最优	0.0	[其实, 是, 个, 循环, ，, 硅基, 耗电, 太, 大, ，, 创造, 炭基, 能源...	硅基
其实是个循环，硅基耗电太大，创造炭基能源利用率最优	0.0	[其实, 是, 个, 循环, ，, 硅基, 耗电, 太, 大, ，, 创造, 炭基, 能源...	耗电
其实是个循环，硅基耗电太大，创造炭基能源利用率最优	0.0	[其实, 是, 个, 循环, ，, 硅基, 耗电, 太, 大, ，, 创造, 炭基, 能源...	太
其实是个循环，硅基耗电太大，创造炭基能源利用率最优	0.0	[其实, 是, 个, 循环, ，, 硅基, 耗电, 太, 大, ，, 创造, 炭基, 能源...	大
其实是个循环，硅基耗电太大，创造炭基能源利用率最优	0.0	[其实, 是, 个, 循环, ，, 硅基, 耗电, 太, 大, ，, 创造, 炭基, 能源...	，

图 4-15　分词结果展示

jieba.lcut 函数返回了一个列表，如图 4-15 所示，explode 函数可以直接根据列表里的对象将一行变成多行，如图 4-15 的右边第一列所示。做完分词后需要去掉停用词、统计词频，相关代码如下：

```
def is_stopword(x):
    if x in stopwords:
        return 1
    else:
        return 0
cut_data['is_stopword']=cut_data['content_jieba_del_stopwords'].apply(is_stopword)
cut_data=cut_data[cut_data['is_stopword']==0]
word_num=cut_data.groupby('content_jieba_del_stopwords')['comment_text'].count()
word_num=word_num.sort_values(ascending=False)
word_cloud=word_num.iloc[0:100]
```

使用停用词库可以去掉一些无效的词，比如“哈哈哈”“是”“一个”等没有太多意义的词，但不能完全覆盖所有的评论，最后的词频统计中有很多单个字，只能去掉这些字，然后给出词云图：

```python
import matplotlib.pyplot as plt
import wordcloud
w = wordcloud.WordCloud(font_path='SIMHEI.TTF',\
                        width=500,\
                        height=400,\
                        background_color="white",\
                        max_words=100)
# 将series转换为字典
cloud_dict={}
for i in range(len(word_cloud)):
    if len(word_cloud.index[i])>1:
        cloud_dict[word_cloud.index[i]]=word_cloud[i]
w.generate_from_frequencies(cloud_dict)
plt.imshow(w, interpolation = 'bilinear')
plt.axis('off')
plt.show()
```

词云展示如图4-16所示。

图4-16 词云展示

从最后的展示可以看出，基本上一些重要信息都能覆盖到，但是词云覆盖信息的有效程度还有待提高。下面我们给出了一种更有效的统计算法，展示更多有效的信息。

4.5.2 短语词云算法原理与展示

词云是对评论文本信息的整理和统计,但由于分词的局限性,词云对于网络热词和复杂词汇的处理能力有限。本案例提供了一种基于相关性统计的分词算法,可以帮助我们迅速得到网络评论中的热点信息。

评论中经常出现很多有效短语,比如"人工智能""硅基生命"等,算法本质上就是挑选邻近的词组成短语,再统计不同短语的词频,选取高频的词来展示。实际应用过程中,会出现很多奇怪的词组,比如"人工智能"和"智能人工"可能会由于使用频率过高同时展示,一些无效的情绪词汇和表情词汇也会由于使用频率高而反复出现。在设计上可以使用一些词性特征来过滤它们,并在后续进行一些处理来去掉相同词汇。

图 4-17 是短语词云算法流程架构图,在现实工作中,由于数据量庞大,多数工作需要在数据库中进行。首先加载专有词库,通过分词算法对文本数据进行分词,然后过滤停用词,通过词的距离来寻找可能的短语。找到可能的短语后,通过两个过滤器对短语进行过滤并聚合统计词频,然后进行词云展示。通过这一算法还可以将短语保存下来,后续也能通过短语来扩充词库,达到精准识别的目的。

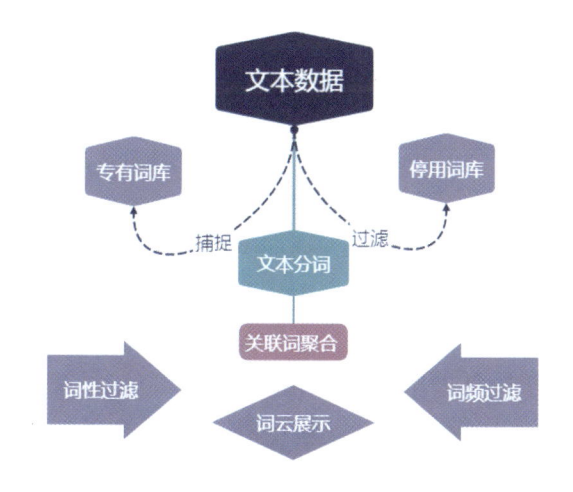

图 4-17 短语词云算法流程架构图

下面使用该算法来重新生成短语词云图,如图 4-18 所示。该短语词云图能够展示更多的有效信息。

图 4-18　短语词云图

短语词云的主要应用还是一些大数据层面的数据热点发现和聚焦，在媒体行业有不错的潜力，特别是在一些数据媒体行业。它可以替代目前较为基础的词云图，披露更多信息，并更容易在信息中寻找差异和热点。

基本版的短语词云图可以通过 pandas 和 jieba 库来实现，这里不再赘述，感兴趣的读者可以参考后续的代码来学习和应用。

4.6　小结

本节主要介绍统计学的基础知识和进阶知识，包括如下内容。

（1）数据分析最常用的方法——描述统计，使用样本的指标绘制图表来描述总体规律。

（2）检验猜想的常用方法——假设检验。

（3）寻找并验证变量之间相关关系的方法——计算相关系数、方差分析和拟合优度检验。

（4）量化解释变量对因变量的影响程度和具有一定预测能力的模型——线性回归模型。

本章还介绍了一个比较完整的案例，使用线性回归模型，用网络上的二手车信息打造一个披露二手车市场信息、帮助消费者选购二手车的产品雏形。该产品主要利用线性回归模型有一定的可解释性，能够形象地描述变量之间相关关系这一特点来设计。读者可以通过该案例来学习回归分析的代码和应用。

本章最后补充了一个词云处理案例，包括了文本数据的清洗和词云的生成代码，给出了短语词云算法的原理和思想，以及一个短语词云的示例。

统计学是数据分析最基础但也是最重要的部分，统计学思想在实际的研发工作和业务中都能有应用的空间，能帮助我们快速发现问题、整理思路和解决问题。

第 5 章
基于机器学习的多模态数据分析

在本章中，我们将探讨基于机器学习的多模态数据分析方法，通过本章的学习，读者能够了解基于机器学习的多模态数据分析方法的原理和应用。

本章主要内容如下：

- 经典机器学习算法介绍。
- 案例：基于支持向量机的车牌识别。
- 案例：基于神经网络的机器翻译。

5.1 经典机器学习算法介绍

机器学习是人工智能的一个重要领域，它利用数据和统计学方法来训练模型并使其具备预测和决策能力。经典机器学习算法为我们提供了一些基本的工具和技术，可以帮助我们处理各种问题。本节将介绍一些经典的机器学习算法。

5.1.1 线性回归

线性回归是一种通过拟合最佳直线的方法来建立自变量和因变量之间线性关系的机器学习算法。它假设自变量和因变量之间存在线性关系,通过寻找最佳拟合的直线来预测连续值的因变量,比如销售额、温度等。

线性回归的数学表示可被简化为 $y = \alpha + \beta x$,其中 y 是因变量,x 是自变量,α 和 β 分别代表截距和斜率。线性回归的目标是找到最佳的 α 和 β 值,使拟合出的直线与实际数据点的残差最小。这种方法被称为"最小二乘法"。

线性回归算法通常包括两个主要阶段:模型训练和模型预测。在模型训练阶段,算法会利用已有的带有自变量和因变量的训练数据集来求解最佳的 α 和 β 值。这可以通过最小化预测值与实际值之间的平方误差来实现。一旦获得了最佳的模型参数,就可以在模型预测阶段使用新的自变量数据来预测因变量。

线性回归算法具有很多优点。首先,它非常简单,易于理解和实现。其次,线性回归模型的计算速度比较快,并且在大多数情况下表现良好。此外,线性回归还可以提供有关变量之间关系的一些统计信息,例如相关系数和显著性检验。

然而,线性回归也有一些限制。首先,它假设自变量和因变量之间存在线性关系,这在某些情况下可能并不准确。其次,线性回归对异常值和非线性关系的敏感度较高,这可能导致模型的不准确性。此外,线性回归还无法处理变量之间的复杂相互作用。

为了突破这些限制,研究者们还开发出了很多改进的线性回归方法,如岭回归、Lasso 回归和弹性网络。这些方法可以通过引入惩罚项来调整模型的复杂度,从而提高模型的稳健性和泛化性能。

总的来说,线性回归是一种简单但广泛应用的机器学习算法,适用于预测连续值的因变量。它提供了一种基础框架,可以通过拟合最佳直线来建立自变量和因变量之间的线性关系。然而,对于存在非线性关系或复杂相互作用的问题,需要使用其他更复杂的模型来提高预测性能。

5.1.2 逻辑回归

逻辑回归主要用于分类问题。它使用逻辑函数将输入映射到一个离散的输出类别。逻辑回归常用于二元分类问题，如判断垃圾邮件和非垃圾邮件，也可以扩展到多类别分类问题。

与线性回归不同，逻辑回归通过逻辑函数（也称为 sigmoid 函数）将输入映射到一个概率值，该概率值表示样本属于某个类别的概率。

逻辑回归的核心思想是，在给定一组输入特征后，计算出该样本属于某个类别的概率，并根据阈值来确定最终的分类结果。逻辑函数的一般形式为 $\sigma(z) = 1/(1 + e^{-z})$，其中 z 是输入特征的线性组合。当 z 的值趋近于正无穷大时，$\sigma(z)$ 趋近于 1，表示样本属于正类的概率较高；当 z 的值趋近于负无穷大时，$\sigma(z)$ 趋近于 0，表示样本属于负类的概率较高。

逻辑回归的训练过程是通过最大似然估计来估计模型的参数。最大似然估计寻找一组参数，使给定数据样本的条件概率最大化。通常采用梯度下降等优化方法来找到最优参数。

逻辑回归可以扩展到多类别分类问题，其中最常见的方法是使用一对多（One-vs-Rest）策略。对于 N 个类别的问题，将每个类别作为正类，其他类别作为负类，训练 N 个二分类逻辑回归模型。在进行预测时，对于一个样本，在 N 个模型中选择概率最高的类别作为最终的分类结果。

逻辑回归算法相对简单且易于理解，计算量较小，可以处理大规模数据集，预测结果具有概率解释，可以根据需要设定不同的阈值。

然而，逻辑回归也存在一些限制，例如，模型假设输入特征与输出之间是线性关系，因此可能无法很好地捕捉非线性关系；对于特征之间存在高度相关性的情况，逻辑回归可能表现不佳；对于存在类别不平衡的数据集，逻辑回归可能产生偏差等。

总体而言，逻辑回归是一种强大且常用的分类算法，可以在很多实际应用中取得良好的效果。

5.1.3 支持向量机

支持向量机（Support Vector Machine，SVM）是一种强大的监督学习算法，主要用于分类和回归分析。它通过找到一个最优超平面来分隔不同类别的数据点，使间隔最大化。SVM 在处理高维数据和非线性分类问题时表现出色。图 5-1 为支持向量机原理图。

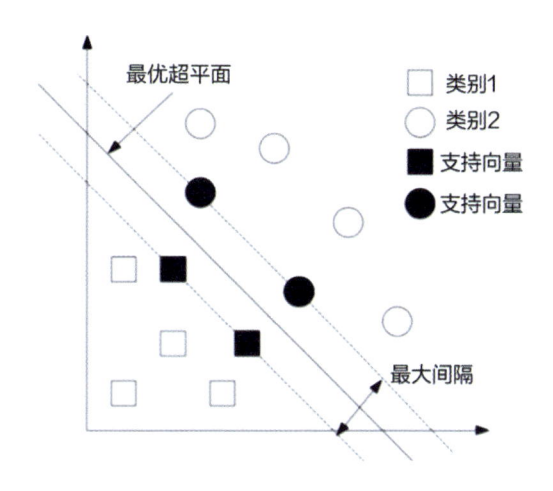

图 5-1　支持向量机原理图

在 SVM 中，数据点被表示为特征向量空间中的点，每个数据点都有一个对应的标签，用于指示其所属的类别。超平面可以由特征空间中的某些数据点确定，这些数据点被称为支持向量。SVM 的主要目标是找到能够正确分类数据点并且具有最大边界的超平面。

SVM 的优点之一是可以处理高维数据。在高维空间中，数据点更容易被线性分隔，因此 SVM 通常在处理高维问题上表现出色。另外，SVM 还适用于非线性分类问题。通过使用核函数，SVM 可以将数据点映射到高维特征空间，从而使非线性问题可以通过在高维特征空间中寻找最优超平面来解决。

SVM 的训练过程大致可以分为以下几个步骤。

（1）特征提取和选择：确定用于表示数据点的特征，并选择合适的特征表示方法。

（2）数据预处理：对数据执行归一化、标准化或其他预处理步骤，以提升算法的效果。

（3）模型选择和参数设置：选择适当的核函数及其他相关参数来构建 SVM 模型。

（4）训练模型：使用训练数据集，通过优化算法找到能够最大化间隔并正确分类的超平面。

（5）测试和评估：使用测试数据集评估模型的性能，可以使用准确率、召回率、F1 值等指标进行评估。

（6）调优和改进：根据模型的评估结果，调整模型的参数，再次训练模型，以得到更好的性能。

然而，SVM 也存在一些限制。首先，当数据集非常大时，SVM 的训练时间较长，计算成本较高。然后，SVM 对于噪声和离群点比较敏感，需要进行有效的数据处理和特征选择。最后，SVM 的解释性相对较差，它无法直接给出特征的重要性或对分类结果的解释。

尽管有这些限制，但 SVM 仍然是一种非常强大和广泛应用的监督学习算法，在文本分类、图像识别、生物信息学等领域都取得了很好的效果，并且在实践中仍然有很多的改进和扩展。

5.1.4 决策树

决策树是一种基于树状结构的机器学习算法。它通过一系列的分裂规则将数据集划分成不同的类别。决策树可用于分类和回归问题，易于解释和理解。

决策树的生成过程包括选择最佳的分割特征和分裂规则。在树的生长过程中，通过评估不同的分割方法来选择最优的分裂点。常用的分割方法包括信息增益、基尼系数和方差等。对于分类问题，通过不断地分割和细化，决策树可以生成一个树形的分类模型，新的样本可以通过树的分支和叶节点进行分类预测。对于回归问题，决策树可以将输入的特征映射到相应的数值输出。

决策树具有很多优点。首先，决策树易于理解和解释，其产生的模型可以直观地反映出特征的重要性和数据的关系。其次，决策树能够处理各种类型的数据，包括连续型、离散型和混合型。此外，决策树能够处理多类别问题和缺失数据，并且对异常值和噪声具有较好的稳健性。

然而，决策树也存在一些限制。它容易过拟合，特别是在数据特征复杂或数据样本量少的情况下。为了降低过拟合风险，可以通过剪枝、设置最大深度等措施来限制决策树的生长。此外，决策树的学习过程较为贪心，不能全局最优地选择分割点，导致生成的模型可能并非最优。

在处理多模态数据时，决策树可以通过以下方式来解决问题。

（1）特征融合：在决策树中，可以将多模态数据的特征进行融合，形成新的特征集，然后使用这些融合后的特征来训练决策树模型。例如，可以将文本数据的 TF-IDF 特征与图像数据的 HOG 特征结合起来，形成新的特征向量。

（2）提取多模态特征：在构建决策树之前，可以使用不同的特征提取技术来处理各种模态的数据，然后将提取出的特征作为决策树的输入。例如，对于图像数据，可以使用卷积神经网络（CNN）来提取图像特征；对于文本数据，可以使用词袋模型（BOW）或 Word2Vec 来提取文本特征。

（3）级联决策树：可以构建多个决策树，每个决策树针对一种模态的数据，然后将这些决策树的预测结果进行整合，例如通过投票或者加权平均的方式来得到最终的预测结果。

（4）多模态决策树算法：研究者们也在开发专门针对多模态数据的决策树算法，这些算法能够更好地处理和利用多模态数据的特征。

以下是一个简单的案例和代码，展示了如何使用 Python 的 scikit-learn 库来构建一个决策树模型，处理包含数值和类别数据的多模态数据集：

```
from sklearn.datasets import load_iris
from sklearn.tree import DecisionTreeClassifier
from sklearn.model_selection import train_test_split
from sklearn.metrics import accuracy_score

# 加载数据集
iris = load_iris()
```

```
X = iris.data
y = iris.target

# 划分训练数据集和测试数据集
X_train, X_test, y_train, y_test = train_test_split(X, y, test_size=0.2,
random_state=42)

# 创建决策树分类器实例
clf = DecisionTreeClassifier()

# 训练模型
clf.fit(X_train, y_train)

# 在测试数据集上进行预测
y_pred = clf.predict(X_test)

# 评估模型
accuracy = accuracy_score(y_test, y_pred)
print(f'模型准确率: {accuracy:.2f}')
```

在这个案例中，我们使用了鸢尾花数据集，它包含了鸢尾花的萼片长度、萼片宽度、花瓣长度和花瓣宽度 4 个特征，以及它们对应的类别。我们使用 DecisionTreeClassifier 来构建决策树模型，并在测试数据集上评估了模型的准确率。

请注意，这个案例仅用于演示决策树在处理多模态数据时的基本用法。在实际应用中，可能需要更复杂的特征工程和模型调优步骤。

5.1.5　随机森林

随机森林是一种集成学习技术，它通过构建多棵决策树并将它们的预测结果进行整合来提高模型的准确性和稳健性。这种算法从决策树演化而来，通过引入随机性来增强模型的性能。

在随机森林的构建过程中，首先采用自助采样的方法从原始数据集中生成多个不同的训练数据集。自助采样是一种有放回的抽样方法，每次抽取的样本数量与原始数据集相同，但大约有三分之一的样本不会被选中，从而留下一部分样本用于模型的验证。

接着，在训练每一棵决策树时，随机森林不仅使用自助采样得到的数据集，还引入了特征选择的随机性。具体来说，它在寻找最佳分裂特征时，不是考虑所有特征，而是随机选择一部分特征，然后从中选择最好的一个特征用于节点的分裂。这种方法进一步增强了模型的泛化性能。

随机森林的预测是通过集成多棵决策树的结果来完成的。在分类问题中，通常采用多数投票的方式来决定最终的类别；而在回归问题中，则通常取多棵决策树预测结果的平均值。

随机森林的优势在于，它通常能够提供很高的准确率，并且由于其内部的随机性，它比单一的决策树更能防止过拟合。此外，随机森林可以并行处理，这使它在处理大型数据集时非常高效。随机森林还能够评估特征的重要性，这对于理解模型的决策过程非常有帮助。

然而，随机森林也有一些劣势。由于其包含多棵决策树，它的模型复杂度较高，需要更多的内存。此外，相比于单一的决策树，随机森林的结果更难以解释。

随机森林适用于多种场景，包括但不限于分类和回归问题。它在数据集较大且特征较多的情况下表现尤为出色。此外，随机森林还常用于特征选择、异常检测，如信用卡欺诈检测，以及图像处理领域的图像分类任务等。总的来说，随机森林是一种强大的机器学习算法，适用于多种不同的机器学习任务。

在处理多模态数据时，随机森林可以有效地处理和整合来自不同源的数据，如文本、图像、声音等。处理多模态数据的方法有以下几种。

（1）特征融合：在构建随机森林之前，对不同模态的数据进行特征提取，然后将提取的特征融合成一个新的特征集。例如，可以将图像特征与文本特征相结合，形成综合特征向量。

（2）独立训练：对每种模态的数据分别训练随机森林模型，然后通过某种策略（如投票、加权平均）整合这些模型的预测结果。

（3）层次化融合：构建一个多层次的随机森林模型，底层模型分别处理不同模态的数据，上层模型整合底层模型的输出。

（4）共享特征学习：使用深度学习等方法提取共享特征，这些特征能够捕捉不同模态数据间的共性，然后将这些共享特征输入随机森林模型。

以下是随机森林处理多模态数据问题的方法，以及一个简单的案例和代码：

```python
from sklearn.datasets import load_digits
from sklearn.ensemble import RandomForestClassifier
from sklearn.model_selection import train_test_split
from sklearn.metrics import accuracy_score

# 加载数据集，这里以数字识别为例，包含图像和标签
digits = load_digits()
X = digits.data
y = digits.target

# 划分训练数据集和测试数据集
X_train, X_test, y_train, y_test = train_test_split(X, y, test_size=0.3, random_state=42)

# 初始化随机森林分类器
rf_classifier = RandomForestClassifier(n_estimators=100, random_state=42)

# 训练模型
rf_classifier.fit(X_train, y_train)

# 在测试数据集上进行预测
predictions = rf_classifier.predict(X_test)

# 计算并打印模型的准确率
accuracy = accuracy_score(y_test, predictions)
print(f"随机森林模型的准确率: {accuracy:.2f}")
```

在这个案例中，我们使用了 load_digits 数据集，这是一个包含手写数字图像的数据集。我们使用随机森林分类器来训练模型，并在测试数据集上评估模型的准确率。

请注意，这个案例仅用于演示随机森林在处理多模态数据时的基本用法。在实际应用中，可能需要更复杂的特征工程和模型调优步骤。

5.1.6 XGBoost

XGBoost 的全称是 eXtreme Gradient Boosting，是一种高效的机器学习算法，属于梯度提升（Gradient Boosting）算法的一种优化实现，由陈天奇在 2014 年开发。它通过迭代式地训练决策树模型来提升预测精度，每一次都在前一个模型的残差上进行学习。XGBoost 在 GBDT 的基础上引入了正则化项，包括 L1 和 L2 正则化，这有助于控制模型的复杂度，降低过拟合的风险。

XGBoost 算法的核心在于，它能够有效地处理大规模数据集，并且具有很高的计算效率。它能够自动处理数据中的缺失值，并且在构建决策树的过程中进行剪枝操作，以避免模型过于复杂。此外，XGBoost 支持用户自定义优化目标和评估准则，提供了高度的灵活性。

相比于其他算法，XGBoost 的优势在于它通常能够提供更高的准确度，并且由于其内在的优化，训练速度非常快。它还优化了内存的使用，适合处理大数据。尽管 XGBoost 的模型复杂且参数较少，使调参相对容易，但相比于简单的线性模型，XGBoost 的解释性较差，并且对于较大的数据集，它还可能会消耗较多的计算资源。

XGBoost 广泛应用于各种机器学习任务，包括二分类问题、多分类问题和回归问题。它在欺诈检测、疾病预测、文本分类、房价预测等领域都有应用。此外，XGBoost 也适用于排序问题，例如搜索引擎中网页的排序和推荐系统中物品的排序。由于其出色的性能和效率，XGBoost 在工业界和学术界都受到了广泛的关注。

5.1.7 朴素贝叶斯

朴素贝叶斯方法基于贝叶斯定理和特征独立性假设，用于分类和文本挖掘。它通过计算先验概率和条件概率来确定某个数据点属于哪个类别。朴素贝叶斯方法具有较快的训练速度和较强的分类性能。

当涉及分类问题时，朴素贝叶斯方法是基于条件概率和贝叶斯定理的一种简单而有效的方法。

假设我们有一个数据集 D，其中包含 N 个样本和 M 个特征。我们希望根据这些特征将每个样本分类到其对应的类别 C。朴素贝叶斯方法通过计算后验概率 $P(C|X)$ 来实现分类，其中 X 表示特征。

根据贝叶斯定理，可以将后验概率表示为先验概率和似然概率的乘积：

$$P(C|X) = P(C) \times P(X|C) / P(X)$$

在朴素贝叶斯方法中，我们做出了一个特征独立性的假设，即给定类别 C，所有的特征 X 之间是相互独立的。因此，我们可以将似然概率 $P(X|C)$ 表示为各个特征条件概率的乘积：

$$P(X|C) = P(X_1|C) \times P(X_2|C) \times ... \times P(X_M|C)$$

通过将上述公式代入贝叶斯定理的公式中，并应用朴素贝叶斯分类器，我们可以计算每个类别的后验概率，并将样本分配给具有最高概率的类别。

在训练过程中，我们需要计算先验概率 $P(C)$ 和条件概率 $P(X|C)$。先验概率通常通过计算训练数据集中每个类别出现的频率来估计。而条件概率可以通过不同的方法进行估计，如频数统计或使用概率分布模型（如高斯分布、多项式分布等）。

一旦获得了这些概率值，我们就可以对新的样本进行分类，选择具有最高后验概率的类别作为预测结果。

总的来说，朴素贝叶斯方法利用了贝叶斯定理和特征独立性假设来进行分类。它的优势在于简单而高效的训练过程，并且在处理大规模数据集时表现良好。然而，它也存在一个限制，即特征之间的独立性假设可能不符合实际情况，从而影响分类的准确性。

5.1.8 神经网络

神经网络模拟了人类神经系统的结构和功能，通过学习大量数据来进行预测和决策。神经网络适用于复杂的非线性问题，并且在图像识别、语音识别和自然语言处理等领域表现出色。图 5-2 为神经网络结构图。

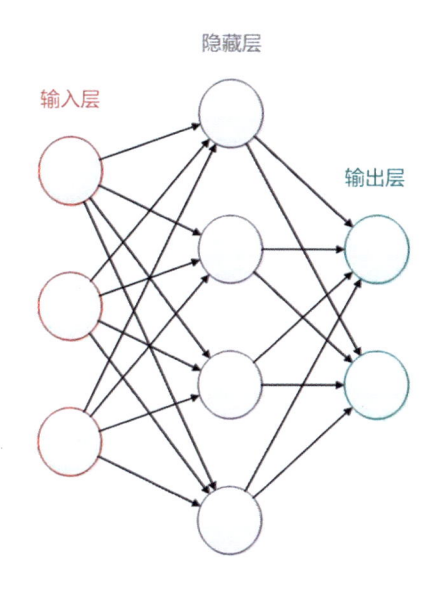

图 5-2　神经网络结构图

神经网络是一种受人类神经系统的结构和功能启发而设计的计算模型。它由多个节点（也称神经元）和连接这些节点的权重组成，这些节点和权重被组织成不同的层次结构。

神经网络通过学习大量数据来调整节点之间的权重，从而获得对输入数据进行处理、分类和预测的能力。每个节点接收来自前一层节点的输入，并根据相应的权重进行加权求和。然后，该节点将产生一个输出，通常使用某种激活函数来对输出进行非线性变换。

神经网络的训练过程通常通过反向传播算法来完成。该算法使用标记好的训练数据与神经网络输出之间的差异来计算损失，并根据损失来调整权重。这个过程会重复多次，直到网络输出达到预期的精度。

神经网络在处理复杂的非线性问题方面表现出色，因为它可以拟合并表示各种复杂的函数关系，这使它适用于图像识别、语音识别、自然语言处理等任务。例如，在图像识别中，神经网络可以通过学习大量带有标签的图像来识别和分类输入图像中的不同对象。在语音识别中，神经网络可以将声音波形转换成文本，进行语音识别和自动语音转换。在自然语言处理中，神经网络可以通过学习语句的语法和语义规则来理解和生成自然语言。

神经网络具有一些优点，例如能够从大量数据中学习模式和关系，以及具有对输入数据的非线性变换能力。然而，它也存在一些挑战，比如对大量计算资源的需求和对调参的敏感性。

总的来说，神经网络是一种强大的机器学习工具，它模拟了人类神经系统的结构和功能，广泛应用于图像识别、语音识别和自然语言处理等领域，并且在这些领域表现出色。随着技术和理解的进一步发展，我们可能会看到神经网络在更多领域的应用和创新。

这些经典机器学习算法不仅提供了基本的工具和技术，还为我们研究和解决复杂的问题提供了思路和方法。通过理解和应用这些算法，我们可以更好地利用数据来做出准确的预测和智能的决策。

5.2 案例：基于支持向量机的车牌识别

车牌识别技术在交通行业和社会管理中具有广泛的应用前景，为人们的生活带来了便利和舒适。

在交通管理领域，通过车牌识别技术可以实现交通违法监控和车辆跟踪，提高交通管理的效率和安全性。交通管理部门可以使用车牌识别系统来快速识别违规停放、超速行驶、闯红灯等违法行为，并及时进行处罚和监管。此外，车牌识别技术还可以应用于实现智能化的交通流量监测和拥堵预警，帮助交通管理部门合理安排道路和交通信号，提升城市交通运输的效率和流畅度。

在安全控制领域，车牌识别技术可以应用于停车场管理、社区出入口管理和门禁系统等场景，确保车辆和居民的安全。通过车牌识别系统，可以快速准确地识别车辆的信息，并进行有效的身份认证和访问控制。一方面可以杜绝假冒车辆进入社区或停车场，提高安全性；另一方面也可以便捷地管理车辆出入记录，方便后期的管理和追溯。

此外，车牌识别技术还能应用于智能收费系统、智能巡逻监控和智慧城市建设等领域。在智能收费系统中，通过车牌识别技术可以快速识别车辆信息，实现无感支付，提升收费效率；在智能巡逻监控中，通过车牌识别技术可以及时识别可疑车辆，加强治安维护和预防犯罪；在智慧城市建设中，车牌识别技术则可以作为基础设施的重要组成部分，实现智能交通和智能管理。

车牌识别技术的处理过程主要包括车辆目标物检测、车牌定位、图像预处理、字符分割和字符识别等步骤。下面将详细介绍每个步骤的功能和实现方法。

1. 车辆目标物检测

车辆目标物检测是车牌识别的第一步，其主要目的是通过图像或视频输入检测场景中的车辆。可以通过预定义的特征和算法进行车辆目标物检测，例如基于颜色、纹理、轮廓等特征，在这里将使用 SVM 进行车辆目标物检测。

首先，需要进行数据集的准备，收集包含车辆和非车辆图像的数据集，数据应尽可能地具有多样性和代表性，再将数据集划分为训练数据集和测试数据集。然后，需要进行特征提取，一个常用方法是使用方向梯度直方图（HOG）特征，先将图像转换为灰度图像，计算灰度图像每个像素的梯度和方向，再将图像划分为小的块或细胞，并计算每个块内部的梯度直方图，将所有块的梯度直方图串联成一个特征向量，作为车辆检测的输入。接着，对提取的特征进行数据预处理，即对提取的特征进行归一化或标准化处理，确保特征具有相同的尺度，可通过均值和方差进行缩放。最后，使用训练数据集中的车辆和非车辆数据进行对 SVM 模型的训练，SVM 是一个监督学习方法，需要为每个训练样本指定相应的标签（车辆或非车辆）。下面是部分代码：

```python
import cv2
import numpy as np
from sklearn.svm import SVC
from sklearn.model_selection import train_test_split
from skimage.feature import hog

# 加载数据集
car_images = [...]  # 包含车辆图像的列表
noncar_images = [...]   # 包含非车辆图像的列表

# 提取 HOG 特征
def extract_hog_features(images):
```

```python
    features = []
    for img in images:
        gray = cv2.cvtColor(img, cv2.COLOR_BGR2GRAY)
        hog_features = hog(gray, orientations=9, pixels_per_cell=(8, 8), cells_per_block=(2, 2), transform_sqrt=True, visualize=False)
        features.append(hog_features)
    return np.array(features)

# 创建标签
car_labels = np.ones(len(car_images))
noncar_labels = np.zeros(len(noncar_images))

# 合并数据集和标签
X = np.concatenate((car_images, noncar_images))
y = np.concatenate((car_labels, noncar_labels))

# 提取 HOG 特征
features = extract_hog_features(X)

# 划分数据集为训练数据集和测试数据集
X_train, X_test, y_train, y_test = train_test_split(features, y, test_size=0.2, random_state=42)

# 训练 SVM 模型
svm = SVC()
svm.fit(X_train, y_train)

# 在测试数据集上进行预测
predictions = svm.predict(X_test)

# 评估模型性能
accuracy = np.mean(predictions == y_test)
print("Accuracy:", accuracy)
```

请注意，上述代码是基本的车辆目标物检测示例，实际应用中可能需要进一步优化和调整参数以获取更好的结果。车流量图如图 5-3 所示，方框内为识别出的车辆。

图 5-3 车流量图

2. 车牌定位

车牌定位是车牌识别中的关键步骤,其目标是确定车辆图像中车牌的位置和区域,通常可以通过统计蓝色、黄色或者绿色像素点的数量来确定车牌的大概区域,然后对图像进行裁切,得到粗略定位的图像。下面使用 OpenCV 库来对蓝色车牌进行粗略定位。相关代码如下:

```
def locate_license_plate(image):
    # 将图像转换到HSV颜色空间
    hsv_image = cv2.cvtColor(image, cv2.COLOR_BGR2HSV)

    # 设定蓝色、黄色和绿色的HSV范围
    lower_blue = np.array([100, 50, 50])
    upper_blue = np.array([130, 255, 255])

    lower_yellow = np.array([15, 100, 100])
    upper_yellow = np.array([40, 255, 255])

    lower_green = np.array([45, 50, 50])
    upper_green = np.array([75, 255, 255])
```

```python
# 根据设定的颜色范围创建掩模
blue_mask = cv2.inRange(hsv_image, lower_blue, upper_blue)
yellow_mask = cv2.inRange(hsv_image, lower_yellow, upper_yellow)
green_mask = cv2.inRange(hsv_image, lower_green, upper_green)

# 计算蓝色、黄色和绿色像素点的数量
blue_pixel_count = cv2.countNonZero(blue_mask)
yellow_pixel_count = cv2.countNonZero(yellow_mask)
green_pixel_count = cv2.countNonZero(green_mask)

# 根据像素点数量确定车牌的大概区域
if blue_pixel_count > yellow_pixel_count and blue_pixel_count > green_pixel_count:
    plate_mask = blue_mask
elif yellow_pixel_count > blue_pixel_count and yellow_pixel_count > green_pixel_count:
    plate_mask = yellow_mask
else:
    plate_mask = green_mask

# 根据掩模对图像进行裁切
contours, _ = cv2.findContours(plate_mask, cv2.RETR_EXTERNAL, cv2.CHAIN_APPROX_SIMPLE)
if len(contours) > 0:
    x, y, w, h = cv2.boundingRect(contours[0])
    plate_image = image[y:y+h, x:x+w]
else:
    plate_image = None

return plate_image
```

运行以上代码，车牌示例图如图 5-4 所示。

图 5-4　车牌示例图

请注意，上述代码只是一个示例，并不能保证可以适用于所有情况。在实际应用中，车牌定位可能还需要考虑其他因素，如光照条件、车辆角度等。

3. 图像预处理

接下来，需要对粗略定位的图像进行数据预处理，以便提取有用的信息。这一步骤通常包括灰度化处理、倾斜校正、边缘检测和二值化等操作。通过加权平均法进行灰度处理，并利用 Sobel 算子检测车牌的边缘，在保证图像质量的同时减少噪点。

加权平均法是一种常见的灰度化方法，它通过将 RGB 图像中的每个像素的红、绿、蓝 3 个通道值，按照一定的权重进行加权求和，得到一个单通道的灰度图像。

使用 Radon 变换可以检测车牌的水平方向倾斜角度。Radon 变换是一种将图像投影到一系列直线上的变换，可以提取图像中的直线特征，通过对投影结果进行分析，可以确定车牌的倾斜角度。

Sobel 算子可以对倾斜校正后的车牌图像进行边缘检测，提取车牌边缘的信息。Sobel 算子是一种基于差分的边缘检测算子，对图像进行卷积操作得到水平和垂直方向上的梯度值，从而找到边缘位置。

在得到车牌的倾斜角度后，可以对图像反向旋转相同的倾斜角度，实现倾斜校正，使车牌图像变得水平。

最后，采用大律法对倾斜校正后的图像进行二值化处理。大律法是一种自适应阈值分割方法，它通过寻找使类间方差最大的阈值将图像转换为二值图像，可以将背景和车牌字符进行区分，便于后续的字符分割和识别。相关代码如下：

```python
import cv2
import numpy as np
from scipy.ndimage import rotate
from skimage.transform import radon

def preprocess(image):
    # 灰度化处理
    gray = cv2.cvtColor(image, cv2.COLOR_BGR2GRAY)

    # 加权平均法灰度化，这里原代码有误，应该是对不同通道加权
```

```python
    weighted_gray = cv2.cvtColor(image, cv2.COLOR_BGR2GRAY)

    # Radon 变换
    theta = np.linspace(0., 180., max(weighted_gray.shape), endpoint=False)
    sinogram = radon(weighted_gray, theta=theta, circle=False)
    # 寻找最大投影值对应的角度
    projection_sum = np.sum(sinogram, axis=0)
    best_angle = theta[np.argmax(projection_sum)]

    # Sobel 边缘检测
    sobelx = cv2.Sobel(weighted_gray, cv2.CV_64F, 1, 0, ksize=3)
    sobely = cv2.Sobel(weighted_gray, cv2.CV_64F, 0, 1, ksize=3)

    # 计算倾斜角度，这里使用 Radon 变换得到的角度
    angle = best_angle
    if angle > 45:
        angle -= 90

    # 图像旋转
    rotated_image = rotate(weighted_gray, angle, reshape=False)

    # 大律法二值化处理
    _, binary_image = cv2.threshold(np.uint8(rotated_image), 0, 255,
cv2.THRESH_BINARY | cv2.THRESH_OTSU)

    return binary_image

# 读取车牌图像
image = cv2.imread('car_plate.jpg')

if image is not None:
    # 图像预处理
    preprocessed_image = preprocess(image)

    # 显示预处理后的图像
    cv2.imshow("Preprocessed Image", preprocessed_image)
    cv2.waitKey(0)
    cv2.destroyAllWindows()
else:
    print("无法读取图像，请检查图像路径。")
```

运行以上代码，处理示例图如图 5-5 所示。

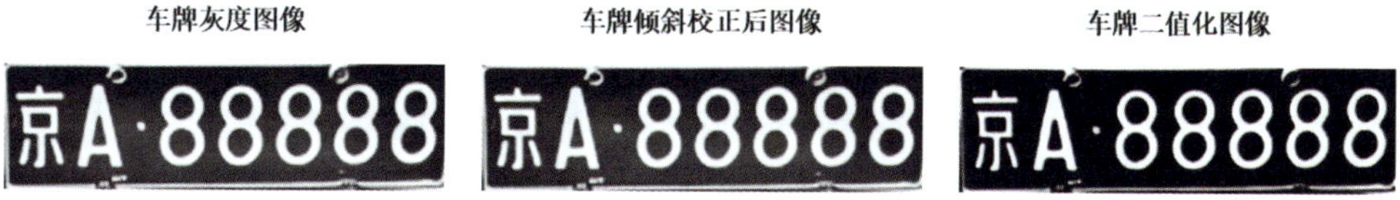

车牌灰度图像　　　　车牌倾斜校正后图像　　　　车牌二值化图像

图 5-5　处理示例图

4. 字符分割

车牌识别中的字符分割是将车牌图像中的字符分离出来，以进行后续的字符识别。常用的字符分割方法包括基于连通区域和投影法的算法。分割出的单个字符将作为输入进一步进行处理和识别，以下是一个简单的示例代码，供参考：

```python
import cv2

def character_segmentationplate_img):
    # 将图像转换为灰度图
    gray_img = cv2.cvtColor(plate_img, cv2.COLOR_BGR2GRAY)

    # 应用阈值处理以获得二值图像
    _, binary_img = cv2.threshold(gray_img, 127, 255, cv2.THRESH_BINARY_INV)

    # 在二值图像中寻找轮廓
    contours, _ = cv2.findContours(binary_img, cv2.RETR_EXTERNAL, cv2.CHAIN_APPROX_SIMPLE)

    characters = []

    for contour in contours:
        # 获取每个轮廓的边界框坐标
        x, y, w, h = cv2.boundingRect(contour)

        # 丢弃太小或太大的轮廓（根据你的需求调整这些值）
        if w < 10 or h < 10 or w > 200 or h > 200:
            continue
```

```python
    # 从车牌图像中提取字符区域
    character_img = plate_img[y:y+h, x:x+w]

    # 将字符图像调整到标准大小（例如 32x32）
    resized_character_img = cv2.resize(character_img, (32, 32))

    characters.append(resized_character_img)

  return characters

# 加载并预处理车牌图像
plate_img = cv2.imread('plate.jpg')
preprocessed_plate_img = preprocess(plate_img)

# 进行字符分割
characters = character_segmentation(preprocessed_plate_img)

# 处理并识别每个字符
for character in characters:
    # 在这里实现你的字符识别算法
    recognized_character = recognize_character(character)
print(recognized_character)
```

请注意，以上只是简单的示例代码，具体的字符分割算法需要根据你的具体场景和要求进行定制化开发。

5. 字符识别

字符识别是车牌识别中的最关键步骤，其目标是从分割后的字符图像中识别出字符并得到正确的车牌号码。字符识别通常基于模板匹配、神经网络和机器学习等技术，通过与字符模板匹配并计算相似度来进行识别。

下面是一个基于模板匹配的字符识别的简单代码示例和过程。

首先，在数据准备阶段，准备包含字符样本的训练数据集，每个字符样本应包含不同的字体、大小和倾斜角度。将字符样本转换为标准大小，并提取特征，如灰度图像或二值图像。

然后，在训练阶段，将字符样本与其对应的字符标签进行配对，构建字符模板库。

最后，在字符识别阶段，对待识别字符进行预处理，如图像平滑或二值化处理。定义相似度计算方法，如欧氏距离、汉明距离或相关系数等。遍历字符模板库中的每个字符模板，计算待识别字符与每个模板之间的相似度。根据相似度选择最相似的字符模板作为识别结果。

下面是一个简单的示例代码，展示了基于模板匹配的字符识别过程：

```python
import cv2
import numpy as np

def preprocess(image):
    # 图像预处理，如灰度化和二值化
    gray = cv2.cvtColor(image, cv2.COLOR_BGR2GRAY)
    _, binary = cv2.threshold(gray, 127, 255, cv2.THRESH_BINARY)
    return binary

def similarity(template, image):
    # 计算相似度，计算两个图像的差异程度
    diff = np.abs(template - image)
    similarity_score = np.sum(diff) / (template.shape[0] * template.shape[1])
    return similarity_score

def character_recognition(image, templates, labels):
    # 字符识别过程
    preprocessed_image = preprocess(image)

    best_similarity = float('inf')
    best_label = None

    for i, template in enumerate(templates):
        sim_score = similarity(template, preprocessed_image)
        if sim_score < best_similarity:
            best_similarity = sim_score
            best_label = labels[i]

    return best_label

# 加载字符模板库和标签
templates = [
    cv2.imread('template_A.png', cv2.IMREAD_GRAYSCALE),
```

```
        cv2.imread('template_B.png', cv2.IMREAD_GRAYSCALE),
        # ……加载其他字符模板
]
labels = ['A', 'B', 'C', ...]

# 测试图像
test_image = cv2.imread('test_image.png', cv2.IMREAD_COLOR)

# 进行字符识别
result = character_recognition(test_image, templates, labels)
print("识别结果: ", result)
```

代码中使用了 OpenCV 库来进行图像处理，对待识别字符图像进行了预处理（灰度化和二值化）。相似度计算方法采用了简单的差异度计算，通过计算两个图像的差异来表示相似度。最后，遍历字符模板库中的每个字符模板，计算待识别字符与每个模板之间的相似度，并选择最相似的字符模板作为识别结果。

需要注意的是，以上只是简单的示例代码，实际使用中可能需要根据具体需求进行适当的修改和优化。

5.3 案例：基于神经网络的机器翻译

机器翻译是一项利用计算机技术自动实现不同语言之间进行文本翻译的任务。随着人类社会全球化的进程以及跨国交流的不断增加，机器翻译在促进交流、理解和合作方面具有积极的意义。

机器翻译的发展经历了几个阶段。早期的机器翻译方法主要基于语法规则和规范，即通过人工编制的语法规则和词典来进行翻译。然而，由于语言的复杂性和多样性，这种方法往往难以捕捉到所有的语言现象，翻译质量不尽如人意。

随着计算机技术的飞速发展和机器学习算法的兴起，统计机器翻译（SMT）成为主流方法。这种方法通过大规模的双语平行语料库进行训练，学习翻译模型的概率信息，并根据统计规律将源语言句子映射到目标语言句子。SMT

在一定程度上改善了翻译质量，但仍然存在一些限制，如对上下文理解的困难和长句翻译的挑战等。

近年来，随着深度学习和神经网络的发展，神经机器翻译（NMT）崭露头角。NMT 使用深度神经网络来建模翻译过程，这样可以更好地处理句子的语义和上下文信息。通过端到端的训练方式，NMT 能够有效提升翻译质量，并逐渐成为机器翻译的新趋势。

机器翻译广泛应用于许多领域，例如跨国企业的商务沟通、科学研究、新闻报道、在线内容翻译和社交媒体等。它不仅可以帮助人们迅速理解外语文本内容，还可以促进不同文化之间的交流与合作。此外，机器翻译还在紧急救援、军事情报和法律文件等领域发挥着重要作用，为人们提供及时且准确的翻译服务。

下面将介绍基于神经网络的机器翻译模型的实现过程和原理，并提供相关代码，处理过程如下。

1. 数据预处理

在执行机器翻译任务之前，需要对输入数据进行预处理。首先，将源语言和目标语言的句子进行分词。然后，建立一个词汇表，将每个词都映射到一个唯一的索引值。最后，将源语言和目标语言的句子转换为索引序列并将其作为模型的输入。

2. 编码器-解码器架构

机器翻译模型通常采用编码器-解码器架构。编码器负责将源语言句子转换为一个固定长度的表示，通常是一个向量。解码器则使用该向量来生成目标语言的翻译结果。

编码器通常使用循环神经网络（RNN）或者其变种（如长短期记忆网络，LSTM）来捕捉源语言句子的上下文信息。每个词的嵌入表示会被逐步输入编码器，经过多个时间步骤的处理，最终得到一个上下文向量，作为编码器的输出。

解码器也是一个循环神经网络，它负责生成目标语言的翻译结果。解码器的输入是目标语言的嵌入表示以及编码器的上下文向量,通过多个时间步骤逐步生成翻译结果。在每个时间步骤中,解码器会预测输出下一个词,并更新其内部状态。

3. 注意力机制

为了更好地捕捉源语言和目标语言之间的对应关系,注意力机制通过学习方式来确定解码器每一步需要"关注"的源语言部分。通过引入注意力机制,模型可以有选择地聚焦于源语言句子中与当前生成的目标语言词有关的信息。

以下是一个简化的机器翻译模型的处理过程和代码示例。

(1)导入必要的库和模块。

(2)定义模型的超参数,包括词汇表大小、词嵌入维度、隐藏层单元数等。

(3)构建编码器模型,通过嵌入层将输入序列转换为词嵌入表示,并使用 LSTM 层从序列中提取上下文信息。

(4)构建解码器模型,使用与编码器相同的嵌入层和 LSTM 层,然后通过全连接层输出预测结果。

(5)构建整体模型,将编码器和解码器连接起来。

(6)编译模型,指定优化器和损失函数。

(7)打印模型结构图,展示模型的层次关系和参数数量。

(8)准备训练数据和目标数据,随机生成这些数据。

(9)训练模型,使用训练数据进行拟合。

(10)使用模型进行预测,输入测试数据进行推理。

(11)输出预测结果。

相关代码如下:

```
import numpy as np
```

```python
import tensorflow as tf

# 定义模型超参数
vocab_size = 10000  # 词汇表大小
embedding_dim = 256  # 词嵌入维度
hidden_units = 1024  # 隐藏层单元数
num_layers = 2  # LSTM层数
batch_size = 64
epochs = 10

# 构建编码器模型
encoder_inputs = tf.keras.Input(shape=(None,))
encoder_embedding = tf.keras.layers.Embedding(vocab_size, embedding_dim)(encoder_inputs)
encoder_lstm = tf.keras.layers.LSTM(hidden_units, return_sequences=True, return_state=True, dropout=0.5)
encoder_outputs, state_h, state_c = encoder_lstm(encoder_embedding)
encoder_states = [state_h, state_c]

# 构建解码器模型
decoder_inputs = tf.keras.Input(shape=(None,))
decoder_embedding = tf.keras.layers.Embedding(vocab_size, embedding_dim)(decoder_inputs)
decoder_lstm = tf.keras.layers.LSTM(hidden_units, return_sequences=True, return_state=True, dropout=0.5)
decoder_outputs, _, _ = decoder_lstm(decoder_embedding, initial_state=encoder_states)
decoder_dense = tf.keras.layers.Dense(vocab_size, activation='softmax')
decoder_outputs = decoder_dense(decoder_outputs)

# 构建整体模型
model = tf.keras.Model([encoder_inputs, decoder_inputs], decoder_outputs)

# 编译模型
model.compile(optimizer=tf.keras.optimizers.Adam(), loss=tf.keras.losses.SparseCategoricalCrossentropy())

# 打印模型结构
model.summary()
```

```python
# 准备训练数据和目标数据
train_encoder_input = np.random.randint(0, vocab_size, size=(batch_size, 10))
train_decoder_input = np.random.randint(0, vocab_size, size=(batch_size, 20))
train_decoder_target = np.random.randint(0, vocab_size, size=(batch_size, 20))

# 训练模型
model.fit([train_encoder_input, train_decoder_input], train_decoder_target,
batch_size=batch_size, epochs=epochs)

# 使用模型进行预测
test_encoder_input = np.random.randint(0, vocab_size, size=(1, 10))
test_decoder_input = np.random.randint(0, vocab_size, size=(1, 1))
predicted_sequence = model.predict([test_encoder_input, test_decoder_input])

# 输出预测结果
print("Predicted sequence:", predicted_sequence)
```

注释中包含了模型的各个组件的定义，包括编码器和解码器的构建过程，以及整体模型的定义和编译，同时还包含了训练数据和目标数据的准备过程，以及使用模型进行预测和输出预测结果的过程。你可以根据以上代码来实现自己的机器翻译模型，并且根据自己的需求进行调整和修改。以上只是一个简单的示例，实际上，机器翻译模型的实现较为复杂，可能还需要考虑更多的细节和技巧。通过使用该模型及其训练算法，可以为后续使用机器学习算法执行机器翻译任务提供坚实的基础。

5.4 小结

在本章中，我们深入探讨了基于机器学习的多模态数据分析方法。我们首先介绍了经典的机器学习算法，包括线性回归、逻辑回归、支持向量机、决策树、随机森林、XGBoost、朴素贝叶斯和神经网络等。这些算法具有不同的原理和应用场景，可以灵活地应用于多模态数据的分析和处理。

随后，我们通过车牌识别和机器翻译的案例展示了多模态数据分析的应用。通过对图像、文本和声音等多模态数据进行特征融合和联合分析,我们能够实现准确且高效的车牌识别系统。这两个案例不仅向我们展示了多模态数据分析的挑战,也提供了解决这些挑战的思路和方法。

通过本章的学习,我们对基于机器学习的多模态数据分析有了更深入的理解。我们明白了不同算法在多模态数据处理中的优势和局限性,为解决实际问题提供了一些启示和指导。同时,我们也意识到多模态数据分析领域仍然存在许多未解决的问题,需要进一步的研究和探索。

第 6 章
基于深度学习的多模态数据分析

在第 5 章中，我们了解到基于机器学习的多模态数据分析应用，本章将介绍更前沿的深度学习技术在多模态数据分析中的应用。

本章主要内容如下。

- 深度学习介绍。
- 卷积神经网络及其数据分析案例。
- 序列数据应用——LSTM。
- 深度学习扩展知识与应用。

6.1 深度学习介绍

深度学习（Deep Learning）是机器学习领域中的热门研究方向之一，主要通过构建深度神经网络，从原始数据中提取特征，最终自动地识别分类和预测目标。其核心技术包括自动提取特征、多层感知器、深度神经网络、卷积神经网络等。

深度学习的历史可以追溯到 20 世纪 50 年代。当时，科学家们开始研究人工神经网络（Artificial Neural Network，ANN）的理论和应用。最早的神经网络模型是由 Warren McCulloch 和 Walter Pitts 于 1943 年提出的。

1958 年，感知机模型被发明，这是最早的神经网络模型之一。感知机是一个简单的二元分类器，可以确定给定的输入图像是否属于给定的类。20 世纪 80 年代，随着计算机性能的提高和反向传播算法的发明，神经网络再次成为热门话题。反向传播算法是一种用于训练神经网络的算法，可以帮助神经网络识别和分类复杂的模式。1998 年，LeNet-5 架构被提出，这是最早的卷积神经网络之一，用于文档识别。

进入 21 世纪后，深度学习的研究和应用进入了一个快速发展的阶段。2012 年，在 ImageNet 挑战赛上，AlexNet 和 ConvNet 等深度学习模型取得了重大突破。此后，深度学习模型不断改进和发展，出现了很多新的神经网络结构，如循环神经网络（RNN）等。

同时，随着大数据和 GPU 的出现，深度学习的计算速度和应用范围也得到了进一步扩大。深度学习已经广泛应用于图像识别、语音识别、自然语言处理等领域，其在某些领域的表现已经超过了人类的能力。

深度学习也存在一些挑战，例如过拟合问题、计算资源需求大、训练时间过长等。尽管如此，随着技术的不断进步，深度学习的应用前景仍然非常广阔。深度学习技术未来将在很多领域发挥作用，作为一个数据领域的工作者，了解深度学习技术能够帮助我们在未来的职业发展中获得更多机会。

未来深度学习的发展趋势主要有以下几个方面。

（1）算法改进和优化：提升算法准确率、模型学习效率、损失函数的精确度。

（2）多模态深度学习：将多模态数据进行融合，实现更为全面的、准确的数据分析和预测。

（3）自动化和智能化：深度学习将实现更高程度的自动化和智能化，降低使用成本，提高使用效率，并应用到更多自动化决策、操作和管理领域。

（4）跨学科融合：深度学习将和计算机视觉、自然语言处理等领域进行学科交叉融合，推动技术变革和技术落地并产生价值。

（5）数据合规和安全：随着深度学习应用的普及，数据隐私和安全问题将越来越受到关注。未来深度学习将需要更多的技术手段来保护用户隐私和数据安全。

本节主要介绍两个深度学习领域中常见的神经网络模型，然后用这些模型和多模态数据解决现实中的一些有趣的问题。

6.2 卷积神经网络及其数据分析案例

6.2.1 卷积神经网络介绍

卷积神经网络（Convolutional Neural Networks，CNN）是根据人类视觉神经网络的兴奋机制开发出来的类生物模型。卷积神经网络使用一种叫作卷积的数学运算来构建神经网络的结构，它由输入层、隐藏层和输出层组成。其中隐藏层包括执行卷积运算的层和其他矩阵运算层，这种结构借鉴了一些生物学知识。原理可以类比为人类视网膜上的感光细胞接收到光信号后会发出神经冲动，让某些传导信号的神经元兴奋，最终达到传导特征信息的目的。卷积神经网络是深度学习在图像识别领域最重要的算法之一，它可以提取图像的表面特征，然后进行一些识别和分类。

卷积神经网络的主要优点在于，其采用的局部连接和权值共享方式，不仅减少了权值的数量，使网络易于优化，而且降低了模型的复杂度和过拟合的风险。当网络的输入是图像时，这种优点表现得更为明显，使图像可以直接作为网络的输入，避免了传统识别算法中复杂的特征提取和数据重建过程。卷积神经网络能够自行抽取的图像特征包括颜色、纹理、形状及图像的拓扑结构，在处理二维图像的问题上，特别是识别位移、缩放及其他形式扭曲不变性的应用上，其具有良好的稳健性和运算效率。

在深度学习中，卷积层的主要功能是对输入的图像数据进行特征提取。一个卷积层可以包含很多个卷积核，卷积核是一个矩阵，卷积核可以逐步与输入图像进行矩阵乘法运算。我们知道图像都是由像素点构成的，在计算机领域这些像素点可以用矩阵来表示。比如,我们的输入是一个 64×64 的矩阵，进入第一层卷积层，该卷积层由 32 个 3×3 大小的卷积核组成，每一个卷积核都要与 64×64 矩阵的局部 3×3 的小矩阵进行矩阵乘法运算。

我们输入的 64×64 矩阵可以分成 62×62 个 3×3 局部小矩阵，能和卷积核做矩阵乘法运算并得到由 62×62 个数据点构成的新矩阵，这种运算被称为 valid（有效）卷积。经过第一层卷积层后就能得到一个 32×62×62 的矩阵（卷积核有 32 个）。

但实际工作中一般还有两种卷积操作：full 卷积和 same 卷积，我们可以参考图 6-1 来理解 3 种不同的卷积操作。

图 6-1　3 种不同的卷积操作图解

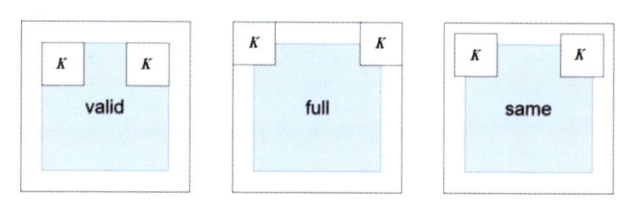

图 6-1 中的浅色部分是待进行卷积运算的输入矩阵，**K** 矩阵是卷积核矩阵，valid 卷积仅仅从待进行卷积运算的矩阵内部开始进行矩阵乘法运算，full 卷积则从待进行卷积运算的矩阵最边缘处出发。假设待进行卷积运算的矩阵大小为 7×7，卷积核矩阵大小为 3×3，valid 卷积最终的结果为 5×5，full 卷积最终的结果为 9×9，而 same 卷积最终的结果则为 7×7。

CNN 一般使用的是 same 卷积，这样比较好进行后续的操作，有一些特殊的神经网络使用 arbitrary（任意）卷积，也就是在 valid 卷积和 full 卷积的范围内随意选择卷积的初始和结束位置。

后续需要给卷积层加上 Relu 激活函数，这个函数的本质是将所有的负值转换为 0，其余不变。该函数类似于人类神经细胞的兴奋机制，神经细胞接受一定量的神经介质后才能兴奋，不然无法兴奋，通过这个函数的处理，这些负值将无法影响后续的神经网络层。

CNN 的另一个重要操作是池化（pooling），是一种对信息进行抽象过滤的操作，我们主要介绍平均池化和最大池化操作。在深度学习中，池化操作将输出的矩阵分成若干个矩阵区域，取每个区域的平均值或者最大值进入下一层。

我们用图 6-2 来解释池化的具体操作，比如给出一个 4×4 的矩阵，做一个 2×2 的池化，我们将该矩阵分成 4 块，分别求最大值和平均值。

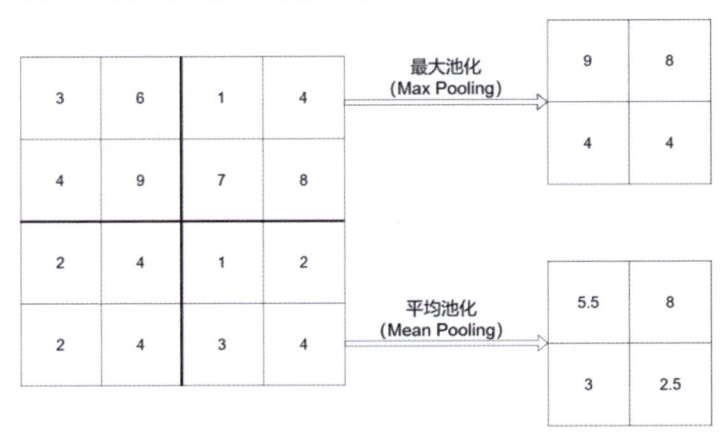

图 6-2　池化操作

池化操作可以有效地减少变量的数量，降低计算量的同时防止过拟合。该操作之所以有效，是因为特征的精确位置并不如其和其他特征的相对位置重要。也就是说，池化层记录了特征的相对位置，更加关注从局部到整体，且在一定程度上增加了平移不变性，能够在些许平移后得到相同的结果，具有一定的泛化性能。

总体来看，池化操作还增大了感受野，也就是一个像素点对应的原图的区域大小增大了。这样会导致一个点包含更多信息的同时，也过滤掉了一部分信息。我们的实际操作中一般都需要很多池化层来进行数据降维，比如 64×64 的输入可能经历两次 2×2 的池化操作，最后变成 16×16 的输入，这在极大程度上降低了数据量，缓解了计算压力。

有了卷积和池化相关的预备知识，我们可以进入实战环节，下一节我们将直接使用 CNN 来解决一个现代社会大家普遍关注的问题。

6.2.2　案例：颜值评分

现在这个时代，对于男女，颜值都是非常重要的评价指标。但是审美因人而异，不然微博上也不会有那么多的粉丝为自己的偶像争来吵去。那么计算机能不能给出一个相对公正的颜值评分呢？

应用市场上很多相机 App 都提供了颜值评分功能，只不过软件害怕伤害了用户的自尊，使用了一些别的变量（比如皮肤、年龄等）来替代颜值。作为初学者，我们可以先尝试使用一些网络上的公开数据集来建立颜值评分模型。

华南理工大学在 2018 年发布了 SCUT-FBP5500-Database 数据集和论文，该数据集被用于面部颜值预测。该数据集包含了 5500 张亚洲人种和高加索人种的面部正面照片，这些照片的人脸表情正常，通过人眼识别没有障碍。该数据集还包含了 60 个人对这些照片的打分，评分 1~5，对应着颜值的从低到高，图 6-3 为该数据集的样图。

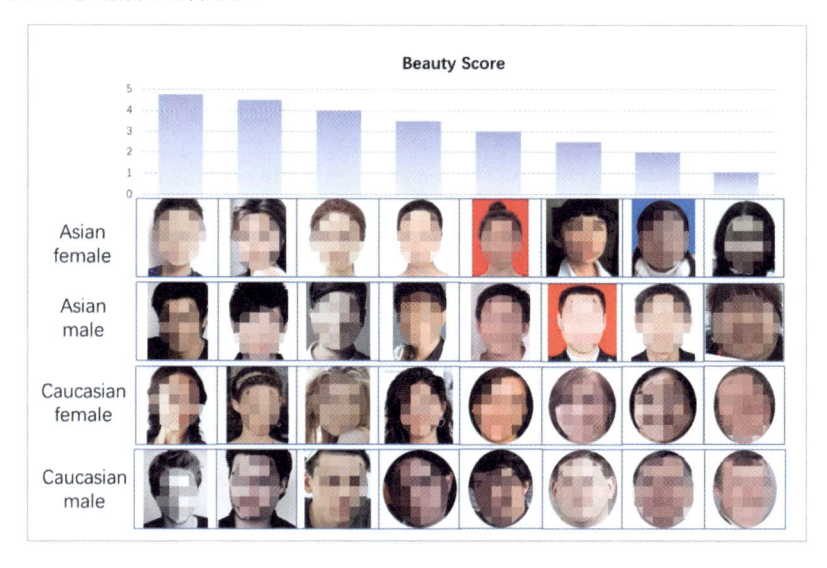

图 6-3　SCUT-FBP5500-Database 数据集的样图

将下载的压缩包解压后，在 Images 文件夹中可以看到 5500 张照片，评分的结果保存在 All_Ratings.xlsx 表格里（如图 6-4 所示），它记录了 60 个人对每一张照片的评分。相关代码如下：

```
import pandas as pd
import numpy as np
import sys
```

```python
import os
import re
import matplotlib.pyplot as plt
import seaborn as sns
data_rate=pd.read_excel('./SCUT-FBP5500_v2/All_Ratings.xlsx')
data_rate.head()
```

[4]:	Rater	Filename	Rating	original Rating
0	1	CF1.jpg	3	NaN
1	1	CF10.jpg	3	NaN
2	1	CF100.jpg	1	NaN
3	1	CF101.jpg	2	NaN
4	1	CF102.jpg	3	NaN

图 6-4　All_Ratings 数据展示

数据整体上比较多，我们需要对这 60 个人的评分求平均值并将其作为我们的预测目标，具体操作如下：

```python
data_mean=data_rate.groupby('Filename',as_index=False)['Rating'].mean()
data_mean.to_csv('rating_data.csv',index=False)
# 接下来可以看看评分数据的分布
sns.histplot(data_mean['Rating'],bins=10)
```

评分数据分布如图 6-5 所示。

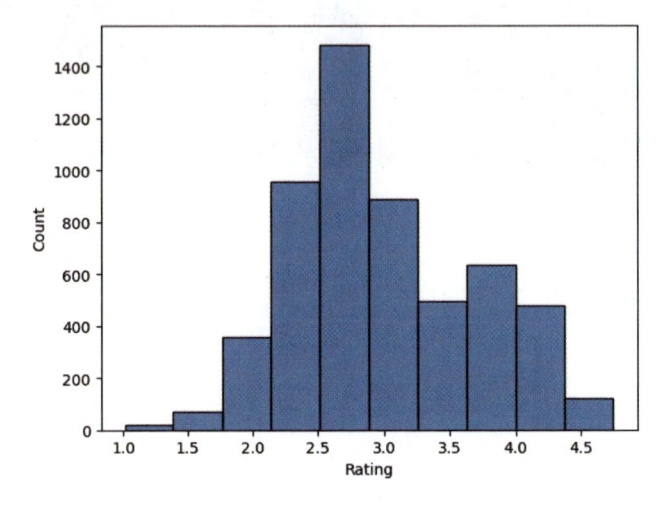

图 6-5　评分数据分布

可以发现有超过一半的评分在 2~3 分这个区间内，2 分以下的人数与 4 分以上的人数相比更少，这可能是打分的志愿者手下留情。接下来，我们需要读入所有的照片数据，查看照片文件详情，可以发现照片尺寸为 350 像素×350 像素，jpg 文件是由 3 种颜色构成的，故而一张照片可以用一个 350×350×3 的矩阵来表示。相关代码如下：

```python
from PIL import Image
array_use=np.zeros(350*350*3*5500).reshape(5500,350,350,3)
for i in range(len(data_mean['Filename'])):
    img=Image.open('./SCUT-FBP5500_v2/Images/'+data_mean['Filename'].iloc[i])
    image=np.array(img).reshape(1,350,350,3)
    array_use[i]=image
array_use=array_use/255
# 展示照片，标题是颜值评分
import random
for i in range(6):
    u=random.randint(0,5499)
    ax=plt.subplot(2,3,i+1)
plt.imshow(array_use[u])
plt.title(round(data_mean['Rating'][u],2))
```

照片和评分展示如图 6-6 所示。

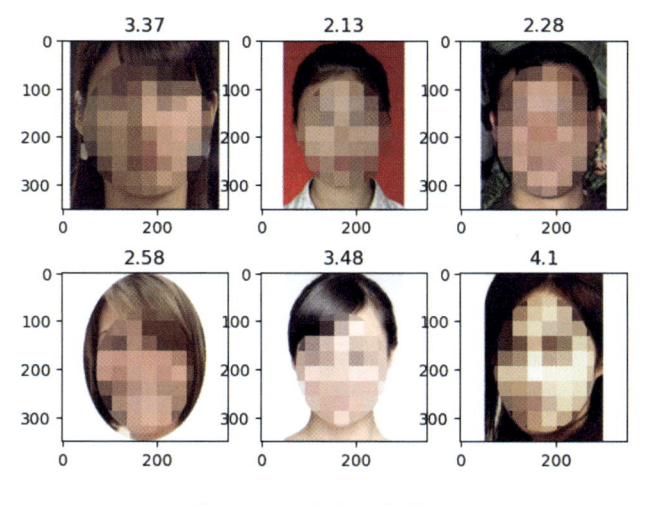

图 6-6　照片和评分展示

整理完数据后我们需要将所有的数据分成训练数据集和测试数据集，然后使用卷积神经网络搭建一个简单的回归模型：

```
Y=np.array(data['Rating'])
from sklearn.model_selection import train_test_split
X0,X1,Y0,Y1=train_test_split(array_use[,Y,test_size=0.2,random_state=0)
from tensorflow.keras.models import Sequential
from keras import Model
from keras.layers import Dense, Flatten,Input,Activation,Conv2D,
MaxPooling2D,BatchNormalization
from tensorflow.keras.layers import Conv2D,Dropout,Input, AveragePooling2D,
Activation, MaxPooling2D, BatchNormalization,Concatenate

input_layer=Input([350,350,3])
x=input_layer
x=Conv2D(32,[3,3],padding = "same", activation = 'relu')(x)
x=BatchNormalization()(x)
x = MaxPooling2D(pool_size = [5,5])(x)
x=Flatten()(x)
x=Dense(1)(x)
output_layer=x
model=Model(input_layer,output_layer)
model.summary()
```

模型参数如表 6-1 所示。

表 6-1　模型参数

层　信　息	输　出　大　小	使用参数数量
输入层	(350,350,3)	0
卷积层(32,3,3)	(350,350,32)	896
批正则化	(350,350,32)	128
池化层(5,5)	(70,70,32)	0
拉平层	(156800)	0
输出层	(1)	156801

下面进行训练，使用 mse 损失函数，训练 50 批次：

```python
from tensorflow.keras.optimizers import Adam
model.compile(loss='mse',              # 损失函数
              optimizer='adam',         # 优化器
              metrics=['mse'])          # 监控预测效果
model.fit(X0,Y0,                        # 训练数据集
          validation_data=(X1,Y1),      # 验证数据集
          batch_size=100, # 切分数据，100 个为一个批次，模型每次训练一个批次
          epochs=50)
```

训练效果数据展示如图 6-7 所示。

```
Epoch 44/50
44/44 [==============================] - 5s 106ms/step - loss: 0.3439 - mse: 0.3439 - val_loss: 0.9296 - val_mse: 0.9296
Epoch 45/50
44/44 [==============================] - 5s 105ms/step - loss: 0.4761 - mse: 0.4761 - val_loss: 0.6826 - val_mse: 0.6826
Epoch 46/50
44/44 [==============================] - 5s 105ms/step - loss: 0.3868 - mse: 0.3868 - val_loss: 0.4986 - val_mse: 0.4986
Epoch 47/50
44/44 [==============================] - 5s 105ms/step - loss: 0.2423 - mse: 0.2423 - val_loss: 0.5362 - val_mse: 0.5362
Epoch 48/50
44/44 [==============================] - 5s 104ms/step - loss: 0.1354 - mse: 0.1354 - val_loss: 0.4812 - val_mse: 0.4812
Epoch 49/50
44/44 [==============================] - 5s 104ms/step - loss: 0.1273 - mse: 0.1273 - val_loss: 0.5162 - val_mse: 0.5162
Epoch 50/50
44/44 [==============================] - 5s 104ms/step - loss: 0.1038 - mse: 0.1038 - val_loss: 0.4575 - val_mse: 0.4575
```

图 6-7　训练效果数据展示

按照我们的 5 分制标准来看，训练数据的 mse 可达到 0.1038，效果似乎还不错，测试数据的 mse 为 0.4575，好像不是不能接受。

训练后选取部分照片验证一下模型的准确率，我们从网上找了一些用 AI 生成的历史人物图片与本地图片进行对比。相关代码如下：

```python
from PIL import Image
import matplotlib.pyplot as plt
plt.figure(2,(15,8))
new_size=(350,350)

listphoto=['巴川.jpg','苏东坡.png','李清照.png','洛神.png','武则天.png','赵匡胤.png','朱元璋.png','林黛玉.png','韩愈.png']
for i in range(len(listphoto)):
    data=Image.open('./data/'+listphoto[i])
    data=data.resize(new_size)
    arr=np.array(data)/255
    arr=arr.reshape(1,350,350,3)
    pred=float(model(arr)[0])
```

```
num=round(pred,2)
ax=plt.subplot(2,4,i+1)
plt.imshow(data)
plt.title(str(num))
```

测试图片样例（颜值评分在图片上方）如图 6-8 所示。

图 6-8　测试图片样例（颜值评分在图片上方）

目前来看，除了作者这张可能有些异常，其余评分基本上能反映客观水平和人类审美标准。我们这里的模型结构比较简单，只有一层卷积层和一层池化层，感兴趣的读者可以将神经网络结构弄得复杂点儿，多加一些卷积池化层，这样模型能够更准确地给出符合人类审美的评分。当然计算机不能给出相对公正的颜值评分，其结果依赖于训练数据集，无法保证数据集的公正客观。读者可以根据自己的需求，按照自己的审美和需要自己标注训练数据集，训练适合自己的模型。

以上就是使用 CNN 搭建一个颜值评分模型的所有代码和展示。在实际的应用中，若想提供给用户实时的评分反馈，简单的 CNN 还需要一些其他的模块来辅助。比如，我们一般需要识别和定位人脸，还需要根据不同人种的审美来制定评分机制，这些工作都需要工程师有良好的数据思维和过硬的代码能力。本案例仅提供一个简单的代码参考，有能力的读者可以自行参考后面的章节学习更多的应用场景和代码。

6.3 序列数据应用——LSTM

6.3.1 循环神经网络和 LSTM 介绍

循环神经网络（Recurrent Neural Network，RNN）是一种专门用于处理序列数据的神经网络。它基于时间序列，并允许数据沿时间轴向前和向后流动，以捕捉历史信息对未来的影响。RNN 的核心特点是它有一个循环结构，使信息可以在网络中保存并在处理新信息时重复使用。

它可以应用于符合顺序特性的数据集，比如人类语言就是基于一定的逻辑顺序产生的，RNN 的这种能力在语音识别、语言生成、机器翻译等自然语言处理领域有很多应用。

RNN 的基本结构包括输入层、隐藏层和输出层，其中隐藏层是一个循环的链式结构，每一个节点都是一个神经元。每一个节点需要接收前一时刻的输出作为输入，并将其与当前时刻的输入一起用于计算当前时刻的输出。RNN 的一个重要逻辑是，本次输出不仅取决于当前输入，还取决于过去的输出。RNN 结构示意图如图 6-9 所示。

然而 RNN 的结构本身也有一定的缺陷，这种学习模式注定很难学习长期的依赖关系，现在有研究人员提出了一些改进框架，如 LSTM、GRU 和 Transformer 等。

图 6-9　RNN 结构示意图

LSTM（Long Short-Term Memory）的中文翻译是长短期记忆，被广泛用于处理和预测时间序列数据。LSTM 引入了记忆单元和 3 个门控机制（遗忘门、输入门、输出门）来解决长期依赖关系。

LSTM 的核心思想是细胞状态，相当于信息传输的路径，让信息能在序列中传递下去。RNN 是在每个时刻把隐藏层的值存于本地，到下一时刻再拿出来用。LSTM 把保存每一时刻信息的地方叫记忆细胞（Memory Cell），它可以挑选需要存储的信息，有更强的信息处理能力。我们参考图 6-10 具体讲解一下 LSTM 与 RNN 相比有哪些改进。

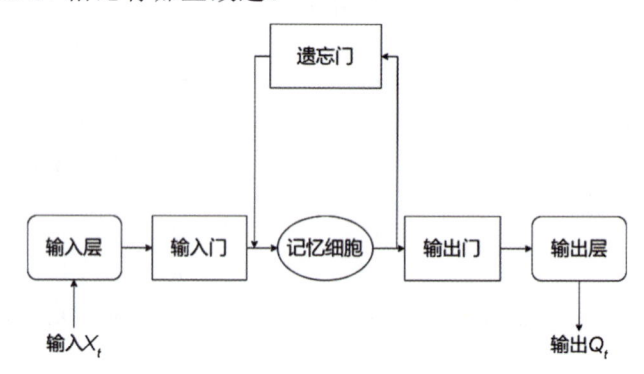

图 6-10　LSTM 模型示意图

简单理解就是，输入门控制输入信息是否进入记忆细胞，它和当前的输入信息与记忆细胞上一时刻记录的信息有关；遗忘门把控信息是否被遗忘，每一时刻记忆细胞里的值都要经历一个被遗忘的过程；输出门控制每一时刻是否有信息输出。

LSTM 通过它的门控装置拥有了比 RNN 更强的数据处理能力和精度，下面我们将使用 LSTM 模型解决一些实际问题。

6.3.2 案例：用模型作诗

在开始本案例之前，我们先要搞清楚数据单元，一般人类的语言都可以将词作为基本单元。像英文这种语言的基本单元是词（word），但是汉语的灵活性更高，一句话中的词可能有多种分法，这些词可以组成一个向量空间。古诗这种语言形式很难分词，因为古人的用语和现代人的差异极大，所以我们在分析古诗时使用字作为基本单元。

古诗是中国古代文学的瑰宝，是诗人用精练、韵律优美的语言创作的一种诗歌形式。古诗具有强烈的韵律感，讲究平仄和韵脚，通过押韵的方式使诗歌具有优美的音乐性。古诗的创作需要遵循一定的规则和技巧，如对仗工整、用词精练、意境深远等。

如此看来，用模型作诗，诗歌的意境深远不能满足，那么古诗其他的规则和技巧能不能学到呢？笔者特别喜欢中国古代诗人苏轼，他是北宋著名的文学家、书法家、画家和政治家，是历史上著名的"唐宋八大家"之一。他的文学创作涵盖了诗、词、散文等多种形式，且都取得了极高的艺术成就。苏轼的诗作注重抒发个人情感，风格豪放、语言优美，这样的风格能不能被模型精准捕捉，然后帮助我们写诗呢？

从网络上摘录了苏轼的古诗3600余首，我们用这些样本来做一个深度学习写诗模型，首先查看古诗数据结构：

```python
import pandas as pd
import numpy as np
import math
import matplotlib.pyplot as plt
import seaborn as sns
import warnings # 警告处理
import time
import re
import requests
from bs4 import BeautifulSoup
# bs4 和 re 用于获取网络数据
data=pd.read_excel('苏轼诗集.xlsx')
data.head(10)
```

古诗数据结构展示如图 6-11 所示。

	name	word
0	江城子乙卯正月二十日夜记梦	十年生死两茫茫,不思量,自难忘,千里孤坟,无处话凄凉,纵使相逢应不识,尘满面,鬓如霜,夜来幽...
1	定风波莫听穿林打叶声	莫听穿林打叶声,何妨吟啸且徐行,竹杖芒鞋轻胜马,谁怕,一蓑烟雨任平生,料峭春风吹酒醒,微冷,...
2	念奴娇赤壁怀古	大江东去,浪淘尽,千古风流人物,故垒西边,人道是,三国周郎赤壁,乱石穿空,惊涛拍岸,卷起千堆...
3	水调歌头明月几时有	明月几时有,把酒问青天,不知天上宫阙,今夕是何年,我欲乘风归去,又恐琼楼玉宇,高处不胜寒,起...
4	水调歌头安石在东海	安石在东海,从事鬓惊秋,中年亲友难别,丝竹缓离愁,一旦功成名遂,准拟东还海道,扶病入西州,雅...
5	水调歌头昵昵儿女语	昵昵儿女语,灯火夜微明,恩怨尔汝来去,弹指泪和声,忽变轩昂勇士,一鼓填然作气,千里不留行,回...
6	江城子墨云拖雨过西楼	墨云拖雨过西楼,水东流,晚烟收,柳外残阳,回照动帘钩,今夜巫山真个好,花未落,酒新篘,美人微...
7	江城子腻红匀脸衬檀唇	腻红匀脸衬檀唇,晚妆新,暗伤春,手捻花枝,谁会两眉颦,连理带头双飞燕,留待与,个中人,淡烟笼...
8	浣溪沙	西塞山边白鹭飞,散花洲外片帆微,桃花流水鳜鱼肥,自庇一身青箬笠,相随到处绿蓑衣,斜风细雨不须归,
9	浣溪沙	万顷风涛不记苏,雪晴江上麦千车,但令人饱我愁无,翠袖倚风萦柳絮,绛唇得酒烂樱珠,尊前呵手镊霜须,

图 6-11　古诗数据结构展示

数据中有诗的名字和内容，仔细看看似乎还有一些词，如果严格一些应该把词去掉，在这里我们就不那么严格了。但是我们只需要文本数据，因此内容中的标点符号都需要去除。相关代码如下：

```
# 爬取诗句时用逗号分隔，这里可以直接使用 split 函数
def word_split(x):
    x=x.split(',')
    return ''.join(x)
data['word_split']=data['word'].apply(word_split)
data[['word','word_split']].head(5)
```

去除标点符号后的数据展示如图 6-12 所示。

	name	word_split
0	江城子乙卯正月二十日夜记梦	十年生死两茫茫不思量自难忘千里孤坟无处话凄凉纵使相逢应不识尘满面鬓如霜夜来幽梦忽还乡小轩窗正...
1	定风波莫听穿林打叶声	莫听穿林打叶声何妨吟啸且徐行竹杖芒鞋轻胜马谁怕一蓑烟雨任平生料峭春风吹酒醒微冷山头斜照却相迎...
2	念奴娇赤壁怀古	大江东去浪淘尽千古风流人物故垒西边人道是三国周郎赤壁乱石穿空惊涛拍岸卷起千堆雪江山如画一时多...
3	水调歌头明月几时有	明月几时有把酒问青天不知天上宫阙今夕是何年我欲乘风归去又恐琼楼玉宇高处不胜寒起舞弄清影何似在...
4	水调歌头安石在东海	安石在东海从事鬓惊秋中年亲友难别丝竹缓离愁一旦功成名遂准拟东还海道扶病入西州雅志困轩冕遗恨寄...
5	水调歌头昵昵儿女语	昵昵儿女语灯火夜微明恩怨尔汝来去弹指泪和声忽变轩昂勇士一鼓填然作气千里不留行回首暮云远飞絮搅...
6	江城子墨云拖雨过西楼	墨云拖雨过西楼水东流晚烟收柳外残阳回照动帘钩今夜巫山真个好花未落酒新篘美人微笑转星眸月花羞捧...
7	江城子腻红匀脸衬檀唇	腻红匀脸衬檀唇晚妆新暗伤春手捻花枝谁会两眉颦连理带头双飞燕留待与个中人淡烟笼月绣帘阴画堂深夜...
8	浣溪沙	西塞山边白鹭飞散花洲外片帆微桃花流水鳜鱼肥自庇一身青箬笠相随到处绿蓑衣斜风细雨不须归
9	浣溪沙	万顷风涛不记苏雪晴江上麦千车但令人饱我愁无翠袖倚风萦柳絮绛唇得酒烂樱珠尊前呵手镊霜须

图 6-12　去除标点符号后的数据展示

最终我们希望作七言绝句，所以将数据都处理成 4×7 结构，长的诗需要切掉多余的部分，短的诗可以不用：

```
def word_resize(x):
    ss=len(x)
    if ss>=29:
        return x[0:29]
    else:
        return '0'
data['word_resize']=data['word_split'].apply(word_resize)
data=data[data['word_resize']!='0']
# 将 dataframe 数据转换为列表文件
# 处理单个字
def word_cut(x):
    word=[]
    for i in x:
        word.append(i)
    return word
poem=[]
for i in data['word_resize']:
    str1=word_cut(i)
    poem.append(str1)
# 使用编码器给每个字添加一个序号，放入 poems_digit 里面
# 最后需要补充一个 0，作为序列数据的结尾
from tensorflow.keras.preprocessing.text import Tokenizer
from tensorflow.keras.preprocessing.sequence import pad_sequences

tokenizer = Tokenizer()
tokenizer.fit_on_texts(poem)
vocab_size = len(tokenizer.word_index) + 1
poems_digit = tokenizer.texts_to_sequences(poem)
poems_digit = pad_sequences(poems_digit, maxlen=50, padding='post')
print("原始诗歌诗句")
print(poem[0])
print("\n")
print('诗句长度')
print(len(poem[0]))
print("\n")
print("编码+补 0 后的结果")
print(poems_digit[0])
```

```
print("\n")
print('编码+补0后的长度')
print(len(poems_digit[0]))
```

诗歌和编码数据展示如图 6-13 所示。

```
原始诗歌诗句
['十','年','生','死','两','茫','茫','不','思','量','自','难','忘','千','里','孤','坟','无','处','话','凄','凉','纵',
 '使','相','逢','应','不','识','尘','满','面','鬓','如','霜','夜','来','幽','梦','忽','还','乡','小','轩','窗','正',
 '梳','妆','相','顾']
诗句长度
50

编码+补0后的结果
[ 273  638  147   36  267  131    1  175  182  183  393  526   12  145
   58    8  195   70  251  127  465  112  536  401  284 1740 1076   36
  614]

编码+补0后的长度
29
```

图 6-13 诗歌和编码数据展示

接下来,用以上数据生成目标自变量和预测变量,我们需要用序列化的数据结构来解决诗句中字的预测问题。目标自变量为诗的第一个字到倒数第二个字,预测变量为诗的第二个字到倒数第一个字。然后按 9∶1 分出训练数据集和测试数据集。相关代码如下:

```
X = poems_digit[:, :-1]
Y = poems_digit[:, 1:]
from sklearn.model_selection import train_test_split
X0,X1,Y0,Y1 = train_test_split(X,Y,test_size=0.1, random_state=0)
```

建立一个 LSTM 如下:

```
# from keras.models import Model
from tensorflow.keras.layers import Input, LSTM, Dense, Embedding, Activation, BatchNormalization
from tensorflow.keras import Model

hidden_size1 = 1280
hidden_size2 = 1200
inp = Input(shape=(28,))
x = Embedding(vocab_size, hidden_size1, input_length=28, mask_zero=True)(inp)
x = LSTM(hidden_size2, return_sequences=True)(x)
x = Dense(vocab_size)(x)
```

```
pred = Activation('softmax')(x)
model = Model(inp, pred)
model.summary()
```

模型参数如表 6-2 所示。

表 6-2 模型参数

层 信 息	输 出 大 小	使用参数数量
输入层	(28)	0
嵌入层	(28,1280)	5672960
LSTM 层	(28,1200)	11908800
铺开层	(28,4432)	5322832
输出层	(28,4432)	0

表 6-2 给出了模型的具体参数，LSTM 参数较多，算力成本比较高，所以我们在这里只能设计一个简单的神经网络来演示这个过程。

将模型训练若干个批次，在这里选择小批量训练 30 个批次，训练目标为优化模型的精度（正确率）：

```
from tensorflow.keras.optimizers import Adam
model.compile(loss='sparse_categorical_crossentropy',   # 损失函数
              optimizer='adam',                          # 优化器
              metrics=['accuracy'])                      # 监控预测精度
model.fit(X0, Y0,                                        # 训练数据集合
          epochs=30,                                     # 迭代循环次数
          batch_size=200,                                # 小批次样本量
          validation_data=(X1,Y1))                       # 验证数据集合
```

模型拟合效果如图 6-14 所示。

```
Epoch 21/30
11/11 [==============================] - 4s 337ms/step - loss: 4.7964 - accuracy: 0.1858
Epoch 22/30
11/11 [==============================] - 4s 338ms/step - loss: 4.6078 - accuracy: 0.2071
Epoch 23/30
11/11 [==============================] - 4s 338ms/step - loss: 4.4227 - accuracy: 0.2320
Epoch 24/30
11/11 [==============================] - 4s 340ms/step - loss: 4.2341 - accuracy: 0.2590
Epoch 25/30
11/11 [==============================] - 4s 337ms/step - loss: 4.0409 - accuracy: 0.2859
Epoch 26/30
11/11 [==============================] - 4s 337ms/step - loss: 3.8533 - accuracy: 0.3134
Epoch 27/30
11/11 [==============================] - 4s 338ms/step - loss: 3.6715 - accuracy: 0.3402
Epoch 28/30
11/11 [==============================] - 4s 339ms/step - loss: 3.4893 - accuracy: 0.3692
Epoch 29/30
11/11 [==============================] - 4s 336ms/step - loss: 3.3121 - accuracy: 0.4004
Epoch 30/30
11/11 [==============================] - 4s 336ms/step - loss: 3.1448 - accuracy: 0.4262
```

图 6-14 模型拟合效果

拟合准确率达到 42%，最后用模型作一首诗，用"生、死、自、然"作为提示语：

```python
poem_incomplete = '生******死******自******然******'
# 设置一个预测示例的文本
poem_index = []
poem_text = ''
for i in range(len(poem_incomplete)):
    current_word = poem_incomplete[i]
    
    if current_word != '*':
        index = tokenizer.word_index[current_word]
    
    else:
        x = np.expand_dims(poem_index, axis=0)
        x = pad_sequences(x, maxlen=28, padding='post')
        y = model.predict(x)[0,i-1]
        y[0] = 0
        index = y.argmax()
        current_word = tokenizer.index_word[index]
    
    poem_index.append(index)
    poem_text = poem_text + current_word
```

```
print(poem_text[0:7])
print(poem_text[7:14])
print(poem_text[14:21])
print(poem_text[21:28])
```

最后模型生成的诗句为：生眠食耳一饱万，死灭颇有再生子，自笑我来无常在，然此诗云是日暮。虽然这首诗的意境有待提高，但是基本语句还是比较通顺的，而且诗人的豪放气势也被临摹了出来。通过以上操作我们成功完成了一次用模型作诗，感兴趣的读者还可以使用更多不同的提示语让模型生成诗句。

目前，我们演示的两个模型的结构都比较简单，我们知道人工智能时代的模型水平基本上和算力水平挂钩，笔者在本节使用的民用显卡不能支持过于复杂的模型结构。在本书后面章节的案例中，我们会使用更深层的神经网络为大家演示一般都用什么算法训练一个比较复杂的神经网络。

6.4 深度学习扩展知识与应用

近些年，深度学习技术发展飞速，在本节中，我们会总结前面的内容并介绍一些前沿的应用和技术供初学者和计算机行业从业者参考。

在前面，我们简单讲解了 CNN 和 LSTM 的原理和应用案例，在 CNN 中我们讲解了卷积和池化这两个最基本的操作。在表 6-3 中，我们整理了卷积神经网络的常用层给大家参考。

表 6-3 卷积神经网络的常用层

神经网络层	详情
输入层	接收原始数据，比如像素点、文本向量等
卷积层	使用卷积核提取图像的局部特征
池化层	降低数据维度，保留数据的特征
批标准化层	对数据进行标准化处理
激活函数层	模仿人的神经冲动机制，是数据在层之间流转的开关

续表

神经网络层	详情
丢弃层	随机丢弃一部分输出,防止过拟合
全连接层	连接前一层的神经元,并输出到下一层
输出层	输出预测结果

首先我们介绍一下激活函数,一般使用一些非线性的函数,比如 ReLU,它的主要目的是过滤输出值小于或等于 0 的点,如图 6-15 左图所示。常用的还有 sigmoid 激活函数,如图 6-15 右图所示。这两种激活函数能应用于不同类型的卷积神经网络和循环神经网络中。

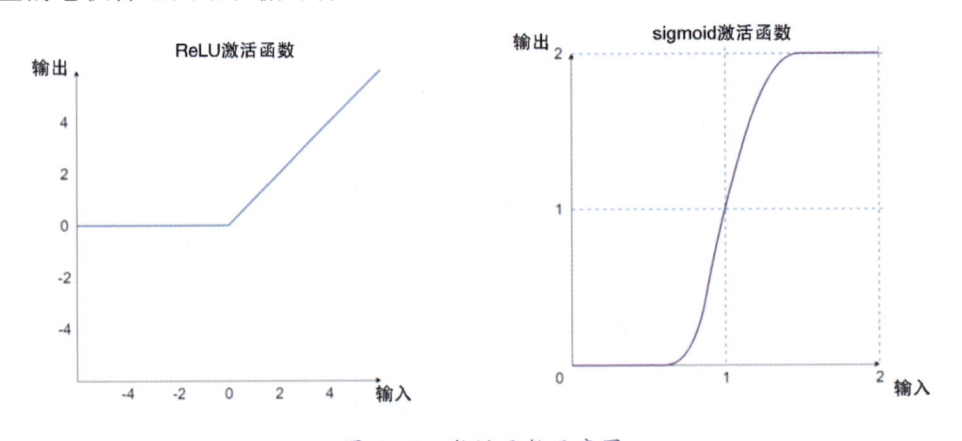

图 6-15 激活函数示意图

这些激活函数的主要功能是模仿人类神经元的冲动机制,如果上一层的输出不够,那么激活函数会让对应的神经元静默,不再传递信息。但是随着神经网络的加深,能够传导信息的神经元也会越来越少。批标准化是一种为了克服神经网络的层数加深导致难以训练的算法,它和普通的数据标准化类似,将分散的数据进行统一,同时保证数据之间的相对结构不变。批标准化可以有效缓解梯度消失或爆炸的问题,从而加快训练过程,一般在卷积层之前使用该算法处理数据。

丢弃层就是在训练时忽略一部分特征,这个方法会让神经元之间的相互联系减少。原本一个完整的神经网络被分割成若干个小神经网络,这样一些整体的特征不会被模型学到,从而提升了模型的泛化性能。一般训练时无法确定丢弃层的最优参数，通常将其设置为 0.3 或者 0.5，然后在训练过程中慢慢调整。

全连接层是输出层的前馈神经网络，用于传递和整合前置多个神经元的输出，是重要的连接层。全连接层一般要根据最终参数的数量来确定，比如，前置的卷积神经网络输出的神经元有上百万个，那么全连接层的神经网络起码需要上千个。全连接层可以是一层也可以是多层，这都是由实验的效果所决定的。

神经网络的训练过程是通过规则算法来实现的，感兴趣的读者可以从 BP（误差反向传播）算法开始学习。算法里面涉及很多高等数学知识的推导过程，但其原理本质上都是通过不断改变每一个参数，最终达到一个精度的最高值。这个求解过程的很多地方都会需要求导数，使用梯度下降算法来确认迭代方向，过程较复杂，这里就不再赘述了。

卷积神经网络目前比较热门的应用领域基本上和图像识别与目标物检测有一些关联，比如目前比较火热的智能驾驶领域。智能驾驶就是人工智能处理道路实时图像，帮助车辆实现自主导航和障碍物检测，做出准确的决策，确保行车安全等应用的统一指代。这个领域涉及的不仅包括深度学习技术，也包括传感器技术、算路技术、决策技术等其他领域的先进成果，可以说是深度学习和多模态数据结合的最好的落地领域。

目标物检测算法是该领域中最核心的部分之一，下面我们介绍目标物检测的经典算法 Yolo。所谓的目标物检测就是在图像中找到物体，最好能判断这是什么东西。相机 App 大多都带有人脸识别功能，这就是非常典型的目标物检测算法的应用。目标物检测最终需要一个输出，能够反映物体的位置和类别，如图 6-16 所示。图中的 3 个方框分别需要输出 3 个脸部的位置(x, y)、大小（水平方向长 w，竖直方向长 h）、类别（人脸或者猫脸）。

这种需求看起来可以直接用卷积神经网络解决，直接给 CNN "喂" 一批图像作为输入变量，并将图像中的目标物的位置、大小和分类作为输出即可。但是 CNN 的输出维度一般比较固定，没有办法灵活输出一幅图像中的多个物体。这个事情也比较好解决，Yolo 的思想就是把原图像分割成网格状，每个网格都输出一个目标物的坐标、大小和分类。

图 6-16　目标物检测示例图

如图 6-17 所示，我们把上面的动漫图像分割成若干个小网格，每个小网格输出目标物的信息，最后取一个置信度较高的结果作为目标物即可。在图 6-17 中，小猫的面部可以用红色圆圈所覆盖的 4 个网格表示，虽然看着没有特别精确，但是只要网格分割得当，结果可以优化。

图 6-17　网格分割示意图

实际的 Yolo 网络肯定更复杂，比如怎么分割图像合理，怎么整合模型结果使最终的目标物检测精度高。但其思想就是利用小网格进行多通道输出，最后确定哪些网格中有目标物，然后根据置信度进行目标物位置和大小的输出。

在自然语言处理上，Transformer 模型目前的表现比 RNN 更突出。Transformer 模型由 Google 团队于 2017 年在论文 "Attention Is All You Need" 中首次提出，

模型最核心的部分是完全基于自注意力（Self-Attention）机制来计算输入和输出的表示。模型的整体结构在原论文中如图 6-18 所示，它可以用于并行计算，在精度和性能上远优于 RNN。自注意力机制的介绍比较复杂，且包括一定的数学计算过程，感兴趣的读者可以在网络上参考论文或者其他文章。

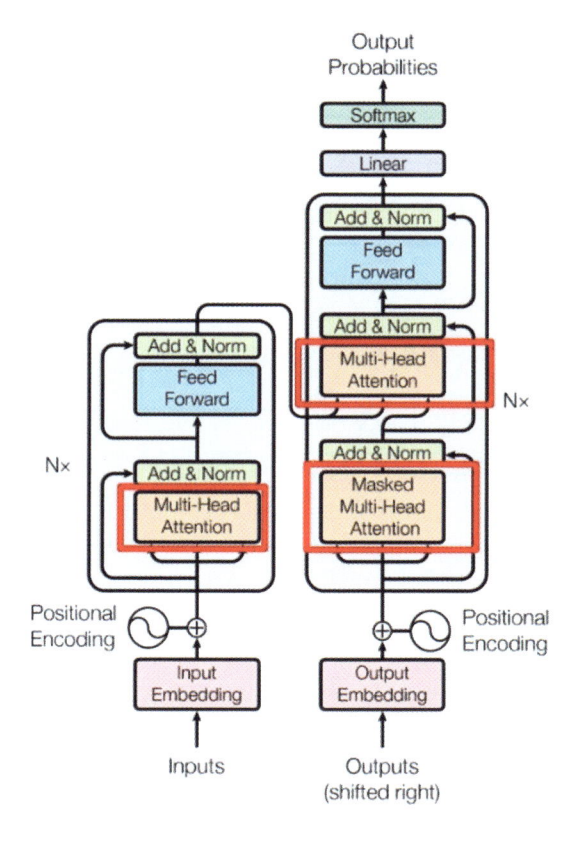

图 6-18　Transformer 模型和其核心部分

在自然语言处理领域，Transformer 模型已被广泛应用于各种任务，如机器翻译、文本摘要、文本生成等。同时，在计算机视觉领域，Transformer 模型也开始被应用于图像分类、目标检测等任务，并拥有不错的性能表现。

至此，本章介绍了深度学习如何处理不同类型的、多模态的数据，并给出了相应的可操作案例供初学者和行业从业者实践，在本章最后还提供了一些前沿的模型介绍帮助感兴趣的读者不断深入学习。

6.5　小结

本章第一个案例使用 CNN 模型和面部正面照片样本训练了一个颜值评分模型，该模型基本吻合人类审美标准。文中附上了 Python 代码供读者学习参考。

本章第二个案例使用 LSTM 模型和通过网络摘录的苏轼诗集训练了一个 AI 写诗模型，该模型能生成语句较通顺的诗句，基本上能达到人类作诗水平。文中附上了代码供读者学习参考。

最后本章讲解了深度学习的扩展知识和应用，包括简单的目标检测和大模型基础模型 Transformer 的思想，感兴趣的读者可以进行更深入的学习。

至此，本章介绍了深度学习如何处理不同类型的、多模态的数据，并给出了相应的可操作案例供初学者和行业从业者实践，在本章最后还提供了一些前沿的模型介绍帮助感兴趣的读者不断深入学习。

第 7 章
基于知识图谱的多模态数据分析

在第 6 章中，我们介绍了基于深度学习的多模态数据分析应用，本章将介绍知识图谱技术在多模态数据分析中的应用。

本章主要内容如下：

- 知识图谱技术体系及其构建方法。
- 知识图谱与多模态数据融合。
- 知识图谱推理与分析。
- 知识图谱数据分析的企业级拓展应用。

7.1 知识图谱技术体系及其构建方法

7.1.1 知识图谱技术体系

知识图谱（Knowledge Graph，KG）的概念最早由 Google 于 2012 年发布的博文 "Introducing the Knowledge Graph: things, not strings" 提出，这标志着信息检索领域的一次巨大飞跃。该概念强调 "things, not strings"，即用户输入的关键词实际上代表着真实世界的实体，而非抽象的字符串。这一理念的转变不仅提升了搜索引擎的效能，更在人工智能和语义理解领域引发了深刻的思考。

在传统的关键词匹配方式中，搜索引擎会根据用户输入的关键词，从文档库中检索包含相似关键词的文档，并将这些文档按照某种算法排序，以呈现给用户最相关的结果。这种方式并没有深入理解关键词的语义含义，而是仅仅依赖于简单的字符串匹配。知识图谱的引入则改变了信息检索的方式。知识图谱不仅考虑了关键词的文本形式，更关注关键词所代表的真实世界实体及其之间的关系。这使搜索引擎能够更深入地理解用户的查询，提供更准确、相关的搜索结果，从而提高了搜索的智能性和效果。

知识图谱实际上是一个由实体相互连接而成的语义网络。它被定义为由实体和关系组成的多关系图，其中实体和关系分别被视为节点和不同类型的边。知识图谱的关键特点介绍如下。

（1）知识图谱中的实体是真实世界中具体存在的事物，可以是人、地点、事件等。这种准确的实体建模使知识图谱能够更直观地表示真实世界的实际事物。

（2）关系定义了实体之间的联系，这些关系包括层次关系、时序关系、属性关系等，明确定义的关系有助于系统理解实体之间复杂的语义关联。

（3）实体通过多种关系相互连接，形成了多层次、多方面的关联关系，从而更全面地表达事物之间的复杂性。

（4）知识图谱可以整合多个领域的信息，包括文本、图像、音频等多模态数据，这种多模态数据的融合使知识图谱能够更全面、多角度地理解实体及其关系，为系统提供更为丰富的语义表示。

（5）通过建模实体和关系之间的复杂关系，知识图谱能够更好地考虑查询的上下文，这种上下文的丰富性使系统能够更精准地理解用户的需求，提供更为相关和个性化的信息。

上述几个关键特点使知识图谱成为一个强大的语义表示工具，能够捕捉事物之间复杂而微妙的关系。

知识图谱的基本组成形式为<实体,关系,实体>三元组,其中实体表示真实世界中的具体事物,而关系则描述了实体之间的联系。这种三元组的形式构建了一个复杂的网状结构,实体通过关系相互连接,形成了深刻而有层次的网络。图 7-1 中的简单三元组样例展现了知识图谱如何以清晰的方式表达实体之间的关联。

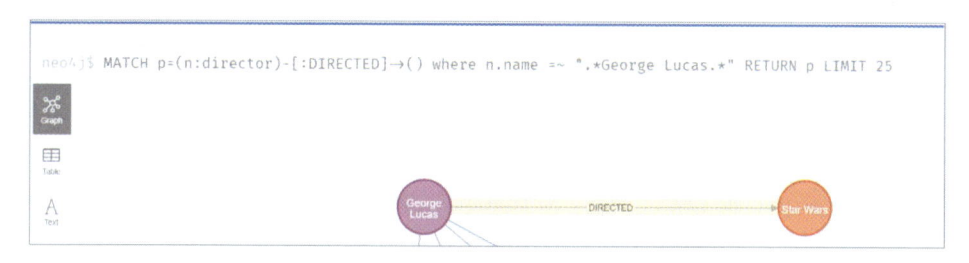

图 7-1 简单的<实体,关系,实体>的三元组样例

<乔治·卢卡斯(George Lucas),执导(DIRECTED),电影《星球大战》(Star Wars)>

知识图谱技术体系是由多个关键组件和技术构成的,它们协同工作以实现知识图谱的构建、管理、查询和应用。知识图谱技术体系的主要组成部分如图 7-2 所示。

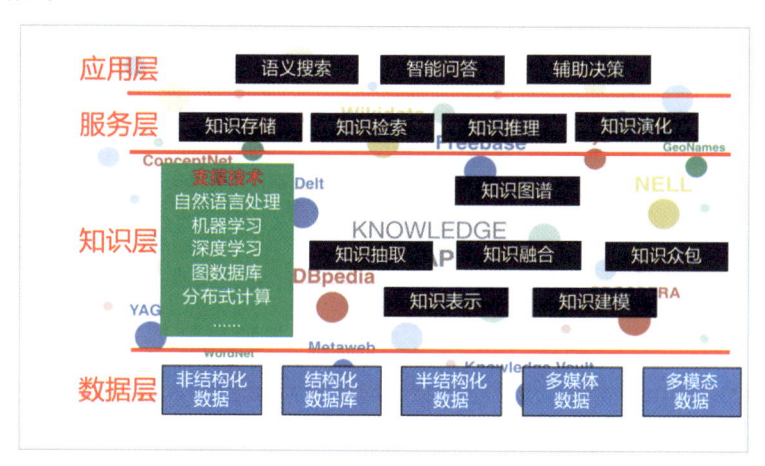

图 7-2 知识图谱技术体系的主要组成部分

数据层,主要工作是数据采集与清理,包括:数据源整合,从多个数据源获取数据,包括结构化数据库、半结构化的网页数据、文本文档、图像、音频等多种形式的信息;数据清理与预处理,对采集到的数据进行清理、去

重和预处理，以确保数据的质量和一致性。

知识层，主要涉及知识的表示、组织、建模和推理。这一层的工作旨在将从多个数据源获取的原始数据转换为结构化的、语义明确的知识，以便系统更好地理解和利用这些知识。这使知识图谱不仅是一个存储数据的仓库，更是一个能够理解和利用这些数据的智能知识结构。

服务层，工作内容涵盖了为用户和应用程序提供便捷接口、高效查询和可视化等方面的任务，从而使知识图谱成为一个可被广泛应用和利用的工具。Neo4j 是一种广泛应用的图数据库，专门设计用于存储和处理图结构数据，非常适合知识图谱的构建和查询。在知识图谱技术体系中，服务层的任务之一就是提供图数据库的服务，而 Neo4j 是这方面的典型解决方案之一。

应用层，是整个体系的顶层，主要关注如何将底层的数据、知识和服务结合起来，应用到具体的领域和场景中，满足用户和业务的实际需求。这一层的工作内容涉及各种具体的应用场景和行业领域，从而使知识图谱得以真正发挥其应用价值。

知识图谱技术体系是一个多层次、多组件的系统，通过关键技术的协同作用，实现了知识图谱的全面建设和应用。关键技术共同推动了知识图谱在各个领域的广泛应用，为实现智能化应用提供了坚实的基础。当下知识图谱已得到广泛应用，如搜索领域的 Google 搜索，它帮助搜索引擎理解搜索查询的语义，并提供更准确、相关的搜索结果；Facebook 的社交知识图谱，利用用户的社交关系和兴趣，为用户推荐更有针对性的内容和朋友；IBM Watson for Oncology 使用知识图谱来分析临床文献、病例报告和医学文献，为医生提供个性化的癌症治疗建议；Apple 的 Siri 使用知识图谱来理解用户的语音命令，并提供相关的信息或执行任务，等等。

7.1.2 案例：构建知识图谱

下面以 MM-IMDB 数据集为例介绍如何构建一个小型的知识图谱。MM-IMDB 是一个多模态数据集，包括大约 26000 部电影，每部电影都有图像、剧情和其他元数据。该数据集的引入解决了高质量的多模态分类数据集相对稀缺的问题。

其本质目标是按类型对每部电影进行分类，而且这是一个多标签预测问题，也就是说，一部电影可以有多种类型。

下载后的 MM-IMDB 数据集分为两个部分：一个是 dataset 文件夹，下面存储着 datasets，每条数据由一个.json 文件（存储着与电影有关的信息，比如标签和描述等）和一个.jpg 文件（图片）构成；一个是 split.json 文件，存储着训练数据集、测试数据集、验证数据集 3 个数据文件。

下面我们将简要介绍如何提取.json 文件中的实体与关系，并利用 Python 和 Neo4j 构建一个简单的知识图谱。

首先，下载并安装 Neo4j，创建账号与密码。具体安装流程可以参考 Neo4j 官方网站。本章使用的 Neo4j 版本是 neo4j-community-4.4.30，Python 版本是 Python 3.8。

其次，将下载的 MM-IMDB 数据集存放至 D:/学习/mmimdb/文件夹中。

接着，将数据分为训练数据集、测试数据集与验证数据集，代码如下：

```python
import json
import numpy as np
import pandas as pd
import os
import sys
# 将数据分为训练数据集、测试数据集与验证数据集
def format_mmimdb_dataset(dataset_root_path):
    train_label_set = set()
    is_save_sample = True
    with open(os.path.join(dataset_root_path, "mmimdb/split.json")) as fin:
        data_splits = json.load(fin)
    for split_name in data_splits:
        with open(os.path.join(dataset_root_path, split_name + ".jsonl"), "w") as fw:
            for idx in data_splits[split_name]:
                with open(os.path.join(dataset_root_path, "mmimdb/dataset/{}.json".format(idx))) as fin:
                    data = json.load(fin)
                    plot_id = np.array([len(p) for p in data["plot"]]).argmax()
                    dobj = {}
```

```python
                    dobj["id"] = idx
                    dobj["text"] = data["plot"][plot_id]
                    dobj["image"] = "mmimdb/dataset/{}.jpeg".format(idx)
                    dobj["label"] = data["genres"]
                    if "News" in dobj["label"]:
                        continue
                    if split_name == "train":
                        for label in dobj["label"]:
                            train_label_set.add(label)
                    else:
                        for label in dobj["label"]:
                            if label not in train_label_set:
                                is_save_sample = False
                    if len(dobj["text"]) > 0 and is_save_sample:
                        fw.write("%s\n" % json.dumps(dobj))
                    is_save_sample = True

dataset_root_path = "D:/学习/mmimdb/"
format_mmimdb_dataset(dataset_root_path)
```

运行上述代码，会在同一个文件下创建 3 个 .jsonl 文件，如图 7-3 所示。

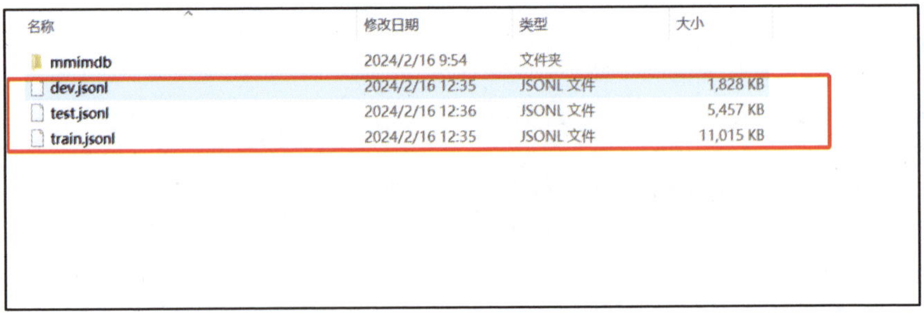

图 7-3 将 MM-IMDB 数据集分为训练数据集、测试数据集与验证数据集，运行代码并创建 3 个 .jsonl 文件

接下来，以训练数据集为例，演示如何创建一个知识图谱。首先，从 .jsonl 文件中提取所需字段，得到一个 DataFrame，代码如下：

```python
# 对于训练数据集，抽取实体与关系，创建一个知识图谱
path = "D:/学习/mmimdb/train.jsonl"
json_name = []
for line in open(path):
```

```python
        d = json.loads(line)
        json_name.append(d["id"])
        print(d["id"])
# id 即对应的 json 文件名称
len(json_name)
# 初始化空的 DataFrame
df = pd.DataFrame()
# 定义要提取的字段列表
fields = ["rating", "title","plot outline","director","genres"]
for idx in json_name:
    with open(os.path.join(dataset_root_path, "mmimdb/dataset/{}.json".format(idx))) as fin:
        data = json.load(fin)
    dobj = {}
    dobj["id"] = idx
    if "rating" in data:
        dobj["rating"] = data["rating"]
    else:
        dobj["rating"] = "unknown"
    dobj["title"] = data["title"]
    if "plot_outline" in data:
        # 判断是否有该字段
        dobj["plot_outline"] = data["plot outline"]
    else:
        dobj["plot_outline"]  = "unknown"
    if "director" in data:
        # 判断是否有该字段
        dobj["director"] = list(pd.json_normalize(data["director"])["name"])
    else:
        dobj["director"] = ["unknown"]
    dobj["genres"] = data["genres"]
    df = df.append(pd.Series(dobj), ignore_index=True)
## 使用 pandas 库中的 explode 函数将 DataFrame 中的某一列展开
df_copy = df.copy()
df_flattened_v0 = df_copy.explode("director",ignore_index=True)
## 最终的数据结构为['director', 'genres', 'id', 'plot_outline', 'rating', 'title']
df_flattened_v0.columns
```

接着，利用 Python 包 py2neo，连接本地 Neo4j，创建知识图谱，代码如下：

```python
## 连接Neo4j，创建知识图谱：导演（实体）—执导（关系）—电影（实体）
from py2neo import Node, Graph, Relationship, NodeMatcher
import pandas as pd
## 连接数据库
graph = Graph("http://localhost:7474", auth=("neo4j", "yxh123123"))
graph.delete_all()
import re
def normalize_name(name):
    # 定义要保留的字母、数字和空格的正则表达式
    pattern = r'[a-zA-Z0-9\s]+'
    # 使用正则表达式提取有效部分并返回结果
    result = re.findall(pattern, name)
    return ''.join(result).strip() if len(result) > 0 else ''
df_flattened_v0["director"] = [normalize_name(i) for i in df_flattened_v0["director"]]
df_flattened_v0['title'] = [normalize_name(i) for i in df_flattened_v0['title']]
# 创建节点的集合
director_node = list(set(list(df_flattened_v0["director"])))
movie_node = list(set(list(df_flattened_v0['title'])))
for i in director_node:
    c_sql = """CREATE  (:%s {name:'%s'})""" % ('director', str(i))
    graph.run(c_sql)
for i in movie_node:
    c_sql = """CREATE  (:%s {name:'%s'})""" % ('movie', str(i))
    graph.run(c_sql)
## 创建边的集合
def create_relation(df_data):
    """建立联系"""
    for m in range(0, len(df_data)):
        start_name = df_data["director"][m]
        end_name = df_data['title'][m]
        r1 = df_data["rating"][m]
        c_sql = 'match (m:director), (n:movie) where m.name = "%s" and n.name = "%s" create (m)-[:DIRECTED{rating:"%s"}]->(n)' % (
            start_name, end_name, r1)
        graph.run(c_sql)
    return
create_relation(df_flattened_v0)
```

运行上述代码，打开 http://localhost:7474，Neo4j 界面如图 7-4 所示，此时图数据库中存储了两类节点，分别是 director（导演）和 movie（电影），以及一种关系类型 DIRECTED（执导），即 director（导演）-> DIRECTED（执导）-> movie（电影）。至此，一个简单的知识图谱构建完成。

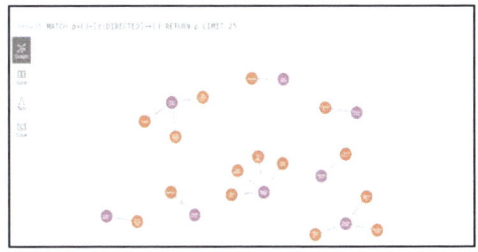

图 7-4　Neo4j 界面

对于这个知识图谱，可以支持数据查询与图算法的运算。例如，查询著名导演史蒂文·斯皮尔伯格（Steven Spielberg）都执导了哪些电影，可以使用如图 7-5 所示的命令。

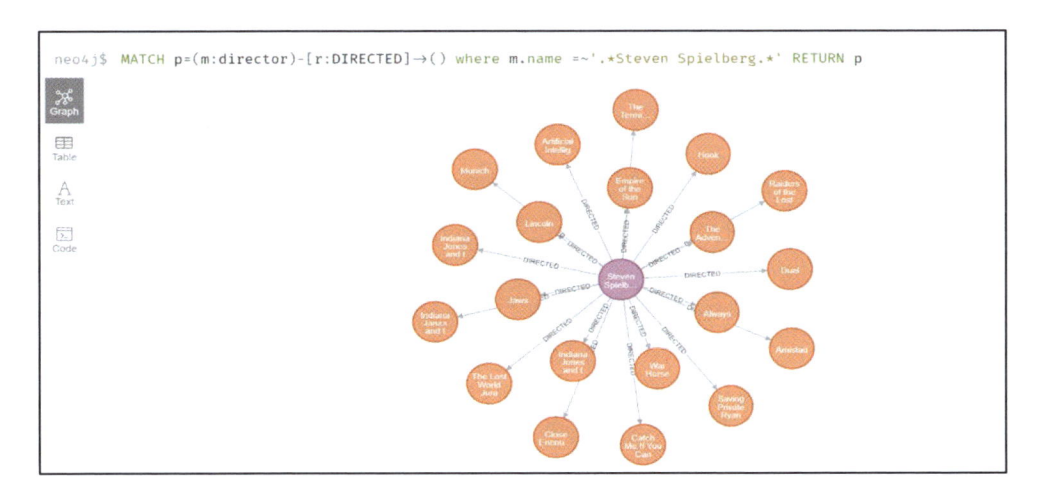

图 7-5　Neo4j 查询：导演史蒂文·斯皮尔伯格（Steven Spielberg）都执导了哪些电影

7.2 知识图谱与多模态数据融合

7.2.1 融合的优势及应用方向

随着互联网技术的飞速发展和广泛普及，各种模态的数据井喷式涌现，信息的爆炸式增长也为人们带来了新的挑战，面对如此繁杂的多模态数据，如何从中挖掘出大众需要的、有价值的信息，是现阶段的一个重要课题。面对模态多样且价值密度低的海量数据，必须同应用背景深度结合，运用自动化手段对数据进行分类，以便更好地挖掘数据中的价值。在这样的背景下，知识图谱与多模态数据的融合体现出愈发重要的研究价值。

将知识图谱与多模态数据融合的主要目的在于，提升对现实世界复杂信息的理解和表达能力。多模态数据包括文本、图像、语音等多种形式的信息，而知识图谱通过图结构的方式建模实体及其关系，将各种信息有机地连接在一起。融合这二者可以带来以下优势。

（1）融合多模态数据可以在知识图谱中添加更多的语义关联。例如，将图像中的物体、文字信息与知识图谱中的实体相连接，增加关联性，提供更全面的信息。

（2）多模态数据能够提供知识图谱中缺失的语境信息。例如，通过图像数据可以更好地理解某个实体的外观特征，而语音数据可以提供发音或口音的信息，从而更全面地理解实体。

（3）融合多模态数据能够拓展知识图谱的应用领域，例如在智能推荐系统中，结合图像和文本信息，为用户提供更精准的个性化推荐。

（4）支持多样性的用户输入，用户在与系统交互时可以通过文本、图像、语音等多种形式表达需求，系统能够更全面地理解用户的意图，提供更智能的回应，等等。

在综合考虑不同数据形式的特点的同时，将知识图谱与多模态数据融合可以提高系统的整体智能水平，更好地应对多样性的信息表达方式和复杂的现实世界场景。这样的融合促使知识图谱更好地服务于各种应用场景，提供更为综合、精准和全面的智能支持。

当前多模态数据与知识图谱的融合主要有以下一些应用。

（1）实体链接：①使用多模态数据中的特征，进行实体链接，将实体映射到知识图谱中的对应实体，从而补全知识图谱；②将知识图谱中的实体链接到多模态数据中，通过映射关系，将知识图谱的属性或关系信息作为多模态数据的特征。

（2）迁移学习与跨模态推理：①利用在多模态数据上训练好的模型，通过迁移学习将知识迁移到知识图谱构建中，从而进行跨模态推理；②在知识图谱上训练好模型，将该模型迁移到多模态数据模型中。

（3）语义匹配：①构建专门的多模态融合网络，用于同时处理不同模态的数据，并实现知识图谱中的实体和关系的语义匹配；②基于知识图谱中的语义信息，通过关联规则建立知识图谱实体与多模态数据之间的关联，将知识图谱中的知识作为特征输入多模态数据模型。

（4）图嵌入：①使用图嵌入技术，将多模态数据中的信息嵌入知识图谱中，形成一个共同的表示空间；②使用图嵌入技术，将知识图谱中的节点和关系映射为低维空间的向量表示，这些向量可以被看作知识图谱的特征，然后与其他模态的特征进行融合。

通过上述应用，可总结出：通过将多模态数据与知识图谱的结构性信息相结合，可以更好地理解和利用数据，这种综合性的方法有助于丰富知识图谱的内容，提高对复杂关系和语境的理解；将知识图谱的知识作为特征输入多模态数据模型中，使模型生成的结果更容易解释和理解，有助于深入分析模型的决策过程，通过知识图谱补全技术，可以推断出未知的关系或属性，从而增强多模态数据的内容。

下面我们将通过具体的案例，简要介绍如何将知识图谱与多模态数据进行融合。

7.2.2　案例：构建基于多模态知识图谱的多标签预测模型

前面已经将 MM-IMDB 数据集分为训练数据集（简称训练集）、测试数据集（简称测试集）与验证数据集（简称验证集）。对于每一个数据集，其一行即存储着一条数据，包括：影片编号、影片简要概述、影片图片及影片类型，且一条影片会被划分为多个类型。数据集的具体内容展示如图 7-6 所示。

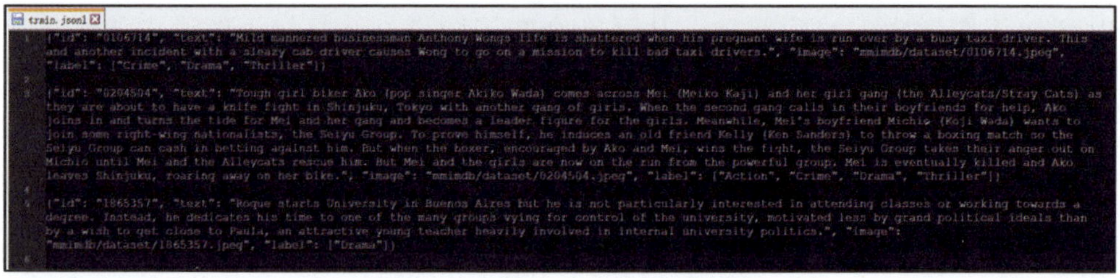
train.jsonl
{"id": "0106714", "text": "Mild mannered businessman Anthony Wongs life is shattered when his pregnant wife is run over by a busy taxi driver. This and another incident with a sleazy cab driver causes Wong to go on a mission to kill bad taxi drivers.", "image": "mmimdb/dataset/0106714.jpeg", "label": ["Crime", "Drama", "Thriller"]}

{"id": "0204504", "text": "Tough girl biker Ako (pop singer Akiko Wada) comes across Mei (Meiko Kaji) and her girl gang (the Alleycats/Stray Cats) as they are about to have a knife fight in Shinjuku, Tokyo with another gang of girls. When the second gang calls in their boyfriends for help, Ako joins in and turns the tide for Mei and her gang and becomes a leader figure for the girls. Meanwhile, Mei's boyfriend Michio (Koji Wada) wants to join some right-wing nationalists, the Seiyu Group. To prove himself, he induces an old friend Kelly (Ken Sanders) to throw a boxing match so the Seiyu Group can cash in betting against him. But when the boxer, encouraged by Ako and Mei, wins the fight, the Seiyu Group takes their anger out on Michio until Mei and the Alleycats rescue him. But Mei and the girls are now on the run from the powerful group. Mei is eventually killed and Ako leaves Shinjuku, roaring away on her bike.", "image": "mmimdb/dataset/0204504.jpeg", "label": ["Action", "Crime", "Drama", "Thriller"]}

{"id": "1865357", "text": "Roque starts University in Buenos Aires but he is not particularly interested in attending classes or working towards a degree. Instead, he dedicates his time to one of the many groups vying for control of the university, motivated less by grand political ideals than by a wish to get close to Paula, an attractive young teacher heavily involved in internal university politics.", "image": "mmimdb/dataset/1865357.jpeg", "label": ["Drama"]}

图 7-6　数据集的具体内容展示

训练数据集、测试数据集和验证数据集的影片量级及影片类型分布情况如表 7-1 和表 7-2 所示。

表 7-1　各数据集的影片量级情况

数　据　集	影片量级
训练集	15513
测试集	7779
验证集	2599

表 7-2　各数据集的影片类型分布情况

影片类型	训　练　集	测　试　集	验　证　集
Action	2154	1044	351
Adventure	1609	821	277
Animation	586	305	105
Biography	772	406	143
Comedy	5107	2611	873
Crime	2287	1160	382
Documentary	1195	610	212
Drama	8415	4138	1399
Family	975	517	171
Fantasy	1162	585	186
Film-Noir	202	102	34
History	663	338	114
Horror	1603	824	274

续表

影片类型	训 练 集	测 试 集	验 证 集
Music	632	311	100
Musical	503	253	85
Mystery	1231	616	209
Romance	3226	1590	548
Sci-Fi	1212	586	193
Short	281	142	48
Sport	379	191	64
Thriller	3110	1567	512
War	804	400	128
Western	423	210	72

1. 多模态知识图谱的构建

在7.1.2节中，我们用 MM-IMDB 数据集构建了简单的知识图谱，描述了 director（导演）-> DIRECTED（执导）-> movie（电影）这样一种关系。当前该知识图谱包含的还是纯文本信息，下面我们考虑构建一个多模态知识图谱（Multi-Modal Knowledge Graph，MMKG），将数据集中的影片图片与知识图谱进行关联。

首先，在知识图谱上创建一类新的节点 genres（类型）并构建 movie（电影）与 genres（类型）之间的关系 TYPEOF（归属于），代码如下：

```
## 添加影片标签
df_flattened_v1 = df_copy.explode("genres",ignore_index=True)
df_flattened_v1['title'] = [normalize_name(i) for i in df_flattened_v1
['title']]
genres_node = list(set(list(df_flattened_v1['genres'])))
for i in genres_node:
    c_sql = """CREATE  (:%s {name:'%s'})""" % ('genres', str(i))
    graph.run(c_sql)
## 创建边的集合
def create_relation_genres(df_data):
    """建立联系"""
    for m in range(0, len(df_data)):
        start_name = df_data["title"][m]
```

```
        end_name = df_data['genres'][m]
        c_sql = 'match (m:movie), (n:genres) where m.name = "%s" and n.name
= "%s" create (m)-[:TYPEOF]->(n)' % (
            start_name, end_name)
        graph.run(c_sql)
    return
create_relation_genres(df_flattened_v1)
```

接着，我们给电影节点添加图片属性与概要属性，代码如下：

```
## 给电影节点添加图片属性与概要属性
path =  "D:/学习/mmimdb/train.jsonl"
json_name_image = []
json_name_id = []
json_name_text = []
df1 = pd.DataFrame()
for line in open(path):
    d = json.loads(line)
    json_name_image.append(d["image"])
    json_name_id.append(d["id"])
    json_name_text.append(d["text"])
df1["id"] = json_name_id
df1["image"] = json_name_image
df1["text"] = json_name_text
df2 = pd.merge(df, df1, how = 'left',on = "id")
df2['title'] = [normalize_name(i) for i in df2['title']]
## 创建或获取要操作的节点
for m in range(0, len(df2)):
    node = df2["title"][m]
    attr1 = df2["image"][m]
    attr2 = df2["text"][m]
    attr3 = df2["rating"][m]
    node1 = graph.nodes.match(name=node).first()
    if node1 is None:
        # 如果节点不存在，则创建新节点并设置属性
        node1 = Node('movie', name=node)
        node1['iagme'] = attr1
        node1["text"] = attr2
        node1["rating"] = attr3
    else:
        # 如果节点已经存在，则更新现有节点的属性值
        node1['iagme'] = attr1
        node1["text"] = attr2
        node1["rating"] = attr3
```

```
graph.push(node1)
```

我们可以通过单击节点来查看其属性情况，如图 7-7 所示。

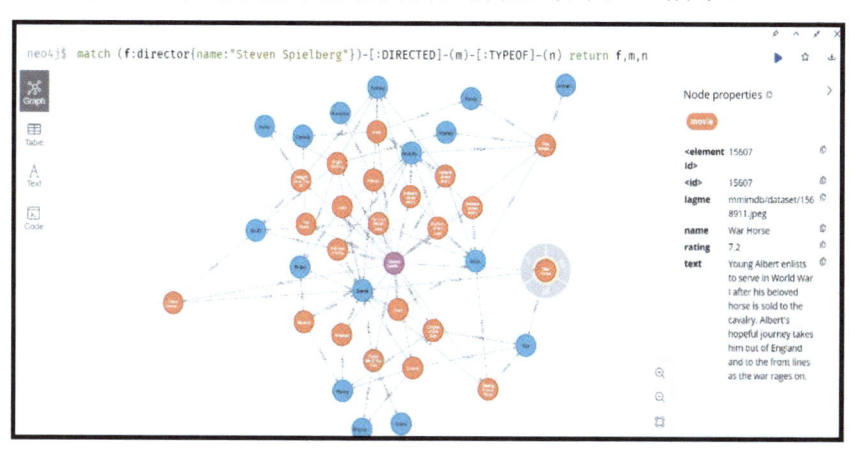

图 7-7　查看节点属性情况

2. 知识图谱与多模态数据融合的多分类问题建模

MM-IMDB 数据集是一个多模态数据集，该数据集对每部电影进行分类，而且一部电影可能会有多个标签。在本案例中，我们将简要介绍如何将文本信息、图片信息与知识图谱中的实体信息相结合，构建一个多标签预测模型。

（1）连接维基百科知识图谱，相关代码如下：

```
import certifi
import torch
from torch.utils.data import Dataset, DataLoader
from transformers import BertTokenizer, BertModel, BertForTokenClassification, BertConfig
from torchvision import models, transforms
from PIL import Image
import json
from tqdm import tqdm
import urllib3
import json
from torch import nn
import torch.nn.functional as F
from torch.nn.utils.rnn import pad_sequence
```

```python
import urllib3
import json
def get_entity_info(entity_name):
    # 维基百科 API 的请求 URL
    wiki_api_url = "https://en.*********.org/w/api.php"
    # 请求参数，包括搜索关键词和返回的信息格式
    params = {
        'action': 'query',
        'format': 'json',
        'titles': entity_name,
        'prop': 'extracts',
        'exintro': True
    }
    # 使用代理，请将 'http://your_proxy_here' 替换为你的代理信息
    http = urllib3.ProxyManager("http://127.0.0.1:7890", cert_reqs='CERT_NONE', assert_hostname=False)
    try:
        response = http.request('GET', wiki_api_url, fields=params, timeout=10.0)
        response_data = response.data.decode('utf-8')
    except urllib3.exceptions.HTTPError as err:
        print(f"HTTP error occurred: {err}")
        return None
    except urllib3.exceptions.NewConnectionError as err:
        print(f"Connection error occurred: {err}")
        return None
    # 解析 JSON 响应
    data = json.loads(response_data)
    # 提取实体信息
    if 'query' in data and 'pages' in data['query']:
        page_id = next(iter(data['query']['pages']))
        if page_id != '-1':  # -1 表示没有找到相关信息
            extract = data['query']['pages'][page_id]['extract']
            return extract
    return None
entity_name = "George Lucas"
result = get_entity_info(entity_name)
if result:
    print(f"Entity Information for {entity_name}:\n")
```

```
    print(result)
else:
    print(f"Unable to retrieve information for {entity_name}.")
```

例如，我们输入 George Lucas，维基百科知识图谱会给我们返回其基本信息，如图 7-8 所示。

```
Entity Information for George Lucas:
<p class="mw-empty-elt">

</p>
<p><b>George Walton Lucas Jr.</b> (born May 14, 1944) is an American filmmaker and philanthrop
</p><p>In 1997, Lucas re-released the original <i>Star Wars</i> trilogy as part of a Special E
</p><p>In addition to his career as a filmmaker, Lucas has founded and supported multiple phil
</p>
```

图 7-8　实体 George Lucas 对应的维基百科知识图谱信息

（2）NER 提取概要中的实体，相关代码如下：

```
# NER 提取概要中的实体
model_name = "D:/学习/书-知识图谱/bert-large-cased-finetuned-conll03-english"
ner_tokenizer = BertTokenizer.from_pretrained(model_name)
ner_model = BertForTokenClassification.from_pretrained(model_name)


def extract_entities_from_text(movie_description, ner_tokenizer, ner_model):
    tokens = ner_tokenizer(movie_description, return_tensors='pt', truncation=True)
    with torch.no_grad():
        outputs = ner_model(**tokens)

    entities = []
    current_entity = ""
    for i, label_id in enumerate(torch.argmax(outputs.logits, dim=2)[0]):
        token = ner_tokenizer.convert_ids_to_tokens(tokens['input_ids'][0][i].item())
        label = ner_model.config.id2label[label_id.item()]

        if label.startswith("B-") or label.startswith("I-"):
            current_entity += token
```

```python
        else:
            if current_entity:
                entities.append(current_entity)
                current_entity = ""
    return list(set(entities)) if entities else []
```

（3）文字与图像处理函数，相关代码如下：

```python
# 加载预训练BERT模型和Tokenizer
bert_model_name = "D:/学习/书-知识图谱/bert-base-uncased"
bert_tokenizer = BertTokenizer.from_pretrained(bert_model_name,
config=BertConfig(max_position_embeddings=512))
bert_model = BertModel.from_pretrained(bert_model_name)


# 图像预处理函数
def preprocess_image(image_path):
    image = Image.open("D:/学习/mmimdb/{}".format(image_path)).convert('RGB')
    preprocess = transforms.Compose([
        transforms.Resize(256),
        transforms.CenterCrop(224),
        transforms.ToTensor(),
        transforms.Normalize(mean=[0.485, 0.456, 0.406], std=[0.229, 0.224, 0.225]),
    ])
    return preprocess(image).unsqueeze(0)


# 加载图像处理和特征提取模型
image_model = models.resnet50(pretrained=True)
image_model = nn.Sequential(*list(image_model.children())[:-1])
# 去掉最后一层全连接层
image_model.eval()
```

（4）自定义数据集与分类函数，相关代码如下：

```python
# 自定义数据集
class MultimodalDataset(Dataset):
    def __init__(self, data, ner_tokenizer, ner_model, bert_tokenizer, bert_model, image_model):
```

```python
        self.data = data
        self.ner_tokenizer = ner_tokenizer
        self.ner_model = ner_model
        self.bert_tokenizer = bert_tokenizer
        self.bert_model = bert_model
        self.image_model = image_model

    def __len__(self):
        return len(self.data)

    def __getitem__(self, idx):
        item = self.data[idx]
        text = item['text']
        image_path = item['image']
        labels = item['label']

        # 提取实体并获取知识图谱信息
        entities = extract_entities_from_text(text, self.ner_tokenizer, self.ner_model)
        kg_tensors = []
        for entity in entities:
            entity_info = get_entity_info(entity)
            if entity_info:
                inputs = self.bert_tokenizer(entity_info, return_tensors="pt",
                                    padding=True, truncation=True,
                                    max_length=512)
                with torch.no_grad():
                    kg_tensor = self.bert_model(**inputs).last_hidden_state.mean(dim=1)
                kg_tensors.append(kg_tensor.squeeze(0))

        if kg_tensors:
            kg_tensors = torch.stack(kg_tensors).mean(dim=0)
        else:
            kg_tensors = torch.zeros(self.bert_model.config.hidden_size)

        # 处理文本
        text_inputs = self.bert_tokenizer(text, return_tensors="pt", padding=True, truncation=True, max_length=512)
        with torch.no_grad():
            text_tensor = self.bert_model(**text_inputs).last_hidden_state.mean(dim=1)
```

```python
        # 处理图像
        image_tensor = preprocess_image(image_path)
        with torch.no_grad():
            image_tensor = self.image_model(image_tensor).squeeze()

        # 处理标签
        label_tensor = torch.zeros(len(all_genres))
        for genre in labels:
            if genre in all_genres:
                label_tensor[all_genres.index(genre)] = 1

        return text_tensor, image_tensor, kg_tensors, label_tensor


# 定义多分类模型
class MultimodalClassifier(nn.Module):
    def __init__(self, text_model, image_model, kg_model_dim, num_classes):
        super(MultimodalClassifier, self).__init__()
        self.text_model = text_model
        self.image_model = image_model
        # 假设 kg_model_dim 是知识图谱信息张量的维度
        self.fc1 = nn.Linear(text_model.config.hidden_size + 2048 + kg_model_dim, 512)
        self.fc2 = nn.Linear(512, num_classes)

    def forward(self, text_tensor, image_tensor, kg_tensor):
        # 确保 text_tensor 和 image_tensor 都至少有两个维度
        if text_tensor.dim() == 1:
            text_tensor = text_tensor.unsqueeze(0)
        if image_tensor.dim() == 1:
            image_tensor = image_tensor.unsqueeze(0)
        if kg_tensor.dim() == 1:
            kg_tensor = kg_tensor.unsqueeze(0)

        combined_features = torch.cat((text_tensor, image_tensor, kg_tensor), dim=1)
        x = F.relu(self.fc1(combined_features))
        x = self.fc2(x)
        return x
```

（5）加载数据，训练模型，相关代码如下：

```python
# 加载数据
def load_data(file_path):
    data = []
    with open(file_path, 'r', encoding='utf-8') as file:
        for line in file:
            data.append(json.loads(line))
    return data

train_data = load_data('D:/学习/mmimdb/train.jsonl')[1:10]
test_data = load_data('D:/学习/mmimdb/test.jsonl')[1:10]
validation_data = load_data('D:/学习/mmimdb/dev.jsonl')[1:10]

# 数据集中的电影类型
all_genres = ["Action", "Adventure", "Animation", "Biography", "Comedy",
 "Crime","Documentary", "Drama", "Family", "Fantasy",
 "Film-Noir", "History", "Horror", "Music", "Musical",
 "Mystery", "Romance", "Sci-Fi", "Short","Sport",
 "Thriller", "War", "Western"]


# 实例化数据集
train_dataset = MultimodalDataset(train_data, ner_tokenizer, ner_model, bert_tokenizer, bert_model, image_model)

# 实例化模型,bert_model 是你的 BERT 模型实例
kg_model_dim = bert_model.config.hidden_size
multimodal_classifier = MultimodalClassifier(bert_model, image_model, kg_model_dim, len(all_genres))

# 定义损失函数和优化器
criterion = nn.BCEWithLogitsLoss()
optimizer = torch.optim.Adam(multimodal_classifier.parameters(), lr=1e-4)


# 训练循环
def train(model, dataset, criterion, optimizer, epochs=10):
    model.train()
    for epoch in range(epochs):
        total_loss = 0
        for text_tensor, image_tensor,kg_tensor, label_tensor in DataLoader(dataset, batch_size=4, shuffle=True):
            optimizer.zero_grad()
```

```python
            outputs = model(text_tensor.squeeze(1), image_tensor, kg_tensor)
            loss = criterion(outputs, label_tensor)
            loss.backward()
            optimizer.step()
            total_loss += loss.item()
        print(f"Epoch {epoch + 1}, Loss: {total_loss / len(dataset)}")

# 训练模型
train(multimodal_classifier, train_dataset, criterion, optimizer, epochs=10)

# 在测试数据集上的表现
test_dataset = MultimodalDataset(test_data, ner_tokenizer, ner_model, bert_tokenizer, bert_model, image_model)

# 评估在每个类别上的效果
from sklearn.metrics import precision_score, recall_score, f1_score
import numpy as np


def evaluate_metrics(model, test_loader, threshold=0.5):
    model.eval()  # 将模型设置为评估模式
    all_predictions = []
    all_labels = []

    with torch.no_grad():
        for text_tensor, image_tensor, kg_tensor, label_tensor in test_loader:
            outputs = model(text_tensor.squeeze(1), image_tensor, kg_tensor)
            predictions = torch.sigmoid(outputs) > threshold
            # 使用 sigmoid 激活函数并应用阈值
            all_predictions.append(predictions.cpu().numpy())
            all_labels.append(label_tensor.cpu().numpy())

    # 将列表转换为 NumPy 数组
    all_predictions = np.vstack(all_predictions)
    all_labels = np.vstack(all_labels)

    # 计算每个类别的指标
    precision = precision_score(all_labels, all_predictions, average=None)
    recall = recall_score(all_labels, all_predictions, average=None)
    f1 = f1_score(all_labels, all_predictions, average=None)
```

```
    # 打印结果
    for i, genre in enumerate(all_genres):
        print(f"Class: {genre}, Precision: {precision[i]:.4f}, Recall: {recall[i]:.4f}, F1: {f1[i]:.4f}")


# 调用 evaluate_metrics 函数
evaluate_metrics(multimodal_classifier, test_dataset)
```

7.3 知识图谱推理与分析

7.3.1 推理与分析方法介绍

知识图谱推理与分析是通过对已有的实体、关系和属性进行逻辑推理和深入分析，从而揭示潜在的模式和规律，进一步丰富知识图谱的信息。知识图谱的推理与分析可以帮助发现隐藏的关联、推断新的事实，以及识别实体之间更复杂的关系。这为决策支持、智能搜索、推荐系统等提供了有力的支持，被广泛应用于企业智能、自然语言处理等领域。

知识图谱推理与分析的方法主要分为以下几类。

（1）图神经网络（GNN）：GNN 是一种基于图结构进行推理的方法。它通过学习节点的嵌入表示，从而捕捉图中实体之间的复杂关系。GNN 的基本原理是通过不断更新节点的表示，从邻近节点中汇聚信息，以提取更高阶的图结构特征。这使 GNN 适用于半监督学习、节点分类、链接预测等任务。该方法被广泛应用于社交网络中的用户关系分析、科学文献引用关系挖掘、推荐系统中用户—物品关系建模等。

（2）逻辑推理：基于知识图谱中的逻辑规则，使用形式化的逻辑语言进行推理。常见的逻辑包括一阶逻辑、描述逻辑等。逻辑推理通过推断新的事实，验证知识图谱中的一致性，并发现实体之间的隐含关系。该方法的应用场景有：语义搜索引擎中的查询扩展、推理引擎中的规则推理、智能问答系统中的问题解答等。

（3）语义表示方法：将实体和关系映射到连续向量空间，以捕捉它们之间的语义关联。该方法通常使用预训练的语言模型，如 BERT、Word2Vec 等，学习实体和关系的嵌入表示。

（4）深度学习方法：基于神经网络，特别是 Transformer 等模型，通过学习大规模语义表示来捕捉实体之间的复杂关系。这些模型可以自动学习知识图谱中的语义信息，不仅在推理阶段表现出色，还能够处理大规模的非结构化数据。

这些方法在知识图谱推理与分析中可以相互结合，形成更强大的推理框架，以处理知识图谱中的复杂问题。

7.3.2 案例：基于图神经网络的知识图谱给用户推荐电影

在本案例中，我们将简要介绍一个基于图神经网络的知识图谱推理方法。首先，使用 Python NetworkX 构建一个简单的电影知识图谱。然后，定义一个基本的图神经网络（GNN）模型，并使用 PyTorch Geometric 进行训练。最后，我们基于用户喜欢的电影，通过计算节点嵌入的余弦相似度，给用户推荐其可能喜欢的其他电影。相关代码如下：

```python
import json
import networkx as nx
import torch
import torch.nn as nn
import torch.optim as optim
import torch_geometric.transforms as T
from torch_geometric.data import Data, DataLoader
from torch_geometric.nn import GCNConv
from torch_geometric.utils import to_networkx
from sklearn.metrics.pairwise import cosine_similarity
import torch.nn.functional as F
import matplotlib.pyplot as plt
# 加载案例数据
def load_data(file_path):
    data = []
    with open(file_path, 'r', encoding='utf-8') as file:
```

```python
            for line in file:
                movie = json.loads(line)
                # 根据id获取对应的json文件名称
                json_filename = f'D:/学习/mmimdb/mmimdb/dataset/{movie["id"]}.json'
                # 从json文件中获取电影名
                with open(json_filename, 'r', encoding='utf-8') as json_file:
                    movie_info = json.load(json_file)
                    movie["name"] = movie_info["title"]
                data.append(movie)
    return data
train_data = load_data('D:/学习/mmimdb/train.jsonl')
# 构建知识图谱
graph = nx.Graph()
for movie in train_data[1:10]:
    movie_id = movie["id"]
    movie_name = movie["name"]
    genres = movie["label"]
    # 添加电影节点
    graph.add_node(movie_id, name=movie_name, genres=genres)
    # 添加相似类型关系
    for genre in genres:
        related_movies = [m["id"] for m in train_data[1:10] if genre in m["label"] and m["id"] != movie_id]
        graph.add_edges_from([(movie_id, related_movie) for related_movie in related_movies])
fig, ax = plt.subplots()
pos = nx.spring_layout(graph)  # 为了更好地布局显示，选择spring_layout
nx.draw(graph, ax=ax, pos=pos, with_labels=True, labels=nx.get_node_attributes(graph, 'name'))
plt.show()
# 保存知识图谱
nx.write_gpickle(graph, "movie_knowledge_graph.gpickle")
# 定义图神经网络模型
class MovieRecommendationGNN(nn.Module):
    def __init__(self, input_dim, hidden_dim, output_dim):
        super(MovieRecommendationGNN, self).__init__()
        self.conv1 = GCNConv(input_dim, hidden_dim)
        self.conv2 = GCNConv(hidden_dim, output_dim)
    def forward(self, x, edge_index):
        x = self.conv1(x, edge_index)
        x = F.relu(x)
```

```python
        x = F.dropout(x, training=self.training)
        x = self.conv2(x, edge_index)
        return x
# 准备图神经网络的输入数据
node_features = torch.eye(len(graph.nodes))   # 用 one-hot 编码表示每个节点
# 构建 PyTorch Geometric 数据集
data = Data(x=node_features)
# 初始化并训练图神经网络模型
input_dim = node_features.size(1)
hidden_dim = 64
# 动态计算输出维度
output_dim = len(graph.nodes)
model = MovieRecommendationGNN(input_dim, hidden_dim, output_dim)
criterion = nn.CrossEntropyLoss()
optimizer = torch.optim.Adam(model.parameters(), lr=0.01, weight_decay=5e-4)
# 从图中提取边信息
edges = list(graph.edges())
# 将节点映射到索引
node_to_index = {node: index for index, node in enumerate(graph.nodes())}
edges_index = torch.tensor([[node_to_index[src], node_to_index[dst]) for src, dst in edges], dtype=torch.long).t().contiguous()
# 将 edge_index 添加到 PyTorch Geometric 数据集中
data.edge_index = edges_index
# 训练模型
model.train()
for epoch in range(100):
    optimizer.zero_grad()
    output = model(data.x, data.edge_index)
    loss = criterion(output, torch.arange(len(graph.nodes)))
    loss.backward()
    optimizer.step()
# 基于用户的喜好推荐电影
def recommend_movies(user_likes, graph, model, data):
    user_embedding = model(data.x, data.edge_index)[user_likes]
    all_movies = list(graph.nodes)
    all_embeddings = model(data.x, data.edge_index)
    # 计算余弦相似度
    similarities = cosine_similarity(user_embedding.detach().numpy().reshape(1, -1), all_embeddings.detach().numpy())
    recommended_movies = sorted(zip(all_movies, similarities[0]), key=lambda x: x[1], reverse=True)
```

```python
    # 计算余弦相似度
    return recommended_movies
# 示例：用户喜欢的电影
user_likes = 0  # 用户喜欢的电影的索引
# 用户输入电影名
user_movie_name = train_data[user_likes]["name"]
# 找到用户喜欢的电影的索引
user_likes = [index for index, movie in enumerate(train_data) if movie["name"] == user_movie_name][0]
recommended_movies = recommend_movies(user_likes, graph, model, data)
# 输出推荐结果
print(f"用户喜欢的电影：{user_movie_name}")
print("\n 可以给用户推荐的电影：")
for movie_id, similarity in recommended_movies[1:6]:  # 排除用户喜欢的电影
    recommended_movie_name = [movie["name"] for movie in train_data if movie["id"] == movie_id][0]
    print(f"电影名字：{recommended_movie_name}，余弦相似度：{similarity:.4f}")
```

基于知识图谱推理的最终推荐结果如图 7-9 所示。

```
用户喜欢的电影：Di shi pan guan

可以给用户推荐的电影：
电影名字：Nora-neko rokku: Onna banchô，余弦相似度：0.8998
电影名字：Safe，余弦相似度：0.8349
电影名字：Jackass 2.5，余弦相似度：0.4098
电影名字：Reckless，余弦相似度：0.2335
电影名字：Wonder Boys，余弦相似度：0.0522
```

图 7-9　基于知识图谱推理的最终推荐结果

本案例只是一个简单的展示，上述模型还有很多可以改进的地方，例如调整图神经网络模型的结构和超参数，可以尝试不同的层数、隐藏单元数和其他图神经网络的变体；考虑使用更复杂的图神经网络架构，以更好地捕捉节点之间的复杂关系；采用更先进的推荐算法，例如基于注意力机制的推荐算法，以更好地捕捉用户兴趣和电影之间的关系。在数据维度，可以考虑使用更丰富的电影信息，例如演员、导演、评分等，作为节点特征，以提高模型推荐的准确性，等等。

7.4 知识图谱数据分析的企业级拓展应用

在本节中,我们将简要介绍知识图谱在企业中的数据分析拓展应用。

7.4.1 用户传播路径

如图 7-10 所示,是某社交媒体的用户传播路径。

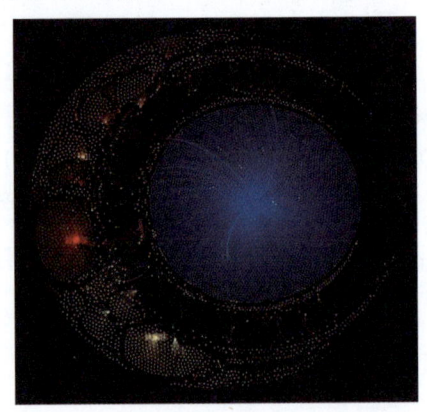

图 7-10 某社交媒体的用户传播路径

随着互联网的普及,社交媒体已经成为信息传播的重要渠道,在该应用中,我们基于某社交媒体用户的转发关系,构建了一个信息传播路径图谱,其中节点表示用户,边表示用户之间存在转发行为。对于该网络:

(1)通过路径分析,可以识别出社交媒体平台上的关键传播节点,例如关键意见领袖、信息传播源头等,进而了解这些节点对信息传播的影响。

(2)传播路径图通常以网络结构图的形式展现,描绘了信息在社交平台上的传播路径和结构,例如,一级二级核爆式传播指一些热点事件、重大新闻等在首发后就被一级粉丝迅速传播,并被粉丝的粉丝转发形成二级冲击波,大 V 二次传播指平台上具有一定影响力和一定粉丝数量的大 V 转发信息后,再次引发爆炸式传播。

(3)利用时间序列分析方法,对历史传播数据进行建模和预测,通过分析传播数据的时间序列特征,可以发现传播趋势的规律性和周期性,从而预测未来传播的发展趋势。

7.4.2 用户搜索观星台

图 7-11 是某 App 印度站点一天的用户搜索数据。

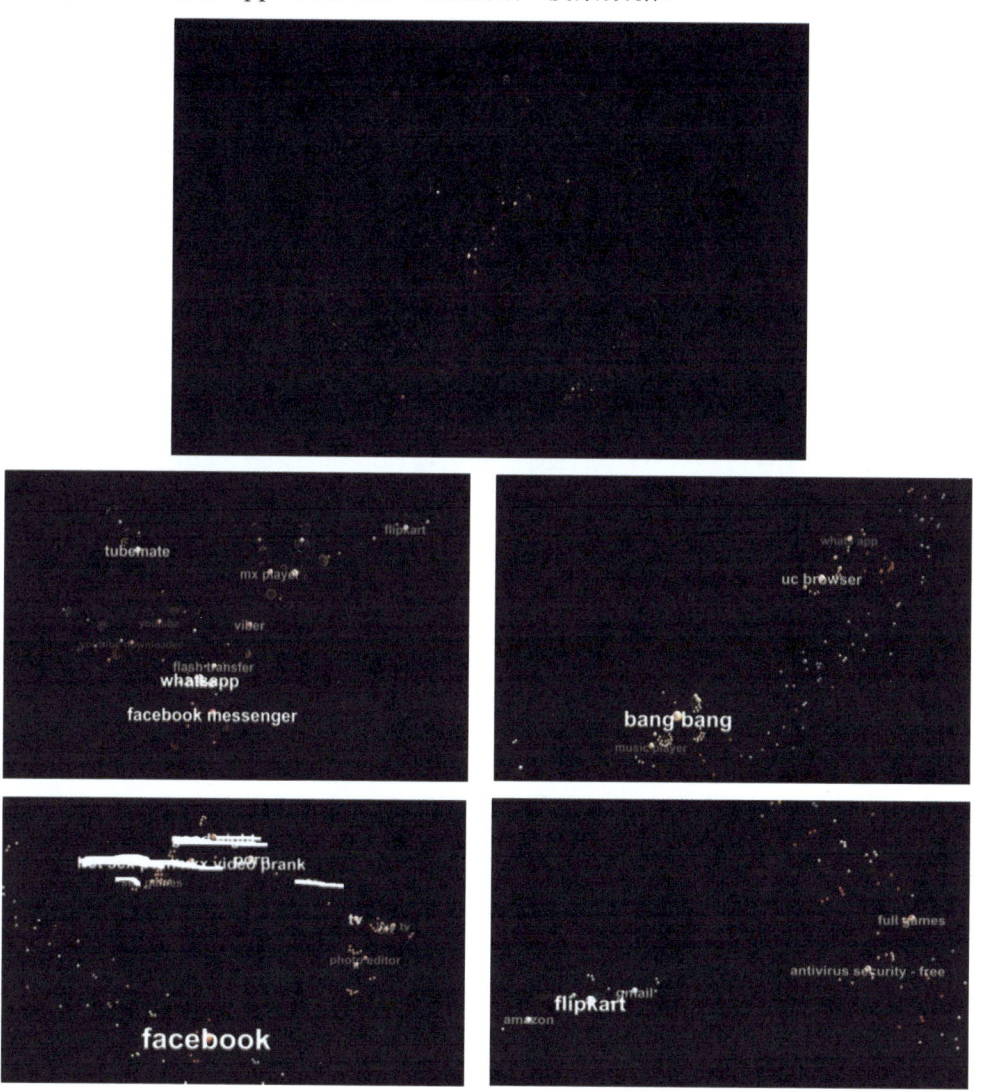

图 7-11　某 App 印度站点一天的用户搜索数据

为方便展示数据已做抽样。其中用户为源节点，搜索关键词为目标节点，边表示有搜索行为，节点大小表示点入度（搜索的用户数量）。基于该用户搜索的知识图谱：

（1）可以更直观地了解用户搜索偏好，例如从图中可以看出，Whatsapp、facebook 仍然比较流行，同样比较流行的有 youtube、mx player、tv 等，UC 浏览器在印度有一定的市场。

（2）利用社团划分算法，将关系紧密的节点划为同一社团，颜色相同、距离较近，将关系不紧密或没有关系的节点划为不同的社团，颜色不同、距离较远，从图中可以看到，同一社团内的搜索关键词相关性较强，如 youtube 与 tubemate、bangbang 与 music player、flipkart 与 amazon 等。

（3）发掘与搜索热点相关的信息，观测用户兴趣变化趋势，分析搜索数据知识图谱中搜索关键词之间的相关性，发现关键词之间的潜在关联关系，通过计算搜索关键词之间的相关性指标，可以发现用户可能的兴趣转移和相关话题。

（4）优化搜索内容，可以通过对 svg 文件的二次开发实现图中搜索关键词的可点击效果，链接到相应的搜索结果页，查看搜索结果，对不满意的搜索结果进行优化。

7.4.3 用户关系网络及健康度评估

图 7-12 是某游戏内部用户的好友关系网络，图 7-13 是健康社团和不健康社团展示。

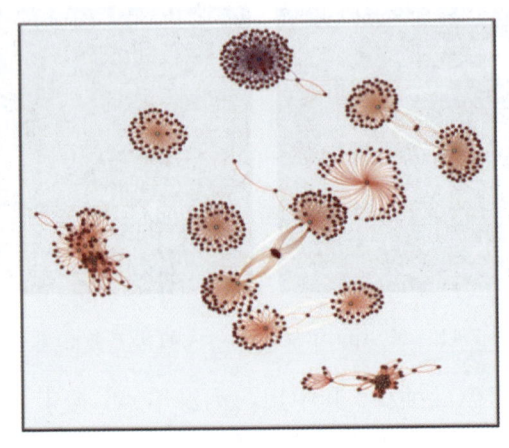

图 7-12 某游戏内部用户的好友关系网络

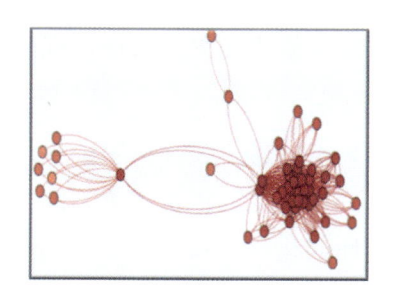

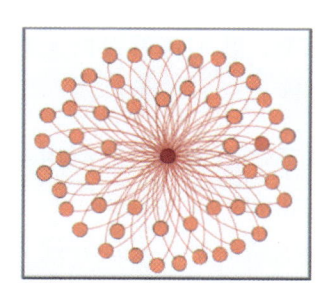

图 7-13　健康社团与不健康社团展示

图 7-12 中用户为节点，边表示用户之间有好友关系。通过图算法可获得以下信息：

（1）利用 Connected Components 算法对成员分群后，得出该关系网络用户共构成独立群落 42 万余个，图 7-13 选取了几个中等规模的群落进行展示，由图可直观了解群落规模、成员间的社交关系、核心成员、群落组织结构等信息。

（2）采用 Triangle Counting 算法，对社群做健康度检查，发现了典型的健康社团（图 7-13 左图），其包含节点个数 107 个，其 max(tc)值为 271；不健康社团（图 7-13 右图），其包含节点个数 55 个，各节点 tc 值均为 0。

（3）采用 PageRank 等衡量节点重要性的算法，找出各社团中的重要节点，赋予相应角色，如健康社团中的意见领袖，不健康社团中的疑似销售或欺诈嫌疑分子。

在本节中，我们详细介绍了知识图谱在信息传播领域、搜索领域及异常社团识别领域的应用。在信息传播领域，我们探讨了如何将现实事件抽象为节点、关系及特征标签，并利用知识图谱的可视化方式展示这些数据。通过图算法的有效应用，我们能够更好地理解信息在网络中的传播路径和结构，从而为信息传播的研究和管理提供新的视角和方法。在搜索领域，我们分析了如何通过构建搜索数据知识图谱来发现搜索热点和用户兴趣的变化趋势。通过对搜索数据的深度分析和挖掘，我们能够为用户提供更精准、更贴近需求的搜索结果，提升搜索体验的同时也提高了信息获取的效率。在不健康社团识别领域，我们讨论了知识图谱如何帮助识别网络中的不健康社团和不健康用户。通过对网络知识图谱的拓扑结构和节点属性进行分析，结合异常检测算法和模型，我们能够及时发现并应对网络中的异常情况，保障网络安全和数据完整性。

综合而言，知识图谱的应用覆盖了各个领域，包括但不限于信息传播、搜索内容优化和异常检测等。它不仅提升了效率、提供了更好的服务，还促进了科技与生活的融合发展。通过不断地深化研究和应用，我们相信知识图谱将在未来发挥越来越重要的作用，为人类创造更加智能化和便捷化的生活方式。

7.5　小结

在本章中，我们简要介绍了知识图谱的构建方法、知识图谱与多模态数据融合的方法、知识图谱的推理能力，以及知识图谱的拓展应用。

当前大数据来源广泛、形式多样，其每一种来源或形式都可被看作一种模态，例如视频、图像、语音，以及工业场景下的传感数据，如红外、声谱等。多模态数据的语义理解与知识表示让智能体能更深入地感知、理解真实的数据场景，能更进一步地对所感知的知识进行推理，以更好地支撑行业应用。与此同时，知识图谱作为一种知识表示、存储的手段，因表达能力强、扩展性好，并能够兼顾人类认知与机器自动处理，被认为是解决认知智能长期挑战和深度学习可解释性等困境的一种手段。因此，多模态数据与知识图谱的融合为大数据的价值闭环提供了极富想象力的可能性。

虽然知识图谱的应用在各个领域取得了显著成果，但仍然面临着一些挑战。其中，数据的质量和完整性是构建高质量知识图谱的首要问题。此外，不同领域知识的集成、更新和维护也是一项具有挑战性的任务。随着深度学习和自然语言处理等技术的不断发展，知识图谱有望在更多领域展现其价值，成为推动人工智能领域发展的关键技术之一。

第 8 章 基于大模型的多模态数据分析

大模型作为一种强大的数据分析工具,可以帮助我们挖掘出隐藏在多模态数据中的有价值的信息和模式。本章将对基于大模型的多模态数据分析展开介绍,希望读者能够深入了解基于大模型的多模态数据分析的相关知识和技术,并掌握如何应用这些技术解决实际问题。

本章主要内容如下:

- 大模型概述。
- 大模型应用架构。
- 大模型在多模态数据分析中的应用。
- GPT 与 DeepSeek:多模态数据分析领域的交锋。

8.1 大模型概述

8.1.1 大模型的定义与特点

大模型(LLM)是指具有大规模参数和复杂计算结构的深度学习模型。这些参数允许模型学习和表示更复杂的数据模式和异质关系,可以对海量的数据进行更精细的建模、预测和推理,具有更强大的泛化性能,从而能够更好地完成各种任务和解决复杂问题。大模型广泛应用于各个领域,如自然语言处理、计算机视觉、语音识别和推荐系统等。

大模型通常具有以下特点。

（1）参数数量庞大：大模型的参数数量通常在百万甚至千亿级别，远超传统的小模型。这样的大规模参数可以提供更强的表达能力、学习能力和预测能力，使模型可以更好地捕获数据中的复杂关系，提供更准确的预测和分析结果。

（2）数据结构复杂：大模型可能具有多个层级和分支，从而形成更深的网络结构。这种复杂结构可以提供更大的自由度和更强的表达能力，从而适应不同种类的数据分析任务。

（3）高计算资源需求：由于大模型的参数数量庞大，因此需要更多的计算资源来进行训练和推理。训练大模型通常需要大量的计算时间和内存空间，而且需要使用高性能的硬件设备，如 GPU（图形处理器）和 TPU（张量处理器）等。

（4）需要更多的数据：大模型对数据的需求量也很大，需要足够的数据来进行训练，以充分利用模型的学习能力。同时，大模型需要考虑数据的质量和多样性，以避免过拟合和泛化性能不足的问题。

（5）训练时间较长：由于参数数量的增加，大模型的训练时间往往更长，需要更多的迭代次数和时间以收敛到最佳结果。

8.1.2 大模型的基本原理

要想深入理解大模型，得从机器学习的基础概念说起。简单来讲，机器学习就是让机器自动寻找一个能描述现实世界规律的函数。想象一下，我们遇到了一个简单的线性函数问题：已知当 $x=1$ 时，$y=7$；当 $x=0$ 时，$y=5$，求解函数 $y=ax+b$ 中的 a 和 b。通过代入计算，我们很容易得出 $a=2$，$b=5$。但在真实的世界里，情况远没有这么简单。实际的规律极为复杂，数据量庞大，函数的参数数量也各不相同。常见的有二元参数的 $Ax+By$，三元参数的 $Ax+By+Cz$，甚至还有包含上百个参数的函数，比如 $A_1x_1+A_2x_2+\cdots+A_{100}x_{100}$。

寻找这类复杂函数,需要经过 3 个关键步骤:首先,确定候选函数的集合,这一步就像给搜索范围划定边界;然后,制定评估函数好坏的标准,以此来衡量每个候选函数的优劣;最后,借助优化算法,从众多候选函数中找出最符合要求的那个,实现对现实规律的最佳拟合。然而,由于现实世界的千变万化,很难找到一个完美的函数来覆盖所有的客观规律。

了解了机器学习的基础概念后,下面介绍 Transformer 架构。Transformer 架构主要由编码器(Encoder)和解码器(Decoder)组成。这两个组件就像一对配合默契的"搭档",各自承担着独特而关键的任务,协同工作以实现对输入数据的高效处理和转换。如图 8-1 所示为 Transformer 架构图(摘自原论文)。

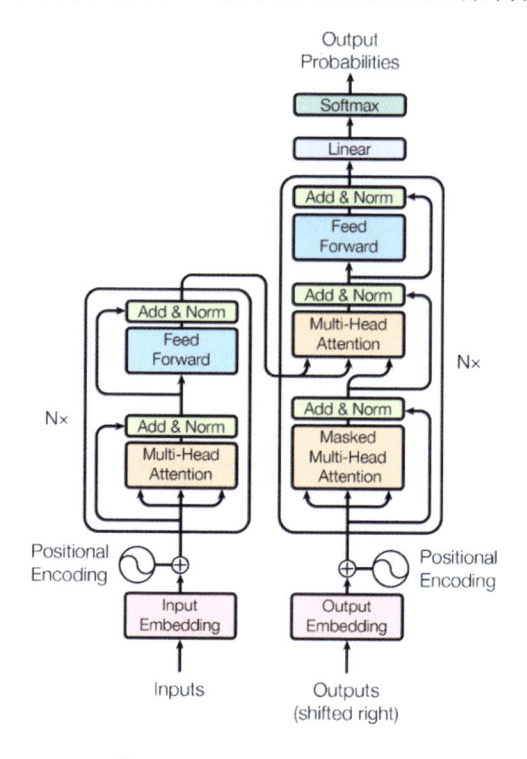

图 8-1　Transformer 架构图

编码器的主要职责是对输入数据进行编码,将其转换为一种更便于模型理解和处理的"内部语言"。以自然语言处理中的文本输入为例,当我们输入"冬天我喜欢吃火锅"这句话时,编码器会先对每个字词进行"拆解"和"分析"。它会将这些字词转换为对应的向量表示,这些向量不仅包含了字词本身的含义信息，还包含了它们在句子中的位置信息等。这一过程就像把日常语言翻译成模型能读懂的"密码"。同时，编码器会通过多层神经网络结构，对这些向量进行深层次的特征提取。它会捕捉句子中字词之间的关联信息，比如"冬天"这个场景与"吃火锅"这个行为之间的潜在联系，将这些复杂的语义和语境信息都融入最终的编码结果中。可以说，编码器就像一个信息提炼工厂，把原始的输入数据加工成富含关键信息的"半成品"。

解码器则在编码器工作的基础上，将编码后的信息转换为我们需要的输出结果。继续以上面的例子来说，如果我们的任务是将这句话翻译成英文，那么解码器会根据编码器输出的编码信息，结合自身学到的语言知识和翻译规则，逐步生成对应的英文译文。在生成英文译文的过程中，解码器会不断参考编码器提供的信息，以及已经生成的前文内容，确定下一个单词应该是什么。比如，解码器会根据"冬天"对应的编码信息，在其知识储备中搜索合适的英文单词"winter"，然后根据"我喜欢吃"和"火锅"的相关编码信息，依次生成"I like to eat"和"hot pot"，并将它们组成完整的译文"Winter, I like to eat hot pot"。解码器的工作就像一个翻译官，把模型内部的"密码语言"重新转换回我们能理解的自然语言。

Transformer架构中的编码器和解码器并不是孤立工作的，它们之间存在着密切的交互。编码器的输出为解码器提供了关键的信息基础，解码器在生成输出的过程中，会不断地"询问"编码器，以获取更多关于输入内容的细节和上下文信息，从而使生成的结果更加准确和合理。

Transformer架构之所以强大，核心就在于它的注意力机制，能够让模型在处理输入序列时，像人类一样，动态地关注不同位置的信息，精准捕捉长距离依赖关系。图8-2为注意力机制示意图。

在注意力机制中，有查询（Query，简称Q）向量、键（Key，简称K）向量和值（Value，简称V）向量这3个重要概念。查询（Q）向量的作用类似于"搜索请求"，它定义了我们希望从输入数据中获取的信息方向。例如，在自然语言处理的文本生成任务中，查询向量可以表示当前正在生成的单词位置所关注的上下文信息的"焦点"。键（K）向量则像数据的"索引标签"，用于标识输入数据的各个部分。每个键向量都与特定的输入元素相关联，并且用于与查询向量进行匹配，以衡量输入元素与查询之间的相关性。值（V）向量包含了实际要提取或聚合的信息。一旦通过查询向量和键向量确定了输入数据中与查询相关的部分，就会使用值向量来获取相应的信息。注意力机制的核心计算过程是通过计算查询向量与各个键向量之间的相似度（例如，使用点积或余弦相似度等方法），得到一组注意力权重。这些注意力权重反映了每个键值对与查询的相关程度。然后，将这些注意力权重与对应的值向量进行加权求和，得到最终的注意力输出。

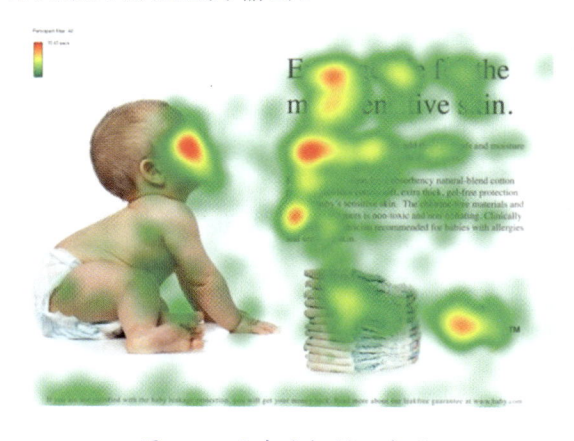

图 8-2　注意力机制示意图

例如，在机器翻译任务中，源语言句子的每个单词都可以表示为一个键值对(K, V)，目标语言生成过程中的每个位置对应一个查询向量。通过注意力机制，模型可以根据当前查询向量，动态地关注源语言句子中与目标位置相关的单词（通过键向量匹配），并从值向量中提取相关信息，从而更好地生成准确的翻译结果。

8.1.3　大模型在多模态数据分析中的重要作用

多模态数据分析是指在处理和分析具有多种类型信息（如图像、文本、音频、视频等）的数据时所采用的方法，大模型在多模态数据分析中发挥着重要作用，它能够集成多种模态的信息，并将其融合到一个整体的分析框架中。面临复杂和多模态数据的问题，我们可以考虑采用大模型来进行分析和解决，以获得更全面和准确的分析结果。其作用体现在以下几点。

（1）特征融合和选择：大模型可以从不同模态的数据中提取有价值的特征，并将它们进行融合。通过特征融合，可以综合利用不同模态的信息，提高模型的表现能力。同时，大模型还能根据实际需求进行特征选择，排除冗余和无关的特征，从而提高特征的质量和模型的解释能力。

（2）交互式学习与表示学习：大模型使多模态数据之间的相互关系更加紧密。通过交互式学习，大模型能够捕捉到多模态数据之间的相互影响和依赖，提供更准确和全面的分析结果。同时，通过表示学习，大模型能够将不同模态的数据映射到一个共享的表示空间中，实现跨模态的信息传递和共享。

（3）综合决策和优化：在多模态数据分析中，常常需要进行综合决策和优化。大模型能够融合不同模态的信息，综合考虑各种因素，并基于此做出最优的决策。它可以通过强大的优化算法和数值计算方法，提供高效、准确的优化结果。

8.2 大模型应用架构

大模型应用架构具有门槛低、天花板高的特点，涵盖多种关键技术与应用模式，在实际开发中需要根据不同的需求选择合适的技术路线，下面展开详细的介绍。

8.2.1 业务架构

当下，大模型应用的业务架构包括 AI Embedded、AI Copilot、AI Agent 共 3 种模式，是拓展大模型能力边界、赋能多元场景的关键路径。

1. AI Embedded 模式

如图 8-3 所示的 AI Embedded 模式，强调将 AI 作为辅助工具，嵌入人类的工作流程中，为人类提供支持，但并不主导工作进程。

在 AI Embedded 模式中，人类处于主导地位，负责完成绝大部分工作。

人类首先设立任务目标，在整个工作流程中，AI 只在其中某些特定的任务环节提供信息或建议。例如，在数据分析工作中，人类设定好分析的目标（如分析某产品的销售趋势），在数据清洗、初步统计等环节，AI 可以提供一些对数据异常的提示信息或者对统计方法的建议，但最终的数据解读、结论推导及撰写整个分析报告等主要工作还是由人类自主完成的。

2. AI Copilot 模式

如图 8-4 所示的 AI Copilot 模式，类似于人类有一个 AI 副驾驶，双方共同合作完成任务。AI 在其中承担一部分具体的工作任务，并且通过与人类的协作来不断完善工作成果。

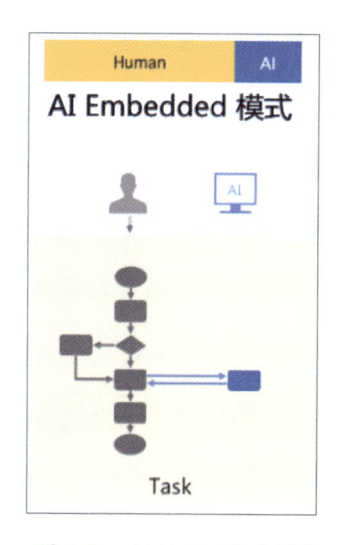

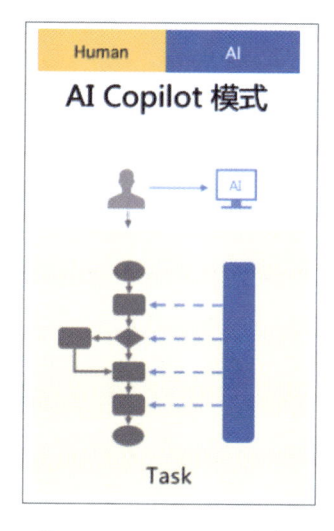

图 8-3　AI Embedded 模式　　　　图 8-4　AI Copilot 模式

AI Copilot 模式体现了人类与 AI 协同工作的特点。人类先设定任务目标，然后在工作流程中，AI 会参与到某些具体的流程中，完成初稿或初步结果。例如在文案创作中，人类确定文章主题和大致框架后，AI 可以根据指令生成文章的初稿内容，之后人类会对 AI 生成的初稿内容进行修改、调整和确认。在这个过程中，人类和 AI 之间存在交互，人类可以根据 AI 的输出进行反馈和进一步指导，AI 也可以根据人类的反馈进行优化。

3. AI Agent 模式

如图 8-5 所示的 AI Agent 模式，将 AI 视为一个具有自主决策和执行能力的智能代理，人类只需进行宏观的把控和监督。

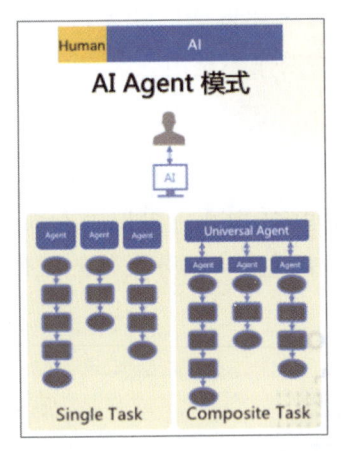

图 8-5　AI Agent 模式

在 AI Agent 模式下，AI 占据主导地位，负责完成绝大部分工作。人类的主要作用是设立目标、提供资源及监督结果。在人类设定好任务目标后，AI 会全权代理整个任务，执行任务拆分、工具选择及进度控制等一系列操作。例如，在一个项目管理场景中，人类设定项目的目标（如在规定时间内开发一款软件）和提供必要的资源（如开发人员名单、预算等），然后 AI 会自主进行任务分配（如安排不同的开发人员负责不同的模块）、选择合适的开发工具、控制开发进度，直到最终自主完成任务，向人类汇报结果。

8.2.2　技术架构

大模型应用的技术架构包括纯 Prompt、Agent + Function Calling、RAG、Fine-tuning 等多种关键技术，这些技术相互配合，共同构建起强大的大模型应用生态。

1. 纯 Prompt

Prompt 是大模型应用中最基础的交互方式，ChatGPT 和文心一言这类产品的常见用法就是其典型代表。

如图 8-6 所示，在这种架构下，用户输入一句 Prompt，大模型便会返回 Response。从技术原理上讲，这种架构是调用 GPT 大模型的解码器，将 Prompt 作为输入参数。大模型依据自身训练的向量数据，按照概率生成相应的输出结果。

以 ChatGPT 为例，当用户询问"制订一份晨间例行计划以提高我的效率"时，ChatGPT 会对这个 Prompt 进行分析，结合其在大量文本数据上训练得到的知识，生成一份符合用户需求的晨间例行计划。这种交互方式简单且直接，为用户提供了便捷获取信息和帮助的途径，适用于各种日常问答场景。但它也存在一定的局限性，当问题较为复杂或需要特定领域的专业知识时，可能无法给出全面又准确的答案。

2. Agent + Function Calling

Agent + Function Calling 技术架构在大模型应用中拓展了更多的可能性，其架构图如图 8-7 所示。其主体是一个应用程序，不再局限于简单的对话交互。应用程序需要提供对应的函数 API，供 AI 大模型回调。

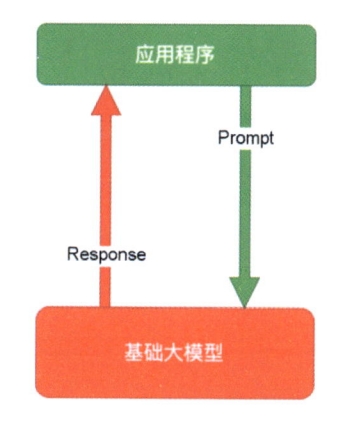

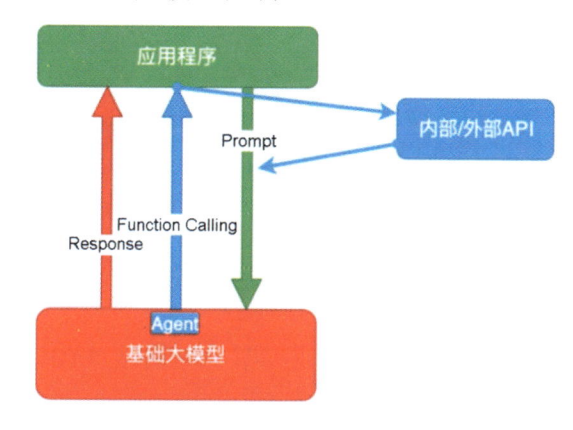

图 8-6　纯 Prompt 架构图　　图 8-7　Agent + Function Calling 架构图

Agent 代表 AI 具有主动提出要求的能力，具备一定的自主性和决策能力。Function Calling 则是 AI 根据自身需求自动执行的函数，这些函数的 API 既可以由应用程序提供，也可以是大模型内置的。

在实际工作流程中，用户在应用程序中输入 Prompt，大模型会对 Prompt 进行分析。若发现需要调用外部 API 来获取更多信息或执行特定操作，就会发起函数调用。例如，用户想要查询某个城市的实时天气情况并生成一份包含天气信息的出行建议，大模型分析 Prompt 后，会调用应用程序提供的天气查询 API 获取天气数据，然后根据这些数据生成出行建议。若一次函数调用无法满足 Prompt 的全部要求，大模型会继续进行函数调用，直到满足要求后输出最终的文本结果。

这种技术架构应用广泛，它能将复杂的业务逻辑分解为多个可管理的部分，通过调用不同函数使开发者能够将自己开发的应用功能嵌入大模型，提升应用的智能化和个性化水平。

3. RAG

RAG（Retrieval-Augmented Generation，检索增强生成）技术架构，由 Embeddings（嵌入）和向量数据库组成，其架构图如图 8-8 所示。在自然语言处理领域，RAG 主要用于信息检索和生成任务。

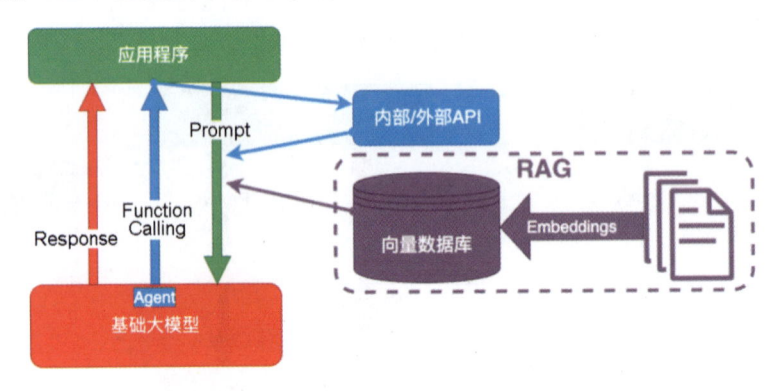

图 8-8　RAG 架构图

Embeddings（嵌入）技术将文字转换为易于计算的编码向量，把词语或文本映射到高维向量空间，使文本在计算机中能够以更高效的方式进行处理和比较。向量数据库则专门用于存储和检索向量数据，通过特定的数据结构和算法，加速向量之间的比较和匹配过程。

在用户输入 Prompt 后，RAG 技术架构开始工作。大模型首先会到向量数据库中检索所有可能与该 Prompt 相关的知识，然后将 Prompt 和检索出的知识一同传递给大模型进行处理。例如，当用户询问关于某一历史事件的详细信息时，大模型会在向量数据库中检索相关的历史资料、文献等知识，将这些信息与 Prompt 结合，再进行后续的分析和生成，最终输出更丰富、准确的答案。

RAG 技术架构能够有效利用外部知识，弥补大模型在某些领域知识储备上的不足，提高生成内容的质量和可靠性，尤其适用于对知识准确性要求较高的场景，如知识问答、文档生成等。

4. Fine-tuning

Fine-tuning（微调）技术架构是在已有 AI 大模型的基础上进行优化的重要手段，Fine-tuning 架构图如图 8-9 所示。在进行微调之前，需要有一个预训练好的 GPT 大模型。针对特定任务，要明确输入数据格式、输出要求和评估指标。

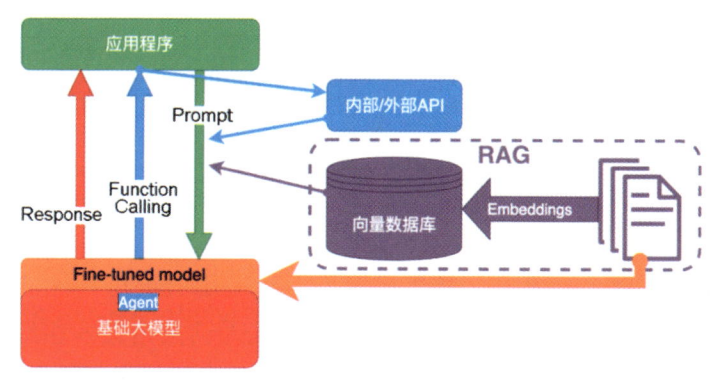

图 8-9　Fine-tuning 架构图

以医疗领域的问答系统为例，使用一个在通用领域训练好的大模型，针对医疗领域的专业问题进行微调。准备大量医疗领域的问答数据作为训练数据，按照特定的输入数据格式进行整理，明确希望模型输出的答案形式和评估标准。在微调过程中，利用这些数据对预训练模型进行训练，调整模型的参数，使其更适应医疗领域的问答任务。通过验证数据集对模型性能进行评估，如果对结果不满意，持续进行超参数调整和 Fine-tuning 策略的优化，直到得到满意的结果。

这种技术架构能够让大模型在特定领域发挥出更好的性能，满足不同行业和场景的个性化需求，是实现大模型精准应用的关键技术之一。

8.2.3 技术路线选择

在 AI 应用开发中，面对具体需求，选择合适的技术路线是确保项目成功的关键一环。下面对如何选择技术路线展开详细介绍。

1. 准备测试数据：常被忽视的关键起点

准备测试数据是整个技术路线选择流程的第一步，然而，它却是最容易被忽视的环节。测试数据就像一把衡量技术方案可行性的标尺，在技术路线选择中起着至关重要的作用。一方面，它为后续的验证工作提供了基础素材。比如，在自然语言处理任务中，通过准备多样化的文本测试数据，能够模拟用户可能提出的各种问题和需求，从而检验不同技术方案在实际应用中的表现。另一方面，测试数据的质量和多样性直接影响技术方案评估的准确性。如果测试数据过于单一，可能会导致对某些技术方案的优势或劣势判断失误，进而影响最终的技术路线选择。

2. 用对话应用验证可行性：初步探索与评估

在测试数据准备好之后，接下来要用对话应用验证可行性。这一步就像一场初步的"实战演练"，通过将需求与现有的对话应用技术相结合，快速判断当前的技术资源和能力是否能够满足需求。例如，在开发一个智能客服系统时，首先可以利用现有的对话应用框架，输入一些常见的用户问题和场景，观察系统的响应和处理情况。如果系统能够较为准确地理解问题并给出合理的回答，那么说明现有的技术在一定程度上是可行的；反之，则需要进一步探索其他技术方案。这种验证方式不仅能够快速发现潜在的问题和挑战，还能为后续的技术选择提供重要的参考依据。

3. 判断是否要补充知识：引入 RAG 技术的契机

在完成可行性验证后，需要判断是否需要补充知识。如果需求涉及专业领域知识或者需要获取特定的信息，而现有的模型知识储备无法满足，就需要引入 RAG 技术。RAG 技术就像一个"知识补给站",它通过从外部知识库中检索相关信息,并将这些信息与模型的生成过程结合,从而使模型能够处理更复杂、更专业的任务。以医疗领域的智能问答系统为例,由于医疗知识更新迅速且专业性强,仅依靠模型本身的预训练知识可能无法准确回答患者的问题。此时,RAG 技术可以从权威的医学文献数据库中检索相关的医学知识,为模型提供更准确、更全面的回答依据,大大提升系统的实用性和可靠性。

4. 判断是否需要对接其他系统:Function Calling 技术的用武之地

若不需要补充知识,接下来则要判断是否需要对接其他系统。当需要与外部的系统或服务进行交互时,Function Calling 技术就派上了用场。Function Calling 技术就像一座"桥梁",它允许大模型调用外部的函数或 API,实现与其他系统的数据共享和功能协同。例如,在开发一个旅游规划应用时,可能需要对接航班查询系统、酒店预订系统等外部服务。通过 Function Calling 技术,大模型可以调用这些系统的 API,获取实时的航班信息、酒店信息等数据,从而为用户生成更精准、更实用的旅游规划方案。这种技术的应用,不仅能够丰富模型的功能,还能提升应用的用户体验和实用性。

5. 判断是否值得尝试微调:Fine-tuning 技术的适用场景

如果不需要对接其他系统,那么就要判断是否值得尝试微调。当需求具有特定的业务场景和数据特点,且现有的预训练模型在性能上无法完全满足需求时,就可以考虑使用历史数据进行微调。Fine-tuning 技术就像为模型进行一次"个性化定制",通过特定任务的历史数据对预训练模型进行进一步的训练,使模型能够更好地适应特定任务的需求。例如,在电商领域的商品推荐系统中,由于不同电商平台的用户行为和商品数据存在差异,通过该平台的历史交易数据对通用的推荐模型进行微调,可以使模型更好地理解平台的用户偏好和商品特点,从而提高推荐的准确性和个性化程度。

6. 交付:技术路线选择的最终成果落地

如果经过判断不值得尝试微调,或者已完成微调,就可以进入交付阶段。交付阶段是整个技术路线选择流程的最终目标,它意味着经过一系列的筛选和优化，最终确定的技术方案将被实施和部署，以满足最初的业务需求。在这一步，需要进行全面的测试和验证，确保技术方案的稳定性、可靠性和性能表现。同时，还需要对相关人员进行培训，使其能够熟练使用和维护新的技术系统，从而实现技术成果的顺利落地和应用。

综上，选择技术路线是一个逐步筛选、优化的过程，每个步骤都紧密相连，共同为实现高效、精准的技术方案服务。

8.3 大模型在多模态数据分析中的应用

多模态数据涵盖文本、图像、音频、视频等多种类型的数据，其丰富性为深入洞察数据背后的信息提供了广阔空间。传统的数据处理、融合与分析方法在面对多模态数据时存在诸多局限性，而大模型的出现为多模态数据分析带来了新的契机。下面将深入探讨大模型如何在多模态数据处理、多模态数据融合与分析过程中发挥关键作用，并通过实际案例对比展现其相较于传统方法以及机器学习、深度学习方法的显著优势。

8.3.1 大模型助力多模态数据处理

在多模态数据处理中，传统方法对不同模态数据往往采用独立的预处理流程。

以图像和文本数据为例，图像数据的处理较为复杂，首先要进行降噪操作，去除图像采集过程中引入的噪声干扰，这通常需要使用高斯滤波、中值滤波等算法。接着，为了满足后续模型输入的要求，需要对图像尺寸进行调整，将不同分辨率的图像缩放到统一尺寸，这个过程可能会造成图像细节的丢失。最后进行归一化，把图像像素值映射到特定范围，如 $0\sim1$ 或 $-1\sim1$，以加快模型训练的收敛速度。文本数据处理同样烦琐，首先要进行分词，将连续的文本切分成一个个单词或词语，不同语言的分词方式差异较大，如中文需要借助分词工具，像 jieba 等工具，英文相对简单些，但也存在处理缩写、复合词等情况。之后要去除停用词，如"的""在""is""and"等，它们虽在语法上有作用，但对文本语义分析贡献不大，去除它们能降低数据量，提高处理效率。最后，为了能让计算机理解文本语义，需要将文本转换为词向量，常用的方法有独热编码、词袋模型，但这些方法存在维度灾难、无法体现语义相似性等问题，后来发展的 Word2Vec 等方法在这方面有所改进，但仍存在局限性。

大模型凭借强大的预训练能力，可对多种模态数据进行统一的特征提取与表示学习。以 GPT-4 为代表的大模型，在自然语言处理领域表现卓越，其核心的 Transformer 架构通过自注意力机制，能够捕捉文本中的长距离依赖关系，理解文本语义。在结合适当的视觉模块后，如 CLIP 模型中的视觉部分，就能对图像描述、视频内容理解等任务提供支持。

大模型能通过海量数据学到通用特征，这得益于其大规模预训练数据和复杂的网络结构。例如，在预训练过程中，大模型能接触到数十亿级别数量的文本、图像数据，从中学到语言和视觉的底层特征模式。在处理文本与图像混合的数据集时，大模型通过联合嵌入空间，将不同模态的数据映射到同一语义空间。以图像描述生成任务为例，模型对图像进行特征提取，得到视觉特征向量，对描述图像的文本进行编码，得到文本特征向量，通过在大量图像—文本对数据上进行训练，使模型学到如何将视觉特征与文本特征对应起来，降低数据预处理的复杂性，提高处理效率。而且大模型对噪声数据具有一定的稳健性，在面对社交媒体中格式不规范、存在错误拼写等文本数据，以及模糊、有噪点的图像数据时，仍能从中提取出有效的特征。

例如，电商平台拥有大量的商品图像和文本描述数据。以往采用传统方法，需要分别对图像进行特征提取，通常使用卷积神经网络（CNN），如经典的 ResNet、VGG 等模型，通过多层卷积和池化操作提取图像的局部和全局特征。对文本进行关键词提取和分类等操作，使用 TF-IDF 算法提取关键词，用朴素贝叶斯等分类算法对文本进行分类，然后尝试融合二者信息用于商品推荐。但由于图像特征和文本特征的提取是独立进行的，后续融合时难以找到二者的有效关联，推荐不够准确，而且整个流程从数据读取、预处理到特征提取，每一步都需要大量的计算资源，耗时较长。

引入大模型后，通过多模态大模型对商品图像和文本描述数据同时进行学习，模型中的自注意力机制能自动捕捉二者之间的关联，比如关注商品图像中的关键区域与文本描述中的对应商品属性词汇。在进行商品推荐时，推荐准确率明显提升，并且节省了数据处理时间。这是因为大模型统一的特征提取和表示学习方式，减少了数据预处理步骤，而且能更有效地挖掘不同模态数据间的潜在联系，这大大提高了电商平台的运营效率，为用户提供了更精准的商品推荐服务，提高了用户购买转化率。

8.3.2 大模型助力多模态数据融合

传统多模态数据融合方法主要分为特征级、决策级和数据级融合 3 种方式，每一种方式都存在明显短板。在特征级融合中，首先要对不同模态的数据分别进行特征提取。以图像和文本为例，图像可能通过卷积神经网络提取边缘、纹理等视觉特征，文本则借助词向量模型获取语义特征。然而，不同模态的特征在维度、尺度和分布上差异巨大。图像特征可能是高维向量，而文本词向量的维度相对较低，简单拼接这些特征，会导致数据稀疏性增加，模型难以有效学习，融合效果大打折扣。例如，在图像—文本检索任务中，因特征融合不佳，检索准确率可能仅能达到 50%。

决策级融合是先针对各模态数据分别训练模型并做出决策，再将这些决策结果融合。这种方式最大的问题在于，在各模态独立决策过程中可能会损失大量的原始数据信息，不同模态决策之间缺乏深度协同。比如，在一个视频情感分析任务中，视频包含图像和音频模态，若分别用图像分析模型判断情感为"中性"，音频分析模型判断情感为"积极"，那么通过简单平均或投票等融合策略很难精准判断真实情感，因为它们忽略了图像与音频之间可能存在的复杂关联，导致最终分析结果不准确。

数据级融合看似直接，即将不同模态的原始数据合并处理，但实际操作困难重重。不同模态数据的格式、结构天差地别，图像是像素矩阵，文本是字符序列，音频是波形数据，要将它们统一起来非常棘手，而且原始数据量巨大，直接处理会给计算资源带来极大的压力，在实际应用中数据级融合可行性较低。

大模型借助先进的自注意力机制等技术，实现了自适应、精准的数据融合。以当下热门的视觉—语言大模型 CLIP 为例，在处理图像和对应的文本描述时，模型中的自注意力模块会动态计算图像不同区域的特征与文本中不同词汇之间的关联权重。比如，一幅包含狗在草地上奔跑的图像，文本描述为"一只小狗在绿色草地上欢快奔跑"，自注意力机制能让模型关注到图像中狗的区域与文本中"小狗"词汇的对应关系，以及草地区域与"绿色草地"词汇的对应关系，从而更好地融合二者。这种动态调整权重的方式，完全基于数据本身的特征，无须人工预先设定复杂融合规则，能根据不同任务和数据特点进行自动优化，这极大地提升了融合的效果。

而且大模型拥有强大的跨模态理解能力，能够处理更复杂的多模态数据组合。在融合视频、音频与文本数据时，它可以挖掘其中深层次的语义关联。例如，在电影场景分析中，结合电影画面、角色对话音频及字幕文本，大模型能理解角色动作、语音情感和台词含义之间的协同关系，准确判断出场景氛围是紧张、欢快还是悲伤等，为深入的视频内容分析提供了有力的支持。

例如，在智能安防领域，传统安防系统对监控视频的图像分析与音频检测是分开进行的。图像分析主要通过目标检测算法识别人员、物体等，音频检测则专注于异常声音，如玻璃破碎声、尖叫声等。然后在决策层次，简单地将通过图像分析判断有人员闯入与通过音频检测到异常声音这两个结果进行融合，判断是否存在安全威胁。但这种方式在实际应用中问题频发，在嘈杂环境下，音频检测极易受到干扰，产生大量误报；而且图像与音频信息由于前期独立处理，融合时关联并不紧密，很多潜在安全威胁被忽略。

采用多模态大模型后，情况得到了极大的改善。模型能够同时对视频中的图像信息和音频信息进行深度处理，通过自注意力机制学习二者之间的复杂关联。例如，当画面中出现人员异常奔跑动作时，模型会自动关注音频中是否有相应的呼喊声或脚步声变化；当检测到异常音频时，也会回溯图像寻找可能的源头。在实际应用场景的测试中，多模态大模型可以显著提高安防系统的可靠性，有效保障监控区域的安全，降低人力监控成本和减少误判带来的损失。

8.3.3 大模型助力多模态数据分析

传统机器学习和深度学习方法在多模态数据分析中，面临诸多挑战。首先，它们通常针对特定任务和模态设计模型，这使模型的泛化性能极为有限。以情感分析任务为例，若仅依靠文本数据训练模型，模型只能捕捉到文本中的词汇、语法结构所蕴含的情感信息，而对于图像、音频等其他模态中丰富的情感线索，如图像中人物的表情、音频中说话者的语调等，完全无法利用。这种单模态分析方式导致对数据的理解片面，难以适应复杂多变的实际场景。

其次，传统方法在处理大规模多模态数据时，计算资源需求呈指数级增长。在对大量视频、图像和文本数据进行分析时，不仅需要强大的硬件支持，如高性能的图形处理单元（GPU）集群，而且随着数据量的持续增加，计算资源很快就会捉襟见肘。并且，这些方法的扩展性较差，当新的数据类型或模态加入时，往往需要对整个模型架构进行大规模修改和重新训练，这样做成本高昂且耗时费力。

然后，对于复杂的多模态数据关系挖掘，传统方法严重依赖大量人工设计特征。这不仅要求数据分析人员具备深厚的领域知识，而且特征工程过程烦琐且容易出错。例如，在分析社交媒体数据时，要挖掘用户发布的文本、图像、视频之间的潜在关系，需要人工设计诸如图像主题与文本关键词匹配度、视频场景与文本情感倾向关联等复杂特征，效率极低。同时，模型架构的调整也需要反复试验，难以快速找到最优方案。

大模型展现出强大的泛化性能和复杂关系推理能力。通过在海量多模态数据上进行预训练，大模型学到了通用的知识和模式，能够在多种多模态任务上进行迁移学习。例如，一个在大量文本—图像对数据上预训练的大模型，在面对新的图像描述生成任务时，无须从头开始训练，只需在少量特定任务数据上进行微调，就能快速适应并生成高质量的图像描述。这种迁移学习能力极大地提高了模型的应用范围和效率。

在分析多模态数据时，大模型能够挖掘不同模态数据之间隐藏的复杂关系。以新闻报道分析为例，结合文本内容、相关图像以及视频片段，大模型可以通过其复杂的神经网络结构和自注意力机制，推断出事件的发展脉络。

大模型能够理解文本中对事件的叙述与图像中场景的对应关系，以及视频中人物的动作、语言与文本描述的相互印证，进而全面地分析事件对不同群体的影响、相关人物的情感倾向等多方面信息。这种深度挖掘能力远远超越了传统方法。

此外，大模型在处理大规模多模态数据方面表现出色。借助分布式计算等先进技术，大模型能够将大规模数据分割成多个部分，在多个计算节点上并行处理，这大大提高了计算效率。而且，随着数据量的增加，大模型能够不断学习新的知识和模式，其性能能够持续提升。例如，在分析互联网上每日产生的海量多模态数据时，大模型能够快速处理并从中提取有价值的信息，为商业决策、舆情监测等提供有力支持。

8.4 GPT 与 DeepSeek：多模态数据分析领域的交锋

在当今大模型技术发展的舞台上，美国 OpenAI 公司推出的 GPT 系列，作为多模态大模型领域的老牌强者，凭借多年技术沉淀和先发优势，稳稳占据着行业头部位置，是推动多模态数据分析技术发展的重要力量。其基于 Transformer 架构不断迭代升级，通过对海量文本、图像等多模态数据的训练，为行业树立了技术标杆。

如今来自中国的 DeepSeek 异军突起，靠着自主创新的 DeepSeek-V2 架构、FP8 混合精度训练等突破性技术，在多模态数据分析领域实现弯道超车。

这种来自中美两大科技力量的竞争，不仅展现了东西方技术创新的不同路径，二者的激烈碰撞更为多模态数据分析领域注入了前所未有的创新活力，推动着行业技术边界不断拓展。

8.4.1 GPT：多模态先驱，当下实力究竟几何

GPT 系列作为大模型领域的先驱者，在多模态数据分析方面的探索与实践由来已久，其发展历程不仅见证了技术的迭代演进，也深刻影响了整个行业的发展方向。以 GPT-4 为代表，它在多模态数据分析领域展现出了强大的实

力，同时也面临着一些挑战。

从架构基础来看，GPT-4 采用了传统的 Transformer 架构。这一架构自问世以来，凭借其卓越的并行计算能力和对长序列数据的有效处理能力，成为众多自然语言处理模型的基石。在 GPT-4 中，Transformer 架构通过多头注意力机制，能够同时关注输入数据的不同部分，从而更全面地捕捉数据特征。例如，在处理包含文本描述和图像的多模态数据时，多头注意力机制可以分别聚焦于文本中的关键信息和图像中的不同区域，进而深入理解数据间的潜在联系。尽管 GPT-4 的内部架构细节并未完全公开，但基于 Transformer 架构的设计为其多模态数据处理能力提供了坚实的支撑。

在训练策略上，GPT-4 运用传统的预训练方法，在大规模的文本、图像等多模态数据上进行训练。这种广泛的数据训练使模型能够学到丰富的知识和语言模式，对各种多模态信息具备一定的理解能力。在混合精度训练方面，GPT-4 采用 FP16/BF16 混合精度。相较于单精度训练，混合精度训练在保持模型精度的同时，能够显著提高训练速度并降低计算资源的消耗。通过在不同精度之间灵活切换，模型在处理大规模多模态数据时，既可以利用半精度数据快速进行计算，又能在关键环节使用更高精度的数据来确保准确性。不过，GPT-4 具体的训练参数，如训练数据规模、迭代次数等，并未对外公开，这在一定程度上增加了外界对其训练过程深入理解的难度。

在多模态数据分析的实际能力方面，GPT-4 表现出了出色的综合素养。当面对文本与图像相结合的多模态数据时，它能够基于大量的预训练数据，精准地理解图像描述文本与图像内容之间的内在关联。例如，在处理电商平台上商品图像及其文字描述的多模态数据时，GPT-4 可以准确提取商品的关键特征，像颜色、尺寸、款式、功能等，并根据这些特征对商品进行合理分类，同时还能判断商品的属性，如是否为电子产品、是否适合户外运动等。在处理包含文本和音频的多模态数据时，GPT-4 能够识别音频中的语音内容，并将其与文本信息进行关联分析，实现对语音指令的准确理解和执行。

然而，GPT-4 在多模态数据分析领域也并非完美无缺。随着数据规模的不断增长和应用场景的日益复杂，其在处理海量多模态数据时，推理速度会受到一定的影响。由于 Transformer 架构在计算过程中对内存的需求较大，当处理大规模的图像、音频等数据时，内存占用问题会导致推理速度下降。此外，在一些对计算资源有限制的场景下，如移动设备或边缘计算设备，GPT-4 的运行成本相对较高，这在一定程度上限制了其在这些场景中的广泛应用。而且，虽然 GPT-4 在多模态数据分析方面表现出色，但在某些特定领域的专业多模态数据分析中，如医疗影像与文本报告结合的精准诊断、工业设计中图纸与文字说明的深度分析等，它可能还无法满足专业领域的高精度、高可靠性需求。

GPT-4 作为多模态数据分析领域的先驱代表，拥有深厚的技术积累和强大的综合能力，在众多场景中都有着出色的表现。但面对不断发展的技术需求和多样化的应用场景，它也需要不断优化和改进，以适应日益复杂的多模态数据处理任务。

8.4.2　DeepSeek：新晋黑马，突破重围有何独特优势

在大模型蓬勃发展的浪潮中，DeepSeek 宛如一匹强劲的黑马，凭借一系列创新技术和独特优势，在多模态数据分析领域迅速崭露头角，为该领域带来了全新的活力与解决方案。

从架构层面来看，DeepSeek 基于改进版的 DeepSeek-V2 架构，这是对标准 Transformer 架构的深度优化。这种优化并非简单的调整，而是从多个关键维度进行了革新。在注意力机制方面，它对标准 Transformer 架构的注意力计算方式进行了改进。通过更高效的算法设计，使模型在处理多模态数据时，能够更加精准地聚焦于关键信息，减少无关信息的干扰。以处理图文结合的多模态数据为例，它能更敏锐地捕捉图像中与文本描述紧密相关的区域，进而提升对整体数据的理解和分析能力。与传统的 Transformer 架构相比，DeepSeek-V2 架构在计算效率上有显著提升，能够在相同时间内处理更多的数据，为大规模多模态数据分析提供有力的支持。

训练方法是 DeepSeek 的一大亮点。DeepSeek 采用了独特的预训练方法，这种方法区别于传统的预训练模式，通过引入新颖的训练目标和策略，使模型能够更好地学习多模态数据的内在特征和规律。在预训练阶段，DeepSeek 不仅利用了海量的文本数据，还融合了图像、音频等多模态数据，让模型在多模态环境下进行学习，从而增强其对不同模态数据的理解和融合能力。引

入 FP8 混合精度训练是 DeepSeek 的又一创新之举。与常见的 FP16 或 BF16 混合精度训练相比，FP8 混合精度训练在保证模型精度的同时，进一步提高了计算效率。它通过在计算过程中灵活切换不同精度的数据表示，在非关键计算环节采用较低精度的数据进行计算，大幅降低了计算量和内存占用，而在关键节点则使用较高精度的数据以确保模型的准确性。采用更大的训练 batch size 也是 DeepSeek 训练过程中的重要策略。较大的 batch size 意味着模型在一次训练中可以处理更多的数据样本，这使模型能够学到更全面的数据特征，降低训练过程中的噪声影响，从而加快模型的收敛速度，提高训练效果。

在多模态数据分析的实际应用中，DeepSeek 展现出诸多显著优势。输入命中缓存机制是其提升推理速度的关键技术之一。在处理多模态数据时，许多数据可能存在重复或相似的部分，DeepSeek 的输入命中缓存机制能够快速识别这些重复输入，并直接返回缓存中的结果，这极大地缩短了模型的推理时间。在实时视频分析场景中，视频画面中的一些背景元素、常见物体等可能会频繁出现，DeepSeek 利用缓存机制可以快速处理这些重复信息，将更多的计算资源用于分析视频中的动态变化和关键事件，从而实现对视频内容的实时、高效分析。

FP8 推理和动态批处理优化进一步提升了 DeepSeek 在多模态数据分析中的性能。FP8 推理在降低计算精度的同时，通过优化算法和硬件适配，有效地提升了推理速度。在处理大规模图像或音频数据时，这种速度提升尤为明显。动态批处理优化则根据输入数据的特点和系统资源的使用情况，自动调整批处理的大小。当系统资源充足时，增加批处理大小以提高计算效率；当系统资源紧张时，适当减小批处理大小，确保系统稳定运行，避免因资源不足导致的计算错误或性能下降。这一优化策略使 DeepSeek 在不同的硬件环境和数据规模下都能保持良好的性能表现。

在专业领域的多模态数据分析中，DeepSeek 同样表现出色。在编程领域，DeepSeek-Coder 专门针对代码生成进行了优化，具备强大的多语言支持能力。无论是常见的 Python、Java，还是一些小众的编程语言，DeepSeek-Coder 都能准确理解代码需求并生成高质量的代码。它对代码的解释详细入微，不仅能够生成代码，还能清晰地阐述代码的逻辑结构、功能实现原理以及潜在的优化方向，这对于开发者理解和维护代码、进行多模态编程（如结合代码注释和代码片段进行开发）具有重要意义。在数学领域，DeepSeek 拥有专门的数学解析器和优化算法。当面对包含数学公式、图表（图像模态）与文字描述（文本模态）的多模态数据时，DeepSeek 能够利用数学解析器准确识别和解析数学公式，结合优化算法高效地求解数学问题，相比通用的语言模型推理，其在数学多模态数据分析方面具有更高的准确性和专业性。

DeepSeek 凭借在架构、训练方法、推理优化及专业领域能力等多方面的独特优势，在多模态数据分析领域成功突破重围，为相关应用提供了更高效、更专业的解决方案，成为推动多模态数据分析技术发展的重要力量。

8.4.3 巅峰对垒：GPT 与 DeepSeek 多模态数据分析比拼

GPT 和 DeepSeek 在技术特点、应用场景、推理能力及语言文化适配等方面都存在诸多差异，各自展现出独特的优势与特点，深入了解这些差异，才能帮助我们在不同场景下确定并选择合适的工具。

1. 技术特点

GPT 系列模型以其强大的通用性和多模态能力著称。以 GPT-4 及其优化版本 GPT-4o 为例，它们支持文本、图像、音频等多种模态的输入，输出则以文本形式呈现。这种多模态的支持使模型能够实现跨语言、跨媒介的实时互译等复杂任务。例如，在国际会议场景中，参会人员可以使用不同语言发言并展示相关图片资料，GPT 能够快速将这些输入转换为准确的文本翻译，帮助不同语言背景的人员顺畅交流。值得一提的是，GPT-4o 在响应速度上表现出色，平均响应速度极快，几乎接近人类对话的反应时间，这极大地提升了用户的交互体验，在实时问答等场景中优势明显。

DeepSeek 在多模态领域的拓展同样令人瞩目。以"海螺 AI"为代表，其具备强大的多模态交互能力。在语音合成方面，DeepSeek 的语音引擎运用情感向量建模技术构建语音库，实现了从传统单一语调向丰富情感表达的重大跃迁。比如，在有声小说朗读场景中，能够根据文本情节的起伏，生动地表现出喜怒哀乐等不同情感，使听众获得更好的沉浸式体验。同时，DeepSeek 设有上下文连贯性保障模块，确保长文本语义连贯，避免在语音合成过程中出现语义断裂的情况。在图像识别领域，DeepSeek 能自动识别和分析图像中的关键信息，并将其精准转换为文本数据，如在处理产品说明书图像时，可快速提取文字内容并将其转换为可编辑文本，方便用户进一步处理。

2. 应用场景

由于其出色的多模态处理能力和广泛的语言支持，GPT 在多种应用场景中表现出色。在跨文化交流方面，它能够准确理解不同语言背后的文化内涵，进行高质量的翻译，消除语言和文化障碍。在实时客服领域，快速的响应速度和强大的语言理解能力使其能够高效解答用户问题，提升用户满意度。在多媒体内容创作方面，无论是撰写文章、生成故事脚本还是创作诗歌，GPT 都能提供丰富的创意和高质量的文本输出。特别是在科研报告撰写、长篇写作、高精度翻译及复杂问题解答等对语言质量和知识储备要求较高的场景中，GPT 展现出卓越的性能，能够帮助用户高效完成任务。

DeepSeek 更侧重于垂直领域的应用。在金融领域，它能够高效处理和分析财务报告、报表等图像资料，帮助金融从业者快速提取关键数据和信息，进行财务分析和决策。例如，在审计工作中，DeepSeek 可以快速扫描大量财务报表图像，识别异常数据并生成分析报告。在医疗领域，它可辅助医生对医疗影像进行分析，识别潜在病症，提高诊断效率和准确性。在代码生成方面，DeepSeek 能够根据需求描述自动生成高质量的代码片段，提高软件开发效率。在飞书平台上，DeepSeek 能助力多维表格实现数据的聚类分析、趋势预测等复杂操作，为企业数据分析提供有力支持。此外，在智能文献管理系统中，DeepSeek 能够实现 PDF 文档的自动解析，帮助用户快速提取文档中的关键信息，进行文献整理和研究。

3. 推理能力

GPT 在推理能力方面主要通过人类反馈强化学习来优化对话的安全性与连贯性，以提升用户体验。在日常对话场景中，GPT 能够根据用户的提问，生成逻辑连贯、符合语言习惯的答案，让交流更加自然流畅。然而，在面对一些复杂的逻辑推理任务，如数学难题、复杂的代码逻辑推导及深入的金融分析时，GPT 的表现相对弱于 DeepSeek。

DeepSeek依赖强化学习与蒸馏技术，在数学、代码、金融分析等任务上展现出更强的推理能力。在解决数学问题时，DeepSeek能够快速分析题目条件，运用合适的算法和逻辑进行推导，得出准确答案。在代码生成和分析过程中，DeepSeek能够准确理解需求，生成高质量、逻辑严谨的代码，并能对代码中的错误进行精准排查和修正。在金融分析领域，DeepSeek能够对复杂的市场数据和财务数据进行深入分析，预测市场趋势，为投资者提供有价值的决策参考。不过，由于在推理过程中更侧重于逻辑的严谨性，DeepSeek可能在一定程度上牺牲了语言的流畅性，在一些对语言表达流畅度要求极高的场景中稍显不足。

4. 语言文化适配

GPT的训练数据覆盖全球多种语言，来源极为广泛。这使它在处理多种语言任务时具备一定的基础。然而，从整体来看，其训练数据更偏向英语环境，在中文场景中可能出现文化适配性不足的问题。例如，对于一些具有深厚中国文化内涵的成语、俗语，GPT可能无法准确理解其背后的文化意义，导致在翻译或解释时出现偏差。在涉及中国特色行业术语时，GPT也可能因为缺乏足够的针对性训练而无法给出准确的表述。

DeepSeek由中国本土团队研发，在训练过程中涉及大量中文语料。这使它对中文成语、文化背景及行业术语具有更强的适配性。在回答中文用户的问题时，DeepSeek能够充分考虑中国文化特色，给出贴合本土用户习惯的响应。比如，在解释成语含义时，DeepSeek能够详细阐述其来源、典故及在现代语境中的用法；在处理专业领域的中文术语时，DeepSeek能够准确理解并运用相关知识进行解答，为中国用户提供更加贴心、准确的服务。

8.5 小结

本章围绕基于大模型的多模态数据分析展开深入探讨。大模型作为处理多模态数据的有力工具，凭借其大规模参数、复杂计算结构等特点，在多模态数据分析中发挥着不可替代的作用，包括特征融合与选择、交互式学习与表示学习以及综合决策和优化等方面。

在大模型应用架构层面，业务架构涵盖 AI Embedded、AI Copilot、AI Agent 共 3 种模式，分别在不同程度上实现了人类与 AI 的协作，拓展了大模型能力的边界；技术架构包括纯 Prompt、Agent + Function Calling、RAG、Fine-tuning 等技术，开发者需要依据具体需求选择合适的技术路线，这一过程涉及准备测试数据、验证可行性、判断知识补充需求、对接系统需求、考虑微调可行性及交付等多个关键步骤。

大模型在多模态数据处理、融合与分析中优势显著。相比传统方法，大模型能统一进行特征提取与表示学习，降低预处理复杂性，对噪声数据有稳健性；借助自注意力机制实现精准数据融合，处理复杂多模态数据组合；具备强大的泛化性能和复杂的关系推理能力，高效处理大规模数据。

以 GPT 和 DeepSeek 为代表的大模型在多模态数据分析领域各具特色。GPT 作为先驱，基于 Transformer 架构，通过广泛预训练积累知识，但在推理速度、特定场景应用上存在局限；DeepSeek 通过架构优化、创新训练方法和推理技术，在推理速度、专业领域分析等方面表现突出。二者在技术特点、应用场景、推理能力和语言文化适配性上差异明显，为不同需求的用户提供了多样化的选择。

随着技术的不断发展，基于大模型的多模态数据分析将在更多领域得到应用并持续优化，为解决复杂的实际问题提供更强大的支持，推动各行业的智能化发展进程。

第9章

实战案例：挖掘肺部病变，赋能精准医疗

前面我们学习了很多模型算法的理论基础，也有了一些实操经验，接下来我们进行更深层次的案例学习。

本章主要内容如下：

- 多模态数据分析在医疗领域的发展和应用现状。
- 肺部病变识别的背景介绍。
- 肺部病变识别的实践过程。

9.1 多模态数据分析在医疗领域的发展和应用现状

随着互联网技术的发展和广泛应用，我们已经进入数字化时代。医疗领域也逐步走上了数字化的道路，实现了临床数据、诊断数据和检查数据等一系列非结构化数据的记录和入库。这些医疗健康数据不仅满足了个人的健康需求，还为社会和医疗领域积累了宝贵的研究财富。

大数据分析在医疗领域受到了广泛关注。对于医务人员来说，大数据分析可以帮助他们有效回顾以往病例，提高诊断效率。对于病人来说，大数据

分析能够帮助记录个人身体状态，降低疾病风险。同时，医院管理人员也可以通过大数据分析来发现医院存在的各种问题，优化运营流程，降低成本，提高效率。

除了以上应用，利用大数据分析和深度学习等算法，可以实现多模态数据的综合分析。多模态数据分析在医疗领域的应用潜力巨大，通过整合来自不同模态的数据，如临床数据、基因组数据、检验表单数据、影像数据及传感器数据等，可以全面评估疾病风险和预测疾病发展趋势。这样的综合分析可以帮助医务人员更精准地制定治疗方案，提高治疗效果，同时也有助于推动药品的研发。通过大数据分析和多模态数据综合应用，我们有望实现人类健康管理的革新，让人们少生病，实现疾病的早发现、早治疗，从而降低整体的疾病发生率。

表 9-1 总结了一些大数据在医疗领域的数据挖掘应用案例和背后的算法理论支持。

表 9-1 一些大数据在医疗领域的数据挖掘应用案例和背后的算法理论支持

应用	案例	算法理论
基因检测	将基因作为变量用于预测患病风险	回归分析、机器学习、统计分析
决策支持	利用历史案例分析病因	搜索算法、大模型、深度学习
患者画像	利用大数据识别潜在患者	统计分析、机器学习
药品研发	通过实验评估药品有效性	回归分析、统计分析
医院管理	利用数据预测药物消耗速度	回归分析、统计分析、运筹学

随着数据的快速增长，数据结构变得复杂多样。在医疗领域，收集数据只是一小步工作，更多的工作集中于数据清洗和数据分析应用，表 9-2 展示了复杂多样的医疗数据。

表 9-2 复杂多样的医疗数据

数据源	数据类型	具体数据
诊断书	电子文本或纸质文本数据	癌症诊断书、职业病诊断书
检验报告	电子文本或纸质文本数据	血常规、尿常规、胆固醇检验

续表

数据源	数据类型	具体数据
体检报告	电子文本、格式化数据	身高、体重、血压
人口统计	电子文本、格式化数据	年龄、性别、地域
医疗影像	多维图像数据	X光、CT、B超、核磁共振

下面将结合业务问题介绍多模态数据分析在识别肺部病变领域的应用。

9.2 肺部病变识别的背景介绍

肺癌是一种源于肺部的恶性肿瘤，是对人民群众生命健康威胁最大的恶性肿瘤之一。肺癌一般的诱因是肺部疾病，长期暴露在危险环境中的人群和吸烟人群是肺癌的重灾区。

早期肺癌一般是由肺结节发展而来的，如果能在早期的健康监测中确诊肺结节，那么一般可以在肺癌早期控制住病情。而想要确诊肺结节，最重要的莫过于使用病人的肺部影像进行肺结节识别。但是肺结节的尺寸差异很大，通过肺部 CT 影像识别肺结节与结节形状、拍照环境等因素有关，识别难度很大。而且，一名患者的影像往往有上百张，识别肺结节的工作量繁重，同时能识别肺结节的医生必然接受过大量的专业训练，相关人才较少，二者之间的不匹配让人工智能有了极大的舞台。

基于深度学习方法检测医疗影像中的病灶区域是目前的研究热点，2016 年 Ren 等人提出了 Faster R-CNN 模型，该模型可用于辅助图像定位和目标物体识别。可以将该模型应用于病灶检测，其主要过程分为两个阶段：第一个阶段通过 RPN 网络对暴力生成的框（一般是原图像的一小部分）进行初步筛选，将可能存在物体的框留下；第二个阶段对这些框进行预测分类，并且对第一个阶段的结果进行修正。在病灶检测中，可以在第一个阶段找出可能有病变的区域，在第二个阶段预测病变的位置并分类，最后得到病变位置的概率分布。

之后 SSD、YOLO 等算法出现，它们完善了目标检测和识别的各个"痛点"

功能。但这些算法的底层逻辑对于本书来说过于复杂，代码量也相对较大，所以在下面的例子中，我们仅使用 CNN 做样例来介绍肺部病变的识别与应用。

9.3 肺部病变识别的实践过程

9.3.1 CT 影像数据预处理

下面选取公共数据集 LUNA16 来展示如何进行肺部病变的识别与应用。LUNA16 数据集是为 2016 年的肺结节算法分析挑战赛从 LIDC-IDRI 数据集的 36378 个结节中筛选出来的，保留了大于 3mm 的结节共 5765 个。然后通过将相邻的区域融合并选择 3 个及以上的医生觉得有结节的区域作为结节样本，一共获得了 1186 个图像数据。LUNA16 数据集保留了 888 个样本源文件，分成了 10 个子文件，将它们作为统一的十折交叉验证集合。每个病例有两个文件：raw 文件存储实际的 CT 影像数据，mhd 文件存储 CT 影像的拍摄信息。名为 annotations.csv 的文件用于存储由专家标注的各个病例的肺结节的相对位置和大小。

利用 Python 中的 SimpleITK 库可以打开 mhd 文件，得到图像的原点信息和尺寸，方便后续的文件处理。annotations 文件记录了每个结节的相对位置和大小，需要进行坐标变换才能得到结节的真实位置。用下面的代码读取 annotations.csv 文件并查看前几行数据：

```
datajie=pd.read_csv('annotations.csv')
datajie.head()
```

annotations 表格数据展示如图 9-1 所示。

	seriesuid	coordX	coordY	coordZ	diameter_mm
0	1.3.6.1.4.1.14519.5.2.1.6279.6001.100225287222...	-128.699421	-175.319272	-298.387506	5.651471
1	1.3.6.1.4.1.14519.5.2.1.6279.6001.100225287222...	103.783651	-211.925149	-227.121250	4.224708
2	1.3.6.1.4.1.14519.5.2.1.6279.6001.100398138793...	69.639017	-140.944586	876.374496	5.786348
3	1.3.6.1.4.1.14519.5.2.1.6279.6001.100621383016...	-24.013824	192.102405	-391.081276	8.143262
4	1.3.6.1.4.1.14519.5.2.1.6279.6001.100621383016...	2.441547	172.464881	-405.493732	18.545150

图 9-1 annotations 表格数据展示

我们将结节文件放到 luna 文件夹下，首先将每个文件的名称和文件位置做一个对照表，代码如下：

```
list1=os.listdir('./luna')
filename=[]
fileplace=[]
for i in list1:
    list2=os.listdir('./luna/'+i)
    for u in list2:
        if u[-1]=='d':
            filename.append(u[:-4])
            fileplace.append(i)
dataplace=pd.DataFrame()
dataplace['filename']=filename
dataplace['fileplace']=fileplace
dataplace.to_csv('dataplace.csv',index=False)
```

这样可以得到一个名为 dataplace.csv 的文件，并将其保存到根目录下，这个文件记录了每个 CT 影像文件位于哪个文件夹内。用下面的代码查看 dataplace.csv 文件的前几行数据：

```
dataplace.head()
```

文件路径展示如图 9-2 所示。

	filename	fileplace
0	1.3.6.1.4.1.14519.5.2.1.6279.6001.100684836163...	subset1
1	1.3.6.1.4.1.14519.5.2.1.6279.6001.104562737760...	subset1
2	1.3.6.1.4.1.14519.5.2.1.6279.6001.106719103982...	subset1
3	1.3.6.1.4.1.14519.5.2.1.6279.6001.108231420525...	subset1
4	1.3.6.1.4.1.14519.5.2.1.6279.6001.111017101339...	subset1

图 9-2 文件路径展示

SimpleITK 库中有很多内置函数，可以帮助我们处理 mhd 文件和 raw 文件中的数据：

```
import SimpleITK as sitk
import matplotlib.pyplot as plt
path='./luna/subset4/'+list2[0]
# 查看图像信息，需要使用 sitk.ReadImage 函数打开 mhd 文件
```

```
itkimage=sitk.ReadImage(path)
# print(itkimage)
# 使用 sitk.GetArrayFromImage 函数直接将 raw 文件转换为三维数组
image=sitk.GetArrayFromImage(itkimage)
# 直接查看第 101 张切片
plt.imshow(image[100,:,:])
```

切片图像展示如图 9-3 所示。

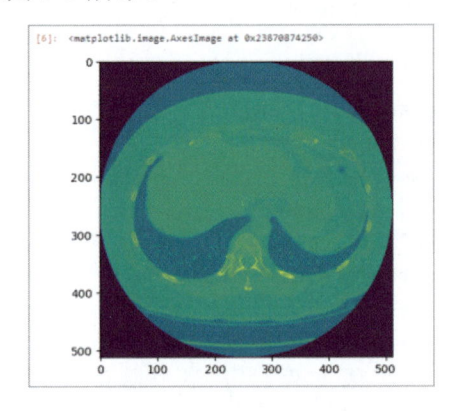

图 9-3 切片图像展示

医疗影像图像一般使用的是 raw 格式，这种图像大都需要进行一些后期处理，比如做一些阈值分割，让肌肉和心脏等不相干的区域可以被识别或者直接裁剪掉这些区域。由于这些内容涉及其他领域的知识，本书就不做处理了。不做处理会增加一些噪声，影响模型的准确率，但是泛化性能也会相应增强。

Faster R-CNN 等目标识别算法模型可以直接用于识别图像中的物体并分类，我们直接使用卷积神经网络 CNN 来演示裁剪图像。图像尺寸过大会让计算机难以把握学习内容，在无意义的图像点上消耗大量的内存。经过上一步的数据读取和格式转换，现在的图像截面大小为 512×512 的矩阵，我们可以选择 64×64 的矩阵来作为输入。

LUNA16 数据集中的肺结节数量是 1351，不足以支持大样本训练，需要对肺结节区域进行重复采样。我们将图像的中心点选在肺结节质心的周围，确保肺结节能完整地落入图像中。具体操作为：选取两个随机整数 a、b（a、b 的数值在 0 和 54 之间），设肺结节质心的坐标为 (x, y, z)，取 Z 轴的第 z 张图片，同时将 X 轴 $(x+a-64, x+a)$ 和 Y 轴 $(y+b-64, y+b)$ 这块 64×64 的矩阵区域截下来作为阳性样本。因为大部分结节的直径在 10mm 以下，所以 a 和 b 的数值不超过 54 时可以完美保留完整的结节。对每一个样本重复操作 3 次，可以得到约 4000 个阳性样本。相关代码如下：

```
datajie=pd.read_csv('annotations.csv')
dataplace=pd.read_csv('dataplace.csv')
datajie=pd.merge(datajie,dataplace,left_on='seriesuid',right_on='filename',how='left')
import random
import numpy as np
import pandas as pd
import SimpleITK as sitk
import matplotlib.pyplot as plt
# 坐标转换
def worldspace_change(worldCoord,origin,spacing):
    coord1=np.absolute(worldCoord-origin)
    coord2=coord1/spacing
    return coord2

# 定义一次裁剪过程
def one_slicing(image,worldcoord,origin,spacing):
    coord=worldspace_change(worldcoord,origin,spacing)
    data=image[int(coord[2])]
    try:
        a=random.randint(0,54)
        b=random.randint(0,54)
        x=int(coord[0])
        y=int(coord[1])
        return data[x+a-64:x+a,y+b-64:y+b].reshape(1,64,64)
    except:
        return one_slicing(image,worldcoord,origin,spacing)

# 先裁剪阳性样本
data_1=np.zeros(64*64).reshape(1,64,64)
for u in range(3):
    for i in range(len(datajie)):
        path='./luna/'+datajie['fileplace'].iloc[i]+'/'+datajie['filename'].iloc[i]+'.mhd'
        itkimage=sitk.ReadImage(path)
        image=sitk.GetArrayFromImage(itkimage)
```

```python
# 通过内置函数获取 origin
origin=np.array(itkimage.GetOrigin())
# 通过内置函数获取 spacing
spacing=np.array(itkimage.GetSpacing())
worldcoord=np.array([datajie['coordX'].iloc[i],
datajie['coordY'].iloc[i],datajie['coordZ'].iloc[i]])
jiejie=one_slicing(image,worldcoord,origin,spacing).reshape(1,64,64)
data_1=np.vstack([data_1,jiejie])

# 去掉第一个 64×64 的全 0 矩阵，最终得到阳性样本数组
data_1=data_1[1:,:,:]
```

对于阴性样本数据，可以从官方给出的 candidates.csv 文件中抽出约 4000 个样本，用相同的逻辑进行裁剪处理。以上的图像裁剪具体代码如下：

```python
# 打开 candidates.csv 文件，读取候选阴性样本数据
candidate=pd.read_csv('candidates.csv')
candidate.head()
# 获取文件位置信息
candidate=pd.merge(candidate,dataplace,left_on='seriesuid',right_on='filename',how='inner')
# 只要阴性样本
candidate=candidate[candidate['class']==0]
data_0=np.zeros(64*64).reshape(1,64,64)
for i in range(4000):
    m=random.randint(0,200000)
    path='./luna/'+candidate['fileplace'].iloc[m]+'/'+candidate['filename'].iloc[m]+'.mhd'
    itkimage=sitk.ReadImage(path)
    image=sitk.GetArrayFromImage(itkimage)
    # 通过内置函数获取 origin
    origin=np.array(itkimage.GetOrigin())
    # 通过内置函数获取 spacing
    spacing=np.array(itkimage.GetSpacing())
    worldcoord=np.array([candidate['coordX'].iloc[m],candidate['coordY'].iloc[m],candidate['coordZ'].iloc[m]])
    jiejie=one_slicing(image,worldcoord,origin,spacing).reshape(1,64,64)
    data_0=np.vstack([data_0,jiejie])
data_0=data_0[1:,:,:]
```

candidates 数据展示如图 9-4 所示

	seriesuid	coordX	coordY	coordZ	class
0	1.3.6.1.4.1.14519.5.2.1.6279.6001.100225287222...	-56.08	-67.85	-311.92	0
1	1.3.6.1.4.1.14519.5.2.1.6279.6001.100225287222...	53.21	-244.41	-245.17	0
2	1.3.6.1.4.1.14519.5.2.1.6279.6001.100225287222...	103.66	-121.80	-286.62	0
3	1.3.6.1.4.1.14519.5.2.1.6279.6001.100225287222...	-33.66	-72.75	-308.41	0
4	1.3.6.1.4.1.14519.5.2.1.6279.6001.100225287222...	-32.25	-85.36	-362.51	0

图 9-4　candidates 数据展示

LUNA16 数据集中的数据是 CT 数据，是各个点位的 X 射线衰减值，单位是 HU（亨氏单位）。其原理是 X 射线在不同介质中衰减程度不同，比如水的 HU 值是 0，空气的 HU 值是-1000。一般而言，HU 值的范围是-3000~3000，而我们输入的数据点都是 0~1 的浮点数，此处需要进行简单的数据归一化。将骨骼（HU 值 = +400）和空气（HU 值 = -1000）之间的数据点保留，将其他的区域视作噪声。归一化公式如下：

$$X = \frac{HU - HU_{min}}{HU_{max} - HU_{min}}$$

这里的 HU_{max} 就是骨骼的 HU 值，HU_{min} 就是空气的 HU 值，如果输出为灰度图，还需要乘以 255 并将其保存为 JPG 格式。相关代码如下：

```
data_0=(data_0+1000)/1400
data_1=(data_1+1000)/1400
target_1=data_1.copy()
target_0=data_0.copy()
target_1[data_1>1]=1
target_1[data_1<0]=0
target_0[data_0>1]=1
target_0[data_0<0]=0
```

本书后续将使用 TensorFlow 作为建模包库，我们可以使用 Python 独有的 pickle 模块将矩阵作为 pkl 文件保存下来。为了强化模型的学习能力，TensorFlow 将使用 0~1 的浮点数来建模，这样 HU 值基本上不会有损失。相关代码如下：

```
import pickle
import gzip
```

```python
import pickletools
pickled = pickle.dumps(target_1)
print('check point1')
# 优化 pickle 格式，压缩体积
optimized_pickle = pickletools.optimize(pickled)
del pickled
# 输出地址
filepath = "target_1.pkl"
# 向目标地址写数据
with gzip.open(filepath, "wb") as f:
    f.write(optimized_pickle)
pickled = pickle.dumps(target_0)
print('check point1')
# 优化 pickle 格式，压缩体积
optimized_pickle = pickletools.optimize(pickled)
del pickled

# 阴性样本，同理将其保存到 target_0.pkl
filepath = "target_0.pkl"
with gzip.open(filepath, "wb") as f:
    f.write(optimized_pickle)
filepath = "target_0.pkl"
with gzip.open(filepath, 'rb') as f:
    p = pickle.Unpickler(f)
    data_jiejie0 = p.load()
data_jiejie0.shape
filepath = "target_1.pkl"
with gzip.open(filepath, 'rb') as f:
    p = pickle.Unpickler(f)
    data_jiejie1 = p.load()
data_jiejie1.shape
```

裁剪完样本后，可以看看样本的图像，下面我们展示两类样本的灰度图。

```python
# 阳性样本样例
plt.figure(1,(10,7))
for i in range(6):
    a=random.randint(0,3500)
    ax=plt.subplot(2,3,i+1)
    plt.imshow(data_jiejie1[a],cmap='gray')
```

阳性样本图像展示如图 9-5 所示。

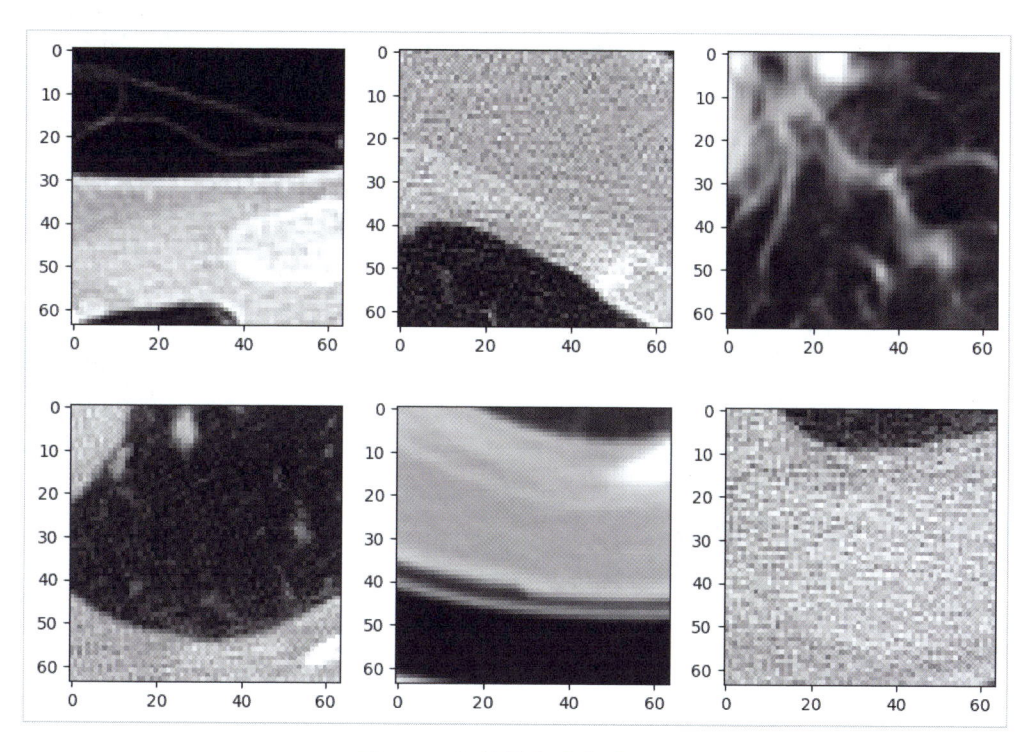

图 9-5 阳性样本图像展示

```
# 阴性样本样例
plt.figure(1,(10,7))
for i in range(6):
    a=random.randint(0,3500)
    ax=plt.subplot(2,3,i+1)
    plt.imshow(data_jiejie0[a],cmap='gray')
```

阴性样本图像展示如图 9-6 所示。

观看两类样例，这两类样本普通人基本上无法用肉眼看出区别，这也变相证明深度学习网络的识别工作在医疗领域具有一定的价值和发展空间。

做完这些准备工作，下面我们搭建一个 CNN 来识别肺结节。

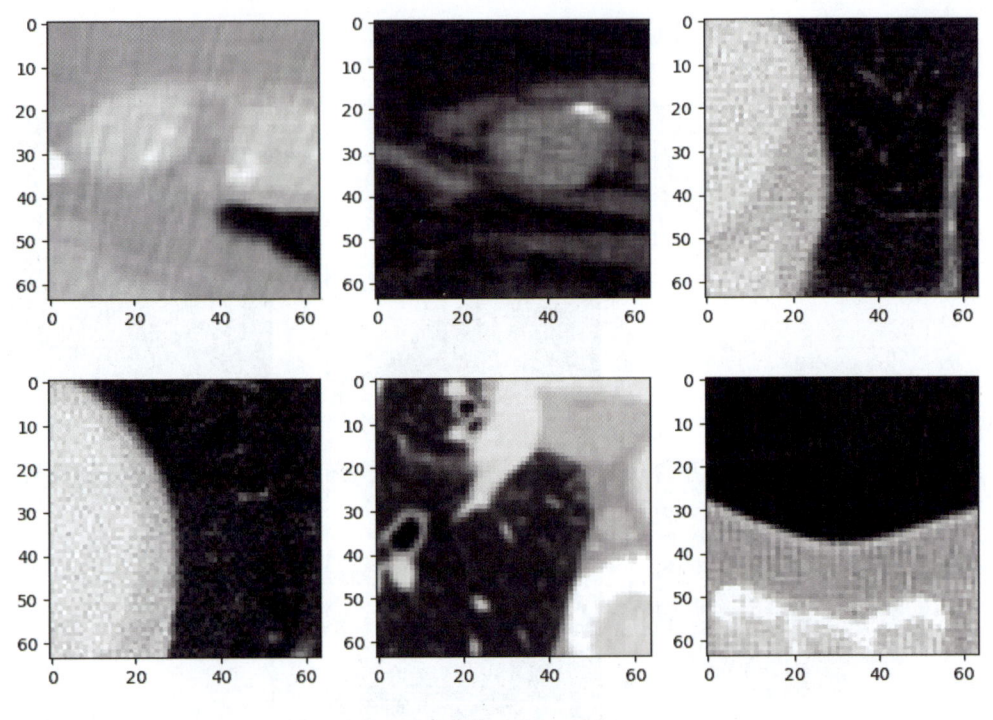

图 9-6 阴性样本图像展示

9.3.2 使用 TensorFlow 搭建 CNN 模型

在上面得到的数据基础上,搭建一个 CNN 是一个实验过程。想要得到一个有泛化性能且能保证准确率的模型,基础操作必不可少,卷积、批标准化、池化、丢弃等可以组成全操作层。考虑到输入的数据是 64×64 的矩阵,每使用一次 2×2 的池化操作将会使数据量降为原来的 1/4,所以很多操作都是围绕着池化展开的。在这里,我们使用两次卷积、两次批标准化、一次池化、一次丢弃,一共 6 层作为一次全操作,首先研究经过几次全操作可以达到最高精度,然后调整全操作层的参数。

经过一次全操作后,数据维度更新为 $n×32×32$,然后将数据连接至 512 个表层神经元层、一个 Dropout 层、两个输出神经元层,经过 100 个 epoch 训练,测试样本的精度只有 56%。

经过测试,发现 4 次全操作后的精度最高,能达到 80%。深度学习一直以来都有一个问题困扰着很多研究者,那就是层数越多训练效果就越好吗?

从我们的实验来看结论不成立,因为深层网络会出现十分严重的过拟合问题,而且学习得越深,最终被激活的神经元就越少,这叫作梯度消失。神经网络太深,同样可能出现负拟合,学界称之为退化问题。2015年,微软实验室提出了 ResNet,其在 ImageNet 图像识别挑战赛中取得了分类任务第一、目标检测任务第一的优异成绩。ResNet 采用了超深的网络结构,提出使用 residual 模块解决退化问题,使用批标准化解决梯度消失与梯度爆炸问题。在这里,我们不再赘述更深入的神经网络知识,感兴趣的读者可以在网络上搜索 ResNet 的实现原理和算法,然后自己写代码实现并不困难。

下面给出 TensorFlow 框架建模的参考代码,首先用 pickle 库读取数据:

```python
import pandas as pd
import numpy as np
import math
import matplotlib.pyplot as plt
import seaborn as sns
import warnings # 警告处理
import time
import os
import pickle
import gzip
import pickletools
warnings.filterwarnings("ignore")
import pickle
import gzip
import pickletools
# 读取文件路径
filepath = "/mnt/data_jiejie0.pkl"
# pickle 加载文件
with gzip.open(filepath, 'rb') as f:
    p = pickle.Unpickler(f)
    X = p.load()
filepath = "/mnt/data_jiejie1.pkl"
# pickle 加载文件
with gzip.open(filepath, 'rb') as f:
    p = pickle.Unpickler(f)
```

```python
    X1 = p.load()
# 将样本合并为一个数组
X2=np.vstack([X,X1])
#记录样本真实值为Y
Y=[0]*X.shape[0]+[1]*X1.shape[0]
Y=np.array(Y)
```

简单使用 Sklearn 分出训练集和测试集：

```python
from sklearn.model_selection import train_test_split
# 随机采样25%的数据用于构建测试集，剩下的75%的数据用于构建训练集
x_train,x_test,y_train,y_test=train_test_split(X2,Y,test_size=0.25,random_state=39)
from tensorflow.keras.utils import to_categorical
# 独热编码
y_train_cat=to_categorical(y_train,2)
y_test_cat=to_categorical(y_test,2)
```

准备好训练集和测试集后，下面给出 TensorFlow 框架下的模型参数：

```python
from tensorflow.keras.models import Sequential
from keras import Model
from keras.layers import Dense, Flatten,Input,Activation,Conv2D,MaxPooling2D,BatchNormalization
from tensorflow.keras.layers import Conv2D,Dropout,Input, AveragePooling2D,Activation, MaxPooling2D, BatchNormalization,Concatenate
input_size=[64,64,1]
input_layer=Input(input_size)
x=input_layer
x=Conv2D(32,[3,3],padding = "same", activation = 'relu')(x)
x=BatchNormalization()(x)
x=Conv2D(32,[3,3],padding = "same", activation = 'relu')(x)
x=BatchNormalization()(x)
x = MaxPooling2D(pool_size = [2,2])(x)
x=Dropout(0.3)(x)
x=Conv2D(64,[4,4],padding = "same", activation = 'relu')(x)
x=BatchNormalization()(x)
x=Conv2D(64,[4,4],padding = "same", activation = 'relu')(x)
x=BatchNormalization()(x)
x = MaxPooling2D(pool_size = [2,2])(x)
x=Dropout(0.3)(x)
```

```python
x=Conv2D(128,[4,4],padding = "same", activation = 'relu')(x)
x=BatchNormalization()(x)
x=Conv2D(128,[5,5],padding = "same", activation = 'relu')(x)
x=BatchNormalization()(x)
x = MaxPooling2D(pool_size = [2,2])(x)
x=Dropout(0.3)(x)
x=Conv2D(128,[5,5],padding = "same", activation = 'relu')(x)
x=BatchNormalization()(x)
x=Conv2D(128,[5,5],padding = "same", activation = 'relu')(x)
x=BatchNormalization()(x)
x = MaxPooling2D(pool_size = [2,2])(x)
x=Dropout(0.3)(x)
x=Flatten()(x)
x=Dense(512,activation='relu',kernel_initializer='he_uniform')(x)
x=BatchNormalization()(x)
x=Dropout(0.4)(x)
x=Dense(2,activation='softmax')(x)
output_layer=x
model3=Model(input_layer,output_layer)
model3.summary()
```

神经网络层参数表如表 9-3 所示。

表 9-3 神经网络层参数表

层编号	操作	输出数据维度	参数个数
Conv1_1	32 层 3×3 的 same 卷积	64×64×32	320
BatchNormalization1_1	批标准化	64×64×32	128
Conv1_2	32 层 3×3 的 same 卷积	64×64×32	9248
BatchNormalization1_2	批标准化	64×64×32	128
MaxPooling1	最大池化（size=2×2）	32×32×32	0
Dropout1	丢弃 30%的参数	32×32×32	0
Conv2_1	64 层 4×4 的 same 卷积	32×32×64	32832
BatchNormalization2_1	批标准化	32×32×64	256
Conv2_2	64 层 4×4 的 same 卷积	32×32×64	65600
BatchNormalization2_2	批标准化	32×32×64	256
MaxPooling2	最大池化（size=2×2）	16×16×64	0

续表

层 编 号	操 作	输出数据维度	参 数 个 数
Dropout2	丢弃30%的参数	16×16×64	0
Conv3_1	128层4×4的same卷积	16×16×128	131200
BatchNormalization3_1	批标准化	16×16×128	512
Conv3_2	128层4×4的same卷积	16×16×128	407928
BatchNormalization3_2	批标准化	16×16×128	512
MaxPooling3	最大池化（size=2×2）	8×8×128	0
Dropout3	丢弃30%的参数	8×8×128	0
Conv4_1	128层5×5的same卷积	8×8×128	407928
BatchNormalization4_1	批标准化	8×8×128	512
Conv4_2	128层5×5的same卷积	8×8×128	407928
BatchNormalization4_2	批标准化	8×8×128	512
MaxPooling4	最大池化（size=2×2）	4×4×128	0
Dropout4	丢弃30%的参数	4×4×128	0
Flatten	将数据拉伸至一维	2048	0
Dense1	全连接512个表层神经元	512	1049088
BatchNormalization5_1	批标准化	512	2048
Dropout5	丢弃40%的参数	512	0
Dense2	全连接2个输出神经元	2	1026

然后经过若干个epoch训练后，保存模型并给出准确率：

```
    model3.compile(loss='categorical_crossentropy',optimizer='adam',metrics=['accuracy'])
    history3=model3.fit(x_train,y_train_cat,epochs=10,validation_data=(x_test,y_test_cat))
    evaluation = model3.evaluate(x_test, y_test_cat)
    import tensorflow as tf
    import os
    # 环境变量的配置
    os.environ['TF_XLA_FLAGS'] = '--tf_xla_enable_xla_devices'
    os.environ['TF_FORCE_GPU_ALLOW_GROWTH'] = 'true'
```

```
# 保存
model3.save('luna2.h5')
print('Test Accuracy: {}'.format(evaluation[1]))
pd.DataFrame(history3.history).plot()
```

9.3.3 使用模型识别疑似病灶图像

上面得到了一个简单的 CNN，可以用于肺结节的识别，但由于没有目标检测的组件，我们在预测目标区域时需要自己裁剪图像。对于 $512\times512\times N$ 的图像，进行裁剪时，需要考虑到裁剪的效率。前面提到了 Faster R-CNN 模型，它的做法是先"暴力"裁剪图像，再判断每个图像上是否有疑似病灶，做第一步筛选。我们也可以先筛选出部分有效图像来提高效率，虽然我们没有目标检测算法，但是可以使用一些过滤规则。

在肺部医疗影像中，大部分图像数据由空气和血液组成，首先，可以剔除一些与目标无关的图像。比如，某个 512 像素×512 像素的图像在 Z 轴上的矩阵值 50%以上都是 0，那么可以认为这个矩阵无效。同时，我们记录这个矩阵的位置，方便后续的统计，并将剩余有效矩阵的数量记录为 s。

接下来，对剩下的 $512\times512\times s$ 个图像数据进行裁剪，将 X 轴和 Y 轴的步长均设置为 4，从而得到 $128\times128\times s$ 个图像。然而，此时的数据量对于一次预测而言仍较大。接下来，可以尝试过滤一部分数据缺失较多的图像，此处不再详细展开。采用"规则过滤"的坏处是，如果规则过于严格，有可能筛掉目标检测物；如果规则过于宽泛则没办法降低数据量，实际操作中需要综合考虑多方面因素。

本次实验可以拿一个验证集中的图像数据来举例，为了方便展示，我们将 X 轴和 Y 轴的步长均设置为 16，从而得到 $29\times29\times s$ 个候选样本。最终，这些候选样本将通过模型预测出 $29\times29\times s$ 个预测结果，具体操作如下：

```
def load_itk_image(filename):
    itkimage = sitk.ReadImage(filename)
    # 读取图像信息，一般图像为 mhd 文件与 dicom 文件
    numpyImage = sitk.GetArrayFromImage(itkimage)
```

```python
# 将读取出来的图像信息用像素值表示
numpyOrigin = np.array(list(reversed(itkimage.GetOrigin())))
# 读取图像的原点信息,因为每个图像不同,目标检测区域的位置也与原点的距离不同
numpySpacing = np.array(list(reversed(itkimage.GetSpacing())))
# 获取图像的尺寸信息
return numpyImage, numpyOrigin, numpySpacing
# 把需要展示的图像文件放到根目录下
ad=load_itk_image('./1.3.6.1.4.1.14519.5.2.1.6279.6001.105756658031515062000744821260.mhd')[0]
# 该图像大小为(121, 512, 512)
# 加载模型
import tensorflow as tf
import os
model = tf.keras.models.load_model('luna2.h5')
# 对环境变量的配置
os.environ['TF_XLA_FLAGS'] = '--tf_xla_enable_xla_devices'
os.environ['TF_FORCE_GPU_ALLOW_GROWTH'] = 'true'
```

我们去掉与目标无关的图像,需要查询每个图像上的无效点,去掉无效矩阵,操作如下:

```python
# 返回二维矩阵的无效点数
def count_true(au):
# 返回 HU 值小于或等于-1000 的点阵
    m1=au<=-1000
# 返回 HU 值等于 0 的点阵
    m2=au==0
# 返回 HU 值大于或等于 400 的点阵
    m3=au>=400
    x=m1.shape[0]
    y=m1.shape[1]
    u=0
    for i in range(0,x):
        for j in range(0,y):
            if m1[i,j]==True or m2[i,j]==True or m3[i,j]==True:
                u+=1
    return u
# 查询无效点数小于或等于 200000 的矩阵数
mi=[]
for i in range(121):
    a=count_true(ad[i])
```

```
        if a<=200000:
            mi.append(a)
# mi 的长度为 112，所以 Z 轴的长度可以为 112
```

上述规则可以筛掉 9 个矩阵，原 121 个 512×512 矩阵剩余 112 个。下面我们用模型将预测结果返回给 arr1 矩阵：

```
arr1=np.zeros(29*29*121).reshape(121,29,29)
for s in range(112):
    adv=ad[s]
    adv=(adv+1000)/1400
    arr_use=np.zeros(64*64*841).reshape(841,64,64)
    for i in range(29):
        for j in range(29):
            arr_use[(i+1)*(j+1)-1]=adv[16*i:64+16*i,16*j:64+16*j]
    arr_use=arr_use.reshape(841,64,64,1)
    pred=model(arr_use)
    pred=pred[:,1].numpy()
    pred=pred.reshape(29,29)
    arr1[s]=pred
```

arr1 矩阵的大小为(121,29,29)，用 3D 图像工具根据 arr1 矩阵画出疑似结节点分布图，代码如下：

```
# This import registers the 3D projection, but is otherwise unused.
from mpl_toolkits.mplot3d import Axes3D  # noqa: F401 unused import

import matplotlib.pyplot as plt
import numpy as np

fig = plt.figure(1,(15,10))
ax = fig.add_subplot(111, projection='3d')

for k in range(112):
    for i in range(29):
        for j in range(29):
            if arr1[k,i,j] >0.7 and arr1[k,i,j] <0.9:
                ax.scatter(i,j,k)

ax.set_xlabel('X Label')
```

```
ax.set_ylabel('Y Label')
ax.set_zlabel('Z Label')

plt.show()
```

疑似肺结节区域的 3D 图如图 9-7 所示，可以根据预测值进行调整，我们这里选择预测区间(0.7, 0.9)上的点来展示，在实际的应用中，可以采取一些聚类算法来更好地反馈疑似病灶区域。通过图像能够示意性地显示疑似病灶的位置，只需在这个图像上加一些前端页面就能通过点击直接查看此区域的病灶图像，从而降低医生的诊断工作量。

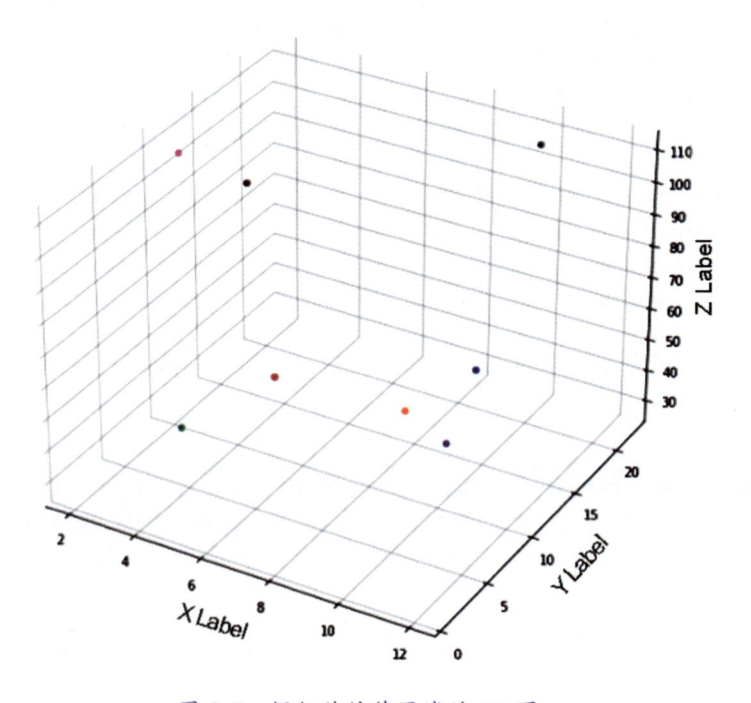

图 9-7　疑似肺结节区域的 3D 图

9.4　小结

本章的案例中基于卷积神经网络模型，建立了一套肺结节辅助诊断筛查机制和算法。

（1）展示了一般肺部 CT 影像的数据清洗方法。

（2）进行数据分割处理，从而构建训练模型的数据集。

（3）案例根据实验操作研究，调整了 CNN 的网络结构和参数，采用了批标准化和丢弃层，加深了神经网络的训练和防止过拟合。

（4）可视化展示了模型预测结果。

第 10 章

实战案例：剖析疾病数据，助力早期筛查

在第 9 章中，我们学习了深度学习技术在医疗肺部病变识别领域的应用，本章将继续用案例介绍多模态数据分析如何助力疾病早筛，为患者保驾护航。

本章主要内容如下：

- 疾病早筛数据预处理。
- 建立重大疾病预测模型。
- 疾病早筛实际业务过程和价值预估。

10.1 疾病早筛数据预处理

疾病早筛是指针对风险人群做一些人为的检查和预测，让疾病能够在早期被发现，让患者能够通过改善生活方式，实现相关疾病的早诊早治，从而降低人群的整体发病率。

政府管理部门、公立医院等公共服务单位有动力对相关人群进行疾病早筛，这属于一种利国利民的社会福利政策。商业保险公司更有动力对购买医疗保险的人群进行早筛，如果能让部分患者的疾病在早期被查出和控制，那

么保险公司的赔付金额就能降低，给公司带来收益。由于无法拿到内部数据来做展示，本案例主要介绍一般早筛流程和多模态数据能发挥的作用，另外还会介绍对收益的粗略估计。

我们以肺癌为例，以保险公司的视角来阐述和模拟肺癌早筛的一般流程。首先肺癌早筛需要确定目标人群，这一步需要算法模型从医疗大数据中寻找合适的参保人。一线城市的医疗大数据中记录的患者人数大概在千万量级，如果我们想要做一个 10 万人的早筛，那么起码要找出 100 万个潜在患者，因为能给予反馈的患者比例一般在 5%~10%，这取决于宣传力度。作为算法工程师或者数据科学家，我们在第一步就需要用模型给上千万人进行肺癌发生概率的预测。

通常情况下，我们不会像医生一样了解各种疾病，这时我们需要从一些论文或者百度百科找到肺癌的致病因素。对于一些相关性特别高的指标（比如痰液癌细胞检查，几乎做完就能确诊肺癌），实际上我们不建议将其纳入考虑范围，这种数据一看就基本上能下结论，几乎和因变量没什么区别。

肺癌相关的致病因素基本上可以分为几大类，如表 10-1 所示。

表 10-1 肺癌相关的致病因素

变 量 名	数 据 类 型	详 情
肺结节	诊断数据	受限于医疗资源，数据量少
尘肺	诊断数据	受限于医疗资源，数据量少
肺炎	诊断数据	受限于医疗资源，数据量少
年龄	人口统计学数据	有一定联系，数据完整
性别	人口统计学数据	有一定联系，数据完整
职业	人口统计学数据	部分患者有数据，高危职业可能有影响
地域	人口统计学数据	有一定联系，数据完整
吸烟	生活相关数据	从病历中抽取，数据缺失较多
喝酒	生活相关数据	从病历中抽取，数据缺失较多
BMI	生活相关数据	体检信息和病历中都有，数据较完整
生活信息	生活相关数据	从病历中抽取，数据缺失较多

续表

变量名	数据类型	详情
癌胚抗原 CEA	检验指标数据	一般需要判断是否为阳性
肺部 CT 影像	检验影像数据	一般都是有相关诊断的，但也可以放进来

前面我们讲到诊断数据和检验数据一般是电子文本或纸质文本数据，这是因为早些年互联网技术没有那么发达，一些诊断书是以纸质材料流转下来的。另外，一些医院的操作系统没有现在的先进，存储的信息格式化不够，这就造成一部分数据还是非结构化的，需要人为整理。

对于纸质材料，业内一般采用 OCR（Optical Character Recognition）技术将其变成我们需要的电子文本数据。OCR 是指电子设备检测纸质材料上面的字符，并将这些字符翻译成计算机文字的过程。深度学习可以在文字检测和识别中发挥巨大的作用，一般深度学习 OCR 的文本识别流程如下。

（1）输入图像，使用 CT 扫描或其他拍摄技术。

（2）深度学习文字区域检测，类似于目标检测技术。

（3）特征提取，使用卷积神经网络对目标区域进行特征提取。

（4）预测模块，使用提取的特征进行字符的预测。

常用的文字检测算法框架有 DBNet（Detection with Differentiable Binarization）、CTPN（Connectionlist Text Proposal Network）等。OCR 技术近些年来已经在很多网络平台应用，初学者也能借助网络上的资源做出简单的应用，各位读者可以尝试挑战一下。

下面回到对医疗数据的介绍。一般检验数据和诊断数据都很少，这两类数据的相关性都很强，且有一定的时效性。我们建立肺癌预测模型时必须考虑样本在某个时间节点是否确诊肺癌，然后才能将这个时间节点之前的信息作为变量输入。

事实上，几乎所有的变量都有时效性，因为这些数据都是体检、诊断、检验数据，基本上都是过往的记录。图 10-1 为一个病人的肠胃炎诊断书，诊断书会记录病人姓名、诊断病学名、诊断日期等信息，我们做数据预处理时需要尽可能获取诊断书上的信息，保证数据的准确性。

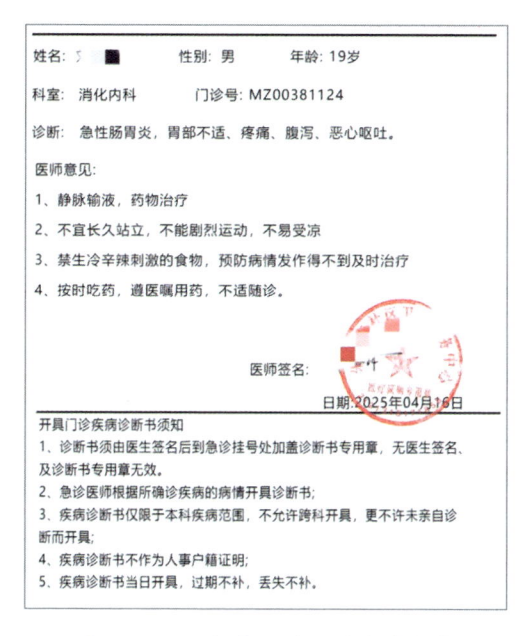

图 10-1 一个病人的肠胃炎诊断书

阳性样本可以用肺癌确诊时间作为准确的时间节点，而阴性样本没有确诊时间，我们只能选择一个比较合适的时间节点来统一时间的计算。比较常见的做法是，取所有阳性样本确诊时间的平均值，这样整体的时间偏差较小，另外也可以直接取 2023 年 12 月 31 日这样的时间节点，这样做数据准备工作会比较方便。

将时间做成区间能够使其具有一定的结构性，根据一般时效性的原则，将时间分为相隔 1 个月至 6 个月、半年至 1 年、1 年至 2 年及 2 年以上。这里不留下 1 个月以内的数据的原因是，患者往往在确诊前 1 个月内会做很多检查和诊断，这会影响我们的预测期望。我们希望模型能够帮助目标人群做长期的健康管理和预测，很多近期的检查和诊断一定是发现问题了才会做的，这就和自然状态不一样了，有人为干扰和发现因素。

很多时候还可以通过数据量来选择时间区间，一个一线城市一年的肺癌患者有效数据最多也就一两千项，数据收集时间从 2017 年开始可能才具备一定的真实性，这意味着我们需要收集 3 年的患者数据才能有 3000 多个阳性样本。为了能让阳性样本足够多，我们不得已才将时间划分为最高 2 年以上，最低 1 个月到 6 个月。如果我们能在 2023 年就收集到 3000 个以上的阳性样本，时间跨度可以到 2017 年，这就是一个长期的健康管理模型，泛化性能会比短期模型强很多。

理想情况下最好是实验数据，比如患者每半年做一次检查、指标检验、体检，这样的数据还会有明显的时间关联，能非常好地反映患者的身体状态的变化。但目前我国能获取到的数据无法满足这种条件，国外一般有相关方向的研究实验，以及一些病例转化率的数据，下面我们会提到。

把时间区间和自变量结合，我们进一步扩充了自变量数量，比如将肺结节变成了 4 个变量：肺结节_30-180d、肺结节_180-360d、肺结节_360-720d、肺结节_720d+。建模的最重要一步就是清洗数据，数据的质量直接影响模型的筛查准确率。

首先，保证每种数据类型的情况都大致清楚，这里需要花很长的时间进行数据探查。比如体检中的 BMI 数据，有的体检项目会写 BMI，有的体检项目只会写身高和体重，这就要求我们使用正则匹配算法在体检报告中寻找相关的指标项。

各个医院的体检报告格式区别很大，有些医院会标注 BMI 的合格范围，高于最高值是偏高，低于最低值是偏低。但更多的体检数据没有标注这一项，我们需要自己计算 BMI，然后在网上找到合格范围，将这一项做成偏高、正常、偏低这种分类数据。

像癌胚抗原 CEA 这类检验数据，一般都会有一个检验值和参考值，癌胚抗原 CEA 的参考范围就是 0~5ug/L，超出参考范围为阳性，在参考范围内为阴性。

检验数据的样例如图 10-2 所示，这是一份胆固醇的检验数据，表单给出了检验项目、结果、参考范围，是一份标准的检验数据。

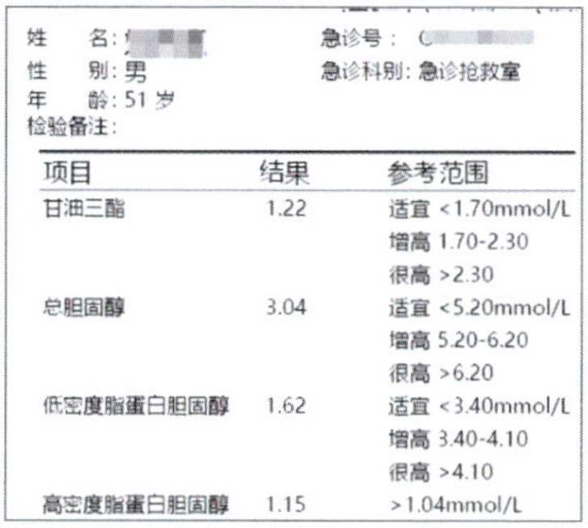

图 10-2　检验数据的样例

在数据的选择上，我们如果能用数值型就用数值型，像 BMI 这种常规化的数据，只要将单位统一（单位也基本上都是 kg/m^2）就能使用。但是在清洗数据的过程中，笔者也遇到过比较陈旧的数据，用 kg/m 作为单位的，而且男性和女性的参考范围不太一样，这样将其作为变量时也需要将性别交叉考虑，操作起来略显复杂。像癌胚抗原 CEA 这种检验数据的写法就更多了，比如写成 ug/ml、mg/ml 等，所以为了不输入过多错误信息，可以统一使用阴性、阳性、偏高、偏低、正常这类分类型变量值来作为模型输入。

人口统计学变量稍简单一些，找到患者的脱敏身份证信息就能得到年龄、性别、出生地等信息。职业信息稍复杂一些，一般来自患者手动填写的信息，格式参差不齐。这种数据需要我们事先了解相关病例的职业，做一些总结归纳。比如工地工作人员、矿场工作人员都可能吸入粉尘，这类人可能是潜在的患者，我们可以用正则匹配算法去搜索关键词"工地""矿"来找到我们认为的"高危人群"。

清洗完所有数据后，我们需要根据时间轴，找出同类变量中时间上最近的数据。比如，某人 2022 年和 2023 年都有体检数据，他的 BMI 数据就会有两次记录，在这种情况下，我们只能取距离统计时间节点最近的一次记录，而且距离统计时间节点 1 个月内的记录是要过滤掉的。

最后，把这些变量值输入模型中，其中分类型变量的空值可以直接用任意字符代替。拿癌胚抗原 CEA 来举例，最后的变量可能是"癌胚抗原 CEA_30-180d_阳性""癌胚抗原 CEA_30-180d_阴性""癌胚抗原 CEA_180-360d_阳性""癌胚抗原 CEA_180-360d_阴性""癌胚抗原 CEA_360-720d_阳性""癌胚抗原CEA_360-720d_阴性""癌胚抗原CEA_720d_阳性""癌胚抗原CEA_720_阴性""null"。最后的"null"代表没有任何记录，也能将其算成一个0-1变量投入模型中，这样一个癌胚抗原CEA可以变成9个0-1变量。

年龄这种数值型变量反而简单了不少，如果有年龄信息缺失，可以直接将年龄的平均值填入，不会有太大的影响。如果是树模型，也可以填一个异常值，比如-1000，让模型直接识别这类数据，单独分出一支来训练。

表10-2中列出了肺癌自变量的名称、类型和详情，给大家展示了一般建模的数据变量工作，可以看到变量类型非常多，而且有些和时间相关。每一个数据工作者在清洗数据时，都可能犯各种自己无法察觉的小错误，比如检验、诊断数据必须产生于肺癌发生的时间节点之前，或者各种丢数据的错误。所以，数据清洗是一个细活，除非有人之前做过同类工作，总结出一些流程，否则非常费时间。

表10-2 肺癌自变量的名称、类型和详情

变量名	变量类型	详情
肺结节	时间型+分类型	时间+阴阳性，共9个
尘肺	时间型+分类型	时间+阴阳性，共9个
肺炎	时间型+分类型	时间+阴阳性，共9个
年龄	数值型	取0~110有效值
性别	分类型	男性、女性
职业	分类型	高危职业等若干个
地域	分类型	取到省一级
吸烟	时间型+分类型	时间+是否吸烟，共9个
喝酒	时间型+分类型	时间+是否喝酒，共9个
BMI	时间型+分类型	时间+偏高、偏低、正常，共13个
生活作息	时间型+分类型	提取若干个关键词
癌胚抗原CEA	时间型+分类型	时间+阴阳性，共9个
肺部CT影像	时间型+浮点数型	可以是"模型数据"

以上表格中的数据基本上是肺癌预测模型的全部自变量，最后一项"模

型数据"是结合前面的肺部病变识别得到的预测数据,可以对肺部的结节数进行模型预测,用预测数据来代替肺部结节数。

10.2 建立重大疾病预测模型

可以直接将数值型变量投入模型中;涉及分类型变量时,我们需要用 sklearn.preprocessing.OneHotEncoder 对分类型变量进行编码,将所有的分类型变量变成 0-1 变量。

调试模型的一般过程就是不断尝试哪个分类的模型比较有效的过程,但是我们自己应该对每个变量有一个期望。比如吸烟、喝酒这种变量,理论上肯定是有用的,但是一旦它们太有用了,那一定是混入了一些可以明确识别的信息。比如,有的医院会把肺癌患者是否吸烟加一个*号来区分,这样我们的模型很容易通过*号来识别肺癌患者。我们推荐使用 IV(Information Value)来判断分类型变量的效果,或者其对因变量的影响程度。IV 的计算公式如下:

$$\mathrm{IV} = \sum_{i}^{n} (\frac{B_i}{B_\mathrm{T}} - \frac{G_i}{G_\mathrm{T}}) \times \ln(\frac{B_i / B_\mathrm{T}}{G_i / G_\mathrm{T}})$$

公式中的 i 代表分类型变量的第 i 个分类,B_i 代表第 i 个分类中的阳性样本数,B_T 代表总的阳性样本数,G_i 代表第 i 个分类中的阴性样本数,G_T 代表总的阴性样本数(有的文章也称阳性样本和阴性样本为 good sample 和 bad sample,本质上就是预测变量的 0 或者 1)。拿 BMI 来举例,这个变量应该不会特别有用,预期 IV 值不会超过 0.05,如果超出预期,那么证明数据清洗过程有误,需要重新确认数据清洗过程无误。

表 10-3 是计算 IV 值的示例,列表中的阳性率就是公式中的 B_i/B_T,阴性率就是公式中的 G_i/G_T。在我们的模型中,BMI 这一项一共有 13 个分类。Python 没有提供比较方便的计算 IV 值的函数,各位读者可以自己写一个函数来实现实际计算过程,锻炼自己的工程能力。

表 10-3　计算 IV 值的示例

BMI	阳性样本	阴性样本	阳性率	阴性率	IV 值
偏高	257	52424	28.42%	21.45%	0.0086
正常	332	94564	32.42%	38.69%	0.0074
偏低	149	46564	14.55%	19.05%	0.0094
null	252	50842	24.61%	20.80%	0.0094
总计	990	244394	—	—	0.0348

模型中的阳性样本和阴性样本比例不能差距过大，否则会影响模型的判断和训练，建议以 1∶20 来建模，训练模型时最好可以强化对阳性样本的学习。XGBClassifier 里面就有一个参数 scale_pos_weight，用来解决二分类问题中正负样本比例失衡的问题，我们可以将这个参数设置为 20，这样阳性样本的权重就变成 20，有助于模型的训练。一般情况下，我们使用"十折交叉验证"来评估模型的效果，表 10-4 是一些可以尝试的模型和模型数据示例。

表 10-4　模型及模型数据示例

模型	准确率	召回率	AUC	具体包库
逻辑回归	0.68	0.65	0.69	sklearn.linear_model.LogisticRegression
SVM	0.73	0.68	0.72	sklearn.svm.SVC
决策树	0.74	0.71	0.74	sklearn.tree.DecisionTreeClassifier
高斯混合贝叶斯	0.73	0.71	0.73	sklearn.mixture.BayesianGaussianMixture
极端随机树	0.78	0.72	0.75	sklearn.ensemble.ExtraTreesClassifier
随机森林决策树	0.79	0.74	0.78	sklearn.ensemble.RandomForestClassifier
XGBoost 分类器	0.82	0.79	0.81	xgboost.XGBClassifier

从表 10-4 中的模型效果可以发现，集成学习的 AUC 高于一般模型，其中 XGBoost 分类器的 AUC 最高，我们后续还可以在 XGBoost 的基础上进行微调来尝试得到更准确的模型。

有了模型后，我们可以用 pickle 库将模型参数保存为 dat 文件，以方便后续使用。我们后续需要用到一个 XGBoost 模型文件和一个 OneHotEncoder 模型文件来进行潜在病例的筛选。

10.3 疾病早筛实际业务过程和价值预估

模型怎么用，取决于具体的业务场景。假定公司打算组织一个 2 万人的疾病早筛项目，我们需要从数据库中找出目标人群。首先根据以往的经验预估目标人群数量，然后需要给目标人群发短信和问卷。

目标人群的人数并不是越多越好，因为疾病早筛对于老百姓来说是福利，由保险公司出钱让大家免费检查身体，这样部分人就有动机主动参与早筛，使一些真正需要帮助的患者失去机会。这就涉及比较复杂的社会学问题了，而算法工程师需要解决的事情是，按照业务时间节点来预测数据库中人群得肺癌的可能性。

假设，我们需要在 2024 年 6 月进行一次肺癌早筛检查，我们需要根据这个时间节点重新清洗数据，将变量做成时间型+分类型的形式投入预测。使用 pickle 库调用 OneHotEncoder 模型来编码数据，然后用 XGBoost 模型来预测患病的可能性，最后按患病的可能性从大到小给人群排队，推动业务时直接按预期取前若干名即可。

早筛在前期需要一定的宣传与组织工作，特别需要政府或社区机构帮助，单纯靠保险公司是很难推动的。在有相关机构帮助的情况下，人们更容易相信这是福利活动而不是商业活动，从而提升响应率。进行宣传工作后，还需要收集人们的近期身体状况，这时需要医学相关领域人员来设计问卷。设计问卷时，由于部分人可能会瞒报身体状况，在机制上需要设置一些检验问题来辨别问卷答案的真实性，比如根据我们数据库里的记录设计一些问题来相互验证。

回收问卷后，根据问卷评分和模型评分来综合评估需要进行疾病早筛的人群，图 10-3 是疾病早筛流程图。一般最后的人群确认阶段偏实际业务多一些，项目负责人需要考虑用什么方法让这些人尽可能完成整个早筛流程，这是运营上的难点，在这里不做具体讨论。

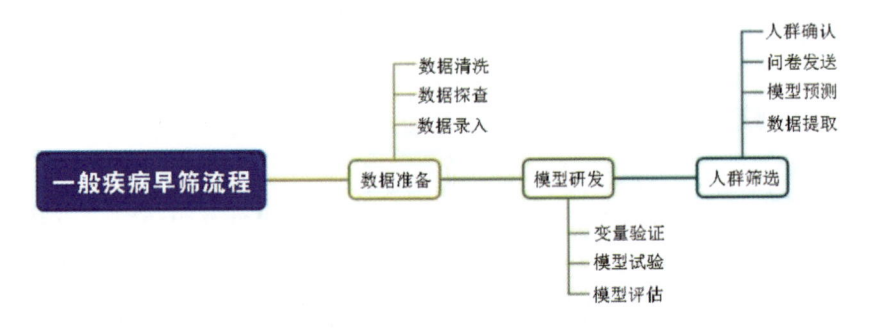

图 10-3 疾病早筛流程图

作为数据工作者，我们的工作中还有重要的一环，就是给此次项目做一个收益估计，该怎么量化早筛的价值呢？在社会层面，疾病早筛降低了疾病发生、恶化的比例，提升了人民群众的生命健康质量。站在保险公司的角度，需要量化疾病早筛带来的潜在金钱收益，可选择马尔可夫链来量化收益。

马尔可夫链是俄国数学家安德雷·马尔可夫提出的一种概率模型，可以帮助研究者量化按条件概率相互依赖的随机过程。我们对马尔可夫链不需要了解太多，我们的用法也相对简单，只需定义几个状态，然后根据人群分布来计算状态的变化即可。这里拿肺部疾病的转化过程来举例，我们假定疾病的转化有一个通常的过程，比如，肺炎可以转化成肺癌，肺炎可以转化成肺结节，肺结节也可以转化成肺癌，我们用图 10-4 来表示这个转化过程。

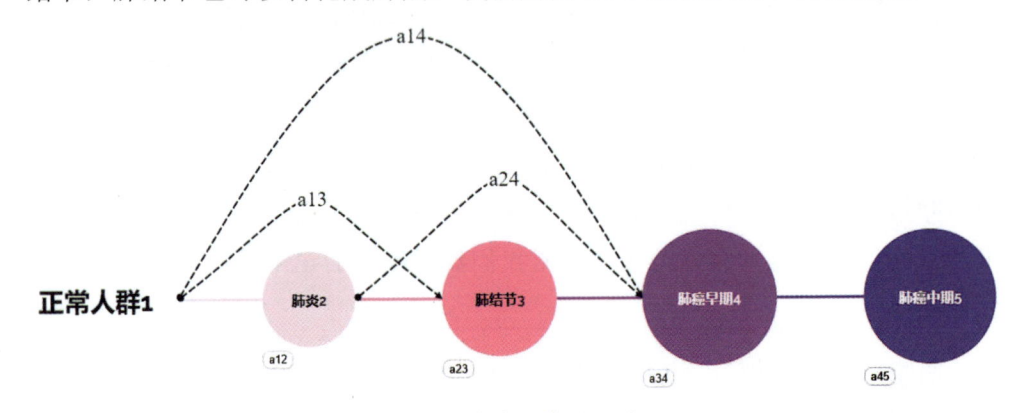

图 10-4 肺癌通常转化过程

从图 10-4 可以看出，我们定义了 5 个状态，分别是正常人群 1、肺炎 2、肺结节 3、肺癌早期 4、肺癌中期 5，然后又定义了年转化率，比如 a12，代表正常人群 1 一年转化为肺炎 2 的百分比为 a12。我们假设这些年转化率为表 10-5 中的数值，同时假设早筛中各人群的数量和根据年转化率计算的每一年的人数，如表 10-6 所示。

表 10-5　年转化率假设值

人群	正常人群 1	肺炎 2	肺结节 3	肺癌早期 4	肺癌中期 5
正常人群 1	—	3%	2%	1%	—
肺炎 2	—	—	5%	4%	—
肺结节 3	—	—	—	7%	—
肺癌早期 4	—	—	—	—	9%
肺癌中期 5	—	—	—	—	—

表 10-6　早筛 5 年内各人群数量

人群	人数	第一年	第二年	第三年	第四年	第五年
正常人群 1	10000	9400	8836	8306	7807	7339
肺炎 2	5000	4850	4696	4538	4379	4219
肺结节 3	4000	4170	4309	4418	4502	4562
肺癌早期 4	700	1217	1687	2113	2497	2841
肺癌中期 5	300	363	473	624	815	1039

可以通过早筛项目的数据记录拿到各人群的数量，状态的转化率数据需要研究者在各研究论文里查找。查找这些数据非常烦琐，也不一定能找到，《中国癌症统计年鉴》中可能有部分病症转化率数据，其他大部分数据要从国外文献里查找，这种数据也不一定适用于我国民众的状况，但起码有一定的参考价值。国外的很多研究机构在过去喜欢做生存回归，我们搜索时可以加上关键词 Survival Analysis、Cox（Cox proportional hazards model），基本上就能拿到病症转化率数据。

将以上数据结合保险公司过往的平均赔付数据，就能计算早筛人群 5 年一共需要赔付多少钱，比如"正常人群 1"平均一年基本上没有赔付，"肺炎 2"每年每人赔付 2000 元，"肺结节 3"每年每人赔付 5000 元，"肺癌早期 4"每年每人赔付 20000 元，"肺癌中期 5"每年每人赔付 50000 元。假如早筛可以将这些人的病情在第 0 年全部确诊，那么需要赔付约 5900 万元。如果不做早筛，我们假设这些人会在 5 年后确诊，那么需要赔付约 14000 万元。这样早筛项目的整体收益大约是 8100 万元。

这样的计算可能让大家觉得不够严谨，首先，转化率数据不一定能用；其次，这些人不一定在 5 年后确诊；最后，确诊后第二年也可能会继续赔付等。本节示例也只是给大家一个框架和参考，实际工作中做量化，肯定越严谨越好。

10.4 小结

本章案例主要分享了医疗领域研究中主要面临的是什么样的数据问题，需要使用什么样的方法来清洗数据，以及如何按照目标建立模型、评价模型并发挥模型价值。最后还展示了基于业务目标和业务流程来量化模型价值的案例供读者参考。由于无法公布具体的数据，在阐述过程中使用了大量的文字和图表进行叙述，希望能给读者提供一些经验。

医疗领域目前正是应用多模态数据分析的热门领域，我们也应整理并使用这些多模态数据，让它们发挥价值。这些数据提供了关于疾病、患者生理状态等方面的丰富信息，对于疾病的诊断、治疗和预后评估具有重要的价值。应用好这些数据可以满足个人的健康需求，保障国民的身体健康。在未来的发展中，随着人工智能的发展和移动设备的更广泛普及，我们能够做的研究和应用的项目也会越来越多，相信未来多模态数据分析将在医疗领域发挥更加重要的作用。

第 11 章

实战案例：聚焦直播高光时刻，推动话题制造

本章将专注于如何通过多模态数据分析来识别直播中的高光时刻，进而助力话题制造的应用案例研究。

本章主要内容如下：

- 直播数据特点。
- 直播数据反馈。
- 视觉内容识别。
- 弹幕评论解析。
- 音频情感分析。
- 协同确定直播高光时刻。

11.1 直播数据特点

在自媒体快速发展的当下，直播行业凭借即时性和互动性优势异军突起，吸引了大量个人和企业投身其中。为了在激烈的市场竞争中脱颖而出，识别和分析直播间高光时刻成为关键，这样既能提升观众观看体验，又能为内容

创作者提供反馈，助力优化内容策略、增强品牌影响力。

进行高光时刻筛选时，需要从多个维度进行分析。例如，直播数据反馈可通过观众点赞、分享、评论等行为初步锁定；视觉内容识别技术能捕捉直播中的视觉高潮；弹幕评论解析可揭示观众情感反应与兴趣点；音频情感分析则用于检测情绪变化，挖掘情感高光时刻。

直播数据具有鲜明特点。其实时性强，观众互动行为数据实时产生，能即时反映观众当下的感受；直播时长普遍较长，内容连贯性强，数据呈现连续性和动态性，可展现观众兴趣变化曲线；结构相对松散，围绕主题包含多个环节和话题，数据在各环节自然积累。

与之对比，短视频数据呈现碎片化，单个视频时长短暂，内容高度浓缩，多模态数据融合紧密且高效，风格和主题丰富多样，可见不同类型数据特点差异显著。

直播多模态数据分析在直播的不同阶段发挥着重要作用。在直播过程中，以电商直播为例，主播可依据实时数据反馈、视觉内容识别和音频情感分析，灵活调整产品介绍节奏、重点，提升观众购买意愿；在娱乐直播中，主播能根据实时数据了解观众对游戏环节的兴趣度，优化直播节奏。在直播结束后的复盘阶段，运营团队可以通过分析各类数据，总结优点与不足，为后续直播的内容策划和流程设计提供参考，持续优化直播质量。

下面将从直播数据反馈、视觉内容识别、弹幕评论解析、音频情感分析 4 个方面，详细介绍如何圈定和识别直播中的高光时刻。

11.2　直播数据反馈

直播数据反馈作为识别直播高光时刻的关键方面，为我们提供了直接且客观的观众行为指标。这些数据如同一面镜子，直观地反映出观众对直播内容的兴趣和参与度，成为衡量直播内容吸引力的重要依据。

直播数据的收集涵盖了观众的观看时长、点赞数、分享次数等关键指标。

这些指标如同观众兴趣的晴雨表，清晰地告诉我们哪些内容最能吸引他们的眼球。在这个过程中，直播平台的流量推荐算法扮演着至关重要的角色。当直播中的某一时段内容异常精彩时，观众的人均观看时长便会显著增加。这种参与度的提升，会被平台的算法捕捉，作为内容质量的信号，将这个时段标记为直播高光时刻。这样的标记不仅能够增加直播的曝光率、吸引更多的观众涌入直播间，还能为直播带来更多的流量激励。

通过细致分析进出直播间人数趋势图，如图 11-1 所示，我们可以发现那些观众人数正向激增的明显时刻点。这些时刻点，如同直播中的小高潮，值得我们特别关注。我们可以将这些时刻点标记出来，然后追踪其对应的下一个负向骤降的时刻点，如此一来，一整场直播就被划分为多个时段，为进一步的分析提供了便利。

图 11-1　进出直播间人数趋势图

在这些时段中，高光时刻的直播间在线人数通常会超过整场直播的在线人数均值。这个发现为我们提供了一个有效的筛选机制。我们可以进一步筛选出那些在线人数高于整场直播在线人数均值的时段，并对其进行关键时刻标记，记录为关键片段。

直播数据反馈是我们识别直播高光时刻的利器。这样的处理方式，不仅能够帮助我们对整场直播进行精选，还能让我们集中精力处理那些选出来的精华部分，从而提高处理效率。

11.3 视觉内容识别

借助直播数据反馈,将整场直播中的关键片段筛选出来后,下一步需要判断关键片段是否为有效片段。有效片段一般是指那些对提升观众参与度和直播效果有帮助的片段,也可以从业务角度评判出有价值或特性的片段。

以 JJ 斗地主冠军杯为例,JJ 斗地主冠军杯是通过"赛事、战队、主播"三位一体打造出的国民棋牌电竞 IP,其直播内容主要是直播赛事,且一场直播赛事中会有十几场、几十场的牌局对战过程。依据其业务特性,需要选出、识别出牌局对战过程,如图 11-2 所示。

牌局开始　　　　　　　　　牌局中　　　　　　　　　牌局结束

人脸数量检测　　　　　　　人脸数量检测　　　　　　弹窗位置检测

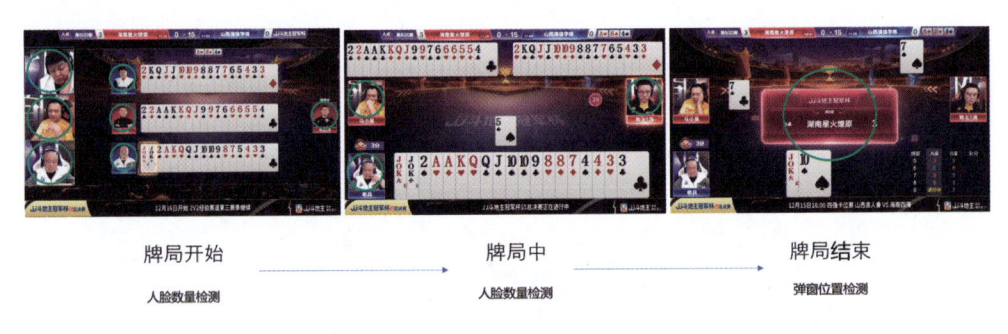

图 11-2　牌局对战过程图

如图 11-2 所示,牌局开始和结束等都有固定展现形式。牌局开始时,会有 7 个固定头像位置;牌局中会有 3 个固定头像位置;牌局结束时,会在固定位置弹出弹窗。借助计算机视觉技术,可以识别出直播中的牌局开始、牌局中和牌局结束的关键片段。以下是一个示例代码,应用中可能需要结合内容进一步优化和调整参数,以获得更好的结果:

```
pip install opencv-python
pip install numpy
import cv2
import numpy as np

# 检测图像中的人脸数量
def detect_faces(image):
```

```python
    # 加载人脸识别模型
    face_cascade = cv2.CascadeClassifier(cv2.data.haarcascades +
'haarcascade_frontalface_default.xml')
    # 检测图像中的人脸
    faces = face_cascade.detectMultiScale(image, scaleFactor=1.1,
minNeighbors=5, minSize=(30, 30))
    return len(faces)

# 通过颜色范围检测来识别弹窗
# 如果弹窗的颜色较浅, 通过颜色阈值过滤和轮廓检测来识别弹窗
def detect_popup(image):
    # 定义弹窗的大致颜色范围
    lower_color = np.array([100, 100, 100])
    upper_color = np.array([200, 200, 200])
    # 创建颜色掩码
    mask = cv2.inRange(image, lower_color, upper_color)
    # 计算掩码中的轮廓
    contours, _ = cv2.findContours(mask, cv2.RETR_EXTERNAL,
cv2.CHAIN_APPROX_SIMPLE)
    # 假设最大的轮廓是弹窗
    if contours:
        largest_contour = max(contours, key=cv2.contourArea)
        x, y, w, h = cv2.boundingRect(largest_contour)
        # 检查弹窗的大小是否符合预期
        if w * h > 1000:
            return True
    return False

# 读取图像, 将其转换为灰度图, 然后调用上述两个函数来检测关键片段
def process_frame(image_path):
    # 读取图像
    image = cv2.imread(image_path)
    gray = cv2.cvtColor(image, cv2.COLOR_BGR2GRAY)

    # 检测人脸数量
    face_count = detect_faces(gray)
    if face_count == 7:
        print("Detected start of a game with 7 faces.")
    elif face_count == 3:
        print("Detected ongoing game with 3 faces.")
```

```
    # 检测弹窗
    if detect_popup(image):
        print("Detected end of a game with a popup.")

# 使用示例
process_frame("图片.jpg")
```

将牌局对战片段识别出来后，若牌局中有特殊牌型出现，如图 11-3 所示的多炸牌型等，选手错走一步，将会拉大比分，其成为高光时刻的概率将大大增加，因此还需要对牌局对战中的特殊牌型进行识别。

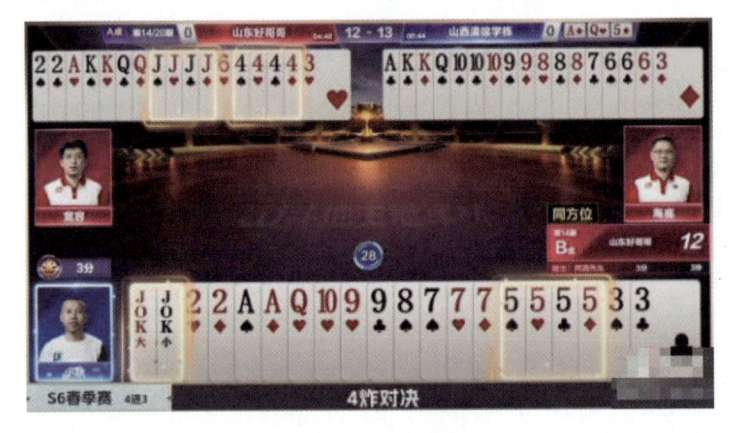

图 11-3　多炸牌型

当通过计算机视觉技术识别出牌局中的特殊牌型后，可以发现，它对直播效果和话题制造有着显著影响。以多炸牌型为例，这种极具观赏性和竞技性的牌型出现时，往往伴随着观众的高度关注。从直播数据反馈来看，此时观众的点赞、评论和分享数据会明显提升。例如，在某场比赛直播中，出现多炸牌型的时段，点赞数较直播平均点赞数增长了 50%，评论数增长了 80%，分享次数更是增长了 100%。

在斗地主游戏中，特殊牌型包括但不限于炸弹、顺子、王炸等，为了识别这些特殊牌型，以下是一个示例代码，实际应用中可能需要结合内容进一步优化和调整参数，以获得更好的结果：

```
pip install opencv-python
pip install numpy
import cv2
```

```python
import numpy as np

# 检测图像中的牌型
def find_cards(image):
    # 加载牌型识别模型，这里必须确保使用的 haarcascade_card.xml 模型路径正确,
    # 并且该模型是针对特定的牌型图像训练的,若实际应用中牌的样式、大小等有差异,
    # 可能需要重新训练或调整模型参数
    card_cascade = cv2.CascadeClassifier(cv2.data.haarcascades + 'haarcascade_card.xml')
    gray = cv2.cvtColor(image, cv2.COLOR_BGR2GRAY)
    cards = card_cascade.detectMultiScale(gray, scaleFactor=1.1, minNeighbors=5, minSize=(30, 30))
    return [(card[0], card[1], card[2], card[3]) for card in cards]

# 检查检测到的牌是否形成特殊牌型
def recognize_card_type(cards):
    # 假设 cards 是一个包含所有牌的列表,每个元素是一个元组(x, y, w, h)
    card_values = []
    for card in cards:
        # 这里需要一个函数来识别每张牌的值, 当前示例中 detect_card_value 函数
        # 使用了示例值代替实际的 OCR 处理,
        # 在实际应用中,需要根据具体的图像识别需求选择合适的 OCR 技术, 如
        # Tesseract 等, 并确保其正确安装和配置。
        # 同时,要考虑到牌的图像质量、光照条件等因素对 OCR 识别准确性的影响。
        value = detect_card_value(cv2.imread(f"cards/{card[0]}-{card[1]}-{card[2]}-{card[3]}.png"))
        card_values.append(value)

    # 检查特殊牌型
    if len(card_values) >= 4 and len(set(card_values[:4])) == 1:
        return "Bomb"
    elif len(card_values) >= 5 and all(card_values[i] == card_values[i + 1] - 1 for i in range(len(card_values) - 1)):
        return "Straight"
    elif len(card_values) >= 2 and len(set(card_values[:2])) == 1 and len(set(card_values[-2:])) == 1:
        return "Four with Two"
    else:
        return "Normal"

def detect_card_value(image_path):
```

```
# 这里需要一个图像识别函数来确定牌的值
# 假设我们已经有了一个训练好的模型或者使用了 OCR 技术
image = cv2.imread(image_path)
gray = cv2.cvtColor(image, cv2.COLOR_BGR2GRAY)
# 这里应该是 OCR 处理，暂时用一个示例值代替
return "A"   # 假设识别结果是 A

def process_frame(image_path):
    image = cv2.imread(image_path)
    cards = find_cards(image)
    card_type = recognize_card_type(cards)
    print(f"Detected card type: {card_type}")

# 使用示例
process_frame("图片.jpg")
```

11.4 弹幕评论解析

在直播技术领域，弹幕分析是一种关键的技术手段，它能够实时捕捉观众的心理体验和情感反应。通过实时监测弹幕内容，如图 11-4 所示，我们可以量化观众的参与度，识别出哪些直播内容引发了观众的强烈兴趣或情感共鸣，从而定位直播高光时刻。

图 11-4　直播间弹幕图

首先，弹幕发送的频率和内容的多样性是衡量观众参与度的重要指标。当直播内容刺激到观众的兴趣点时，弹幕的发送量会显著增加，这通常预示着直播内容的高潮部分，如图 11-5 所示（直播间弹幕数趋势图），可以将弹幕数增长较多的时段记录下来，用于后续对直播高光时刻进行筛选的判断。当然直播中往往会用抽福袋或口令方式促进弹幕数的激增，这时就需要将与福袋或口令相同的弹幕剔除后再做统计。

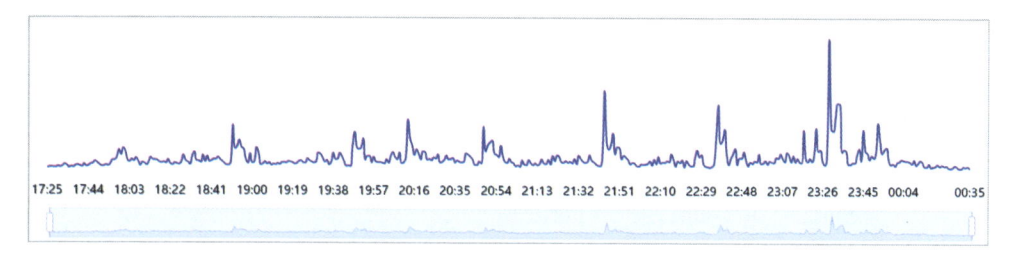

图 11-5　直播间弹幕数趋势图

然后，弹幕中的语言和表情符号携带着观众的情感色彩，从正面的赞美到负面的批评、吐槽，这些情感的集中体现往往指向直播高光时刻。以下是一个对弹幕信息进行处理、分析和主题检测的示例，可以为宣发推广提供素材，帮助内容创作和话题制造。这个示例是一个基础演示，实际应用中可能需要更复杂的预处理步骤，以及对模型参数的调整，以获得更好的效果：

```python
import jieba
from textblob import TextBlob
from sklearn.feature_extraction.text import CountVectorizer
from sklearn.decomposition import LatentDirichletAllocation as LDA

# 假设我们有以下弹幕列表
danmu_list = [
    "不喜欢这个节目",
    "太无聊了，换台",
    "主播的互动很好",
    "节目很好看"
]

# 使用jieba进行中文分词
def segment_sentences(danmu_list):
```

```python
    words_list = [" ".join(jieba.cut(danmu)) for danmu in danmu_list]
    return words_list

# 使用 TextBlob 进行情感分析
def analyze_sentiment(danmu_list):
    sentiments = []
    for danmu in danmu_list:
        analysis = TextBlob(danmu)
        sentiments.append(danmu, analysis.sentiment.polarity)
    return sentiments

# 主题检测
def detect_topics(danmu_list, n_topics=3):
    # 使用 CountVectorizer 进行词频统计
    vectorizer = CountVectorizer()
    X = vectorizer.fit_transform(danmu_list)

    # 使用 LDA 构建主题模型
    lda = LDA(n_components=n_topics)
    lda.fit(X)

    # 获取每个文档的主题分布
    topics = lda.transform(X)

    return topics

# 主函数
def main():
    # 分词
    segmented_danmu = segment_sentences(danmu_list)
    # 情感分析
    sentiments = analyze_sentiment(segmented_danmu)
    # 主题检测
    topics = detect_topics(segmented_danmu)
    # 输出结果
    for i, (danmu, sentiment) in enumerate(sentiments):
        print(f"弹幕: {danmu}\n情感: {sentiment}\n主题: {topics[i]}\n")

if __name__ == "__main__":
    main()
```

11.5 音频情感分析

声调,作为情感表达的直观载体,是直播中情感交流的重要媒介。当直播内容激起主播内心的波澜时,他们的声调便会自然而然地发生高低起伏,这种变化如图 11-6 的音频波形图所示。

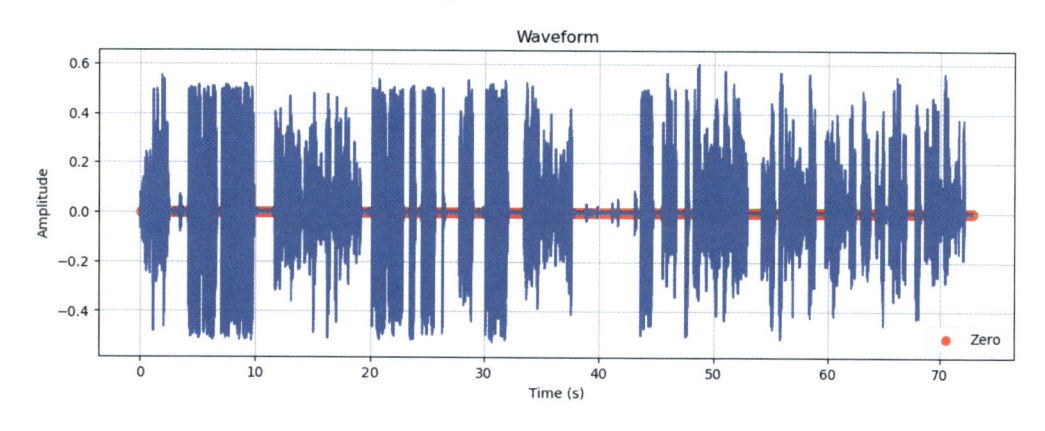

图 11-6 音频波形图

Waveform(波形),在音频波形图中表示声音信号随时间变化的形状,反映了声音的特征。Amplitude(振幅),在音频波形图中表示声音的强弱程度,振幅越大,声音越响亮。Time(时间),在音频波形图的横轴上表示声音信号的时间进程,单位通常是秒(s)。Zero(零值),在音频波形图中表示信号的零电平位置,是衡量信号正负幅度的参考基准。

主播的声调变化不仅丰富了直播的情感层次,也成为衡量直播精彩程度的重要指标之一。以下为分析主播声调变化的示例代码,用于捕捉直播过程中主播声调的变化,通过比较声调的前后波动,我们可以判断出主播的情感高峰,从而将这些高峰时刻作为衡量直播高光时刻的关键筛选维度之一。实际应用中可能需要根据具体情况进一步优化代码和调整参数,以达到更好的分析效果。

```
import librosa
import numpy as np
import matplotlib.pyplot as plt
```

```python
def extract_pitch(audio_path):
    # 读取音频文件
    y, sr = librosa.load(audio_path, sr=None)
    # 提取声调
    pitches, magnitudes = librosa.piptrack(y=y, sr=sr)
    # 计算平均声调
    pitch_mean = np.mean(pitches[magnitudes > np.median(magnitudes)])
    return pitches, magnitudes, pitch_mean

def analyze_pitch_changes(pitches):
    # 计算声调变化率
    pitch_changes = np.diff(pitches, append=pitches[-1])
    # 找出变化率最大的索引
    max_change_index = np.argmax(np.abs(pitch_changes))
    return pitch_changes, max_change_index

def visualize_pitch(audio_path):
    pitches, magnitudes, pitch_mean = extract_pitch(audio_path)
    # 分析声调变化
    pitch_changes, max_change_index = analyze_pitch_changes(pitches)
    # 绘制声调图
    plt.figure(figsize=(12, 6))
    times = librosa.times_like(pitches, sr=sr, frames_per_hop=512)
    plt.plot(times, pitches, label='Pitch')
    plt.axvline(x=times[max_change_index], color='r', linestyle='--', label='Max Change')
    plt.title('Pitch over Time')
    plt.xlabel('Time (s)')
    plt.ylabel('Pitch (Hz)')
    plt.legend()
    plt.show()

    return times[max_change_index]

# 使用示例
audio_path = 'path_to_your_audio_file.wav'
emotional_peak_time = visualize_pitch(audio_path)
print(f"Emotional peak time: {emotional_peak_time} seconds")
```

在探索直播高光时刻时，我们不仅依赖主播的声调变化这一直观指标，还需要通过深入分析主播的具体言辞，捕捉情感高峰时刻的动态内容。也就是说，我们还需要对主播的言辞进行 ASR（自动语音识别）分析。

ASR 分析技术能够将语音转换为文本，这对于理解直播内容尤为重要。通过 ASR 分析，我们可以将主播的言辞实时转录为文字，进而利用 NLP（自然语言处理）技术进行情感分析和主题建模，识别评论中的潜在主题，揭示用户的观点、情感和需求。这种分析不仅为我们提供了对直播内容情感层面的深刻理解，而且为后续的内容创作提供了丰富的素材和灵感。

以下是使用 Whisper 进行语音识别的示例代码。这段代码只是一个示例，假设你已经安装了必要的库，并且有 Whisper 模型的访问权限。实际应用中可能需要根据具体情况进一步优化代码和调整参数，以达到更好的分析效果。

```python
import openai

# 你的 OpenAI API 密钥
openai.api_key = '你的 API 密钥'

# 读取音频文件
def read_audio_file(file_path):
    with open(file_path, 'rb') as file:
        audio_data = file.read()
    return audio_data

# 使用 Whisper 进行语音识别
def whisper_speech_recognition(audio_data):
    try:
        # 调用 Whisper API 进行语音识别
        response = openai.Audio.transcribe("whisper", audio_data)
        # 获取识别结果
        transcription = response['text']
        return transcription
    except openai.Error as e:
        print(f"API 调用错误: {e}")
        return None

# 主函数
def main():
    # 音频文件路径
    audio_file_path = 'path_to_your_audio_file.wav'
```

```python
# 读取音频数据
audio_data = read_audio_file(audio_file_path)
# 进行语音识别
transcription = whisper_speech_recognition(audio_data)
if transcription:
    print("识别结果: ")
    print(transcription)
else:
    print("语音识别失败。")

# 运行主函数
if __name__ == "__main__":
    main()
```

11.6　协同确定直播高光时刻

在实际应用中，前述识别方法并非孤立存在，而是相互关联、相互补充的，共同精准地确定直播中的高光时刻。

直播数据反馈提供了观众互动的宏观数据，如点赞、分享、评论等行为，以及进出直播间人数和在线人数的变化趋势，通过这些数据能初步筛选出观众兴趣较高的时段。例如，当某个时段观众的点赞数、分享次数激增，且直播间在线人数明显高于均值时，该时段就有较大可能是高光时刻。

视觉内容识别则从直播的画面角度，对关键事件和特殊效果进行判断。以 JJ 斗地主冠军杯为例，识别出牌局开始、特殊牌型出现和牌局结束等片段，这些片段往往是直播的重要节点。若直播数据反馈中筛选出的高兴趣时段，同时在视觉内容上也出现了特殊牌型，那么该时段作为高光时刻的可信度就会大大增加。

弹幕评论解析能实时捕捉观众的情感反应和兴趣点。当弹幕发送频率大幅上升，且通过情感分析发现其中包含强烈的正面情感或负面反馈时，说明直播内容引起了观众的强烈共鸣。如果这个时段与直播数据反馈、视觉内容识别所确定的关键时段相吻合，那么就进一步确认了该时段为高光时刻。比如，在某牌局出现特殊牌型时，弹幕数突然增多，且大多数弹幕表达了兴奋或惊讶的情感，这就有力地证明了此时是直播高光时刻。

音频情感分析通过检测主播和观众的情绪变化来辅助判断高光时刻。当主播声调出现明显起伏，或者通过语音识别和情感分析发现主播言辞中蕴含强烈情感时，结合其他方法，比如此时观众互动率高、视觉上有重要事件、弹幕反应热烈，那么这个时刻无疑是直播高光时刻。

在综合判断时，若出现部分方法结果不一致的情况，可以根据直播的类型和目标来确定结果优先级。比如在 JJ 斗地主冠军杯比赛中，视觉内容识别中特殊牌型出现的优先级可能较高；对于以娱乐互动为主的直播，弹幕评论解析和直播数据反馈的权重可能更大。通过这样综合考量，能够更准确、更全面地识别直播高光时刻，为提升观众观看体验和内容创作优化提供有力支持。

11.7 小结

本章从多模态数据分析视角出发，全面剖析了其在直播领域的应用。

在直播场景中，综合运用直播数据反馈、视觉内容识别、弹幕评论解析和音频情感分析等多元方法，可精准锁定直播高光时刻。直播数据反馈直观呈现观众互动行为，视觉内容识别聚焦关键画面元素，弹幕评论解析洞察观众情感与兴趣，音频情感分析捕捉主播与观众的情绪变化。四者相辅相成，助力筛选出观众关注度高的内容片段，为创作者明确优化方向，显著提升观众观看体验与参与热情，增强直播的吸引力与影响力。

第 12 章

实战案例：解析优质视频，汲取创作灵感

在数字内容爆炸的时代，短视频以其碎片化、多模态融合的特性成为内容消费的主流形态。对于创作者而言，如何从海量优质视频中提炼规律、激发灵感，是提升作品竞争力的关键。

本章主要内容如下：

- 短视频数据特点。
- 使用多模态大模型做视频分析的优势和局限性。
- 从视频内容预处理到灵感孵化。
- 数据驱动的灵感闭环。

12.1 短视频数据特点

短视频融合了文本、图像、音频等多种模态数据，且这些数据在短时间内紧密配合。其风格和主题丰富多样，涵盖生活小技巧、搞笑段子、知识科普、时尚穿搭展示等众多领域。不同类型的短视频数据特点差异较大，例如，

搞笑类短视频更依赖夸张的图像和幽默的音频，知识科普类短视频则侧重于简单明了的文本和专业的图像展示，这就使多模态数据分析可以贯穿短视频创作的整个流程。

1. 创作前期

创作者通过分析大量同类型优质短视频获取灵感，确定主题和创意方向。以美食短视频为例，利用多模态数据分析工具研究热门视频的视觉风格（拍摄角度、画面色调、美食摆盘等）、音频特点（背景音乐类型、主播解说语速和语调等）以及文本信息（标题关键词、视频字幕内容等），发现流行主题和观众喜好趋势，从而确定自己的创作主题。

2. 创作过程中

依据数据分析结果优化视频内容。在剪辑手法上，若观众偏好节奏明快、剪辑流畅的视频，就减少冗长镜头，增加快速切换画面，以突出关键步骤；参考同类型热门视频选择音乐，匹配视频风格和氛围；根据观众的信息获取需求添加字幕，合理安排字幕位置、大小和出现时间。

3. 发布之后

通过分析播放量、点赞数、评论数、转发数等数据评估短视频传播效果。若播放量高但点赞和评论数少，说明短视频内容未引发观众共鸣，需要增加互动性元素；若评论反馈画质或声音有问题，则需要优化拍摄设备和后期制作。

在社交媒体的浪潮中，短视频以其快节奏和高娱乐性迅速成为内容消费的新宠。对于创作者而言，如何在信息爆炸的海洋中让自己的作品吸引眼球，成为一个不小的挑战。幸运的是，多模态数据分析技术为创作者们提供了一个强大的工具，它通过融合文本、图像、音频和视频等多种数据模态，不仅能够帮助创作者深入理解优质短视频的成功要素，还能够激发创作者新的创作灵感，使内容创作更加精准和高效。

接下来，将详细介绍如何使用多模态大语言模型，助力创作者解读优质短视频内容，并从中汲取创作灵感。

12.2 使用多模态大模型做视频分析的优势和局限性

在人工智能的快速发展中，我们见证了从单模态大模型到多模态大模型的演变。

单模态大模型是指，仅处理一种数据类型的人工智能模型，它在特定领域的表现很出色，例如只处理文本的语言大模型，或者只处理图像的视觉大模型等，但是单模态大模型无法整合多种类型的数据，一旦超出了它们的专业范围，就可能变得不那么令人满意了。

比如，像 BERT 或者 GPT-3 这种大模型，它们就像语言天才，能写出漂亮的文章、理解复杂的对话，甚至还能帮忙修改代码，但是，如果你给它们一张图片，让它们描述图片中的内容，它们可能就无能为力了，因为它们只懂得文字，不懂得图像。

再比如，像 ViT 这种视觉大模型，就像视觉艺术家，它能识别图像中的物体，甚至还能按照一定的逻辑规则，创作出新的图像，但是，如果你让它读一段文字，它可能就不知道该怎么办了，因为它只擅长处理图像，对文字一窍不通。

在数字化时代，短视频作为一种新兴的媒体形式，正在迅速成为人们日常生活中不可或缺的一部分。随着多模态数据的爆炸式增长，单模态大模型已无法满足我们的需求。我们需要能够同时处理和理解多种数据类型的人工智能模型，这正是多模态大模型的用武之地。

多模态大模型通过整合文本、图像、视频等多种类型数据的输入，提供了更加丰富和自然的交互体验。在解读短视频方面，这些模型展现出了巨大的潜力。它们能够分析视频内容，提供视频帧的文本描述，识别视频中的对象和动作，甚至理解视频的时空结构，这对于视频内容的自动标注、搜索和推荐系统至关重要。此外，多模态大模型还能够为短视频创作者提供灵感。通过分析大量的视频和文本数据，大模型能够识别流行趋势和创意元素，为创作者提供新的创作方向。

具有代表性的多模态大模型，比如 GPT-4、Gemini、LLaVA 等，它们本质上都是由大语言模型（LLM）扩展而来的，如图 12-1 所示。它们是具有能够接收和推理多模态信息能力的模型，可以通过整合不同类型的数据输入，实现更深层次的理解和生成能力。

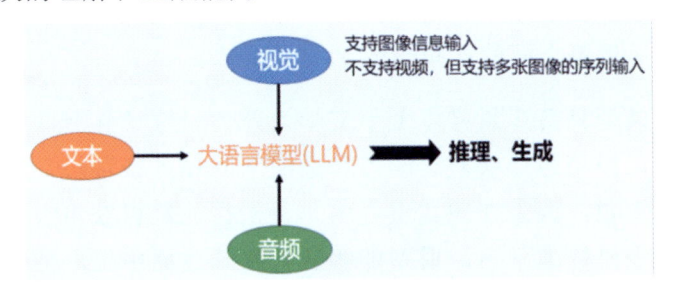

图 12-1 多模态大模型的本质

在探索多模态大模型的训练过程中，通常会关注两个核心步骤：对齐特征的预训练和端到端的微调。

对齐特征的预训练是构建多模态大模型的基石。这一步骤的目标是，将不同模态的数据如图像、文本、声音等映射到一个统一的特征空间。这样做的目的是，让原本无法直接比较的数据类型能够在一个共同的框架内进行交互和分析。以 CLIP 模型为例，它通过使用预训练的模态编码器，将图像转换成一串数字，也就是特征向量。这一过程可以类比将图像内容翻译成模型能够理解的语言。随后，这些图像特征向量会与文本特征向量进行关联，使图像和文本能够在一个新的、共同的特征空间内相互映射和理解。这种对齐特征不仅为不同模态之间的交互提供了可能，也为后续的模型训练奠定了基础。

一旦模型通过预训练学会了不同模态之间基本的特征对齐，我们就会进入端到端的微调阶段。这一阶段的目的是，在特定任务上进一步提升模型的性能。例如，在视觉问答任务上，我们会使用大量的图像—问题对来训练模型，目的是让模型能够根据图像内容和相关问题生成准确的答案。通过这种方式，模型不仅能够理解图像和文本之间的关联，还能够在实际应用中提供有用的输出。在微调过程中，模型会学会如何将预训练阶段学到的通用知识应用到特定的任务上，这包括学习如何从图像中提取关键信息，以及如何将这些信息与文本问题相结合，以生成有意义的回答。此外，微调还可以帮助模型更好地理解任务特定的上下文，从而提高其在实际应用中的准确性和可靠性。

多模态大模型以其特性，在人工智能领域开辟了新的应用前景。这些模型不仅能够处理和理解单一模态的数据，如文本或图像，还能整合多种类型的信息，从而提供更全面的认知能力。

多模态大模型具备少量样本上下文学习能力。这意味着即使在样本数量有限的情况下，模型也能够快速学习和适应新的任务或环境。这种能力对于视频分析尤为重要，因为在现实世界中，我们往往难以获得大量标注好的视频数据。通过少量样本学习，模型能够从有限的数据中提取关键信息，并将其应用于更广泛的视频内容理解。

多模态大模型拥有强大的视觉认知能力。它们能够识别和理解图像中的对象、场景和动作。当应用于视频数据时，这种能力使模型能够识别视频中的关键元素，如人物、车辆或动物，以及它们的动作和交互。这不仅有助于生成视频内容的文本描述，还能用于更复杂的任务，如视频内容的自动标注和分类。

多模态大模型支持时序信号理解。视频本质上是一系列时序信号的集合，每一帧都是一个时间点上的快照。模型能够理解这些信号的时序关系，从而捕捉到视频中的动作和事件的动态变化。这种时序理解能力对于分析视频内容至关重要，它允许模型不仅能看到静态的图像，还能理解动作的连续性和事件的发展。

多模态大模型的这些特性为视频数据分析提供了强大的工具。它们不仅能够提高视频内容理解的准确性和效率，还能够推动视频内容的自动化处理和智能分析，为各种应用场景带来革命性的变化。

尽管多模态大模型在短视频内容解读方面展现出巨大的潜力，但也存在一定的局限性。

首先，模型对数据的依赖程度较高，训练数据的质量和多样性直接影响模型的性能。如果训练数据中某类短视频内容较少，模型在分析该类型短视频时可能会出现偏差或理解不全面的情况。例如，对于一些小众领域或新兴类型的短视频，模型可能无法准确识别其中的关键元素和主题。

然后，模型在处理复杂语义和语境时仍存在不足。虽然多模态大模型能够整合多种数据模态，但在面对一些具有隐喻、暗示或特定文化背景知识的短视频内容时，可能无法准确理解其深层含义。比如，含有特定地域文化"梗"或网络流行"暗语"的短视频，模型可能会误解其内容，从而给出不准确的解读。

最后，模型的计算资源需求较大。在实际应用中，对于一些计算资源有限的平台或设备，可能无法顺利运行高性能的多模态大模型。而且，模型的响应时间也可能较长，特别是在处理大量短视频数据时，这可能会影响用户体验和应用的实时性。

在实际应用中，开发者和创作者需要充分考虑这些局限性和挑战。一方面，可以通过不断扩充和优化训练数据，提高模型对各种类型短视频的理解能力；另一方面，结合其他辅助技术或人工审核，对模型的输出结果进行验证和修正，以确保短视频内容解读的准确性和可靠性。

12.3　从视频内容预处理到灵感孵化

在对热门短视频进行深入分析和研究时，首要任务是全面且系统地收集相关短视频内容。当完成收集工作后，便进入视频内容预处理这一不可或缺的阶段。

视频内容预处理包括两个核心步骤。其一，从视频中提取帧以获取视觉信息。由于视频由连续的图像帧组成，通过提取帧能够捕获其中丰富的视觉元素。其二，将音频轨道转换为文本轨道。这一步骤为后续对视频和音频信息的处理与分析提供了便利。针对视觉信息的处理，可借助预训练模型，例如 ViT（Vision Transformer），将其转换为特征向量。而对于听觉信息，自动语音识别（ASR）系统可将其转化为文本形式。

在短视频处理流程中，视觉编码器与语音识别技术发挥着关键作用。短视频作为一种融合了视觉与听觉信息的媒介，其中的视觉信息极为丰富。视觉编码器能够将视频中的图像信息转换为模型可理解的特征向量，精确提取图像中的关键元素与特征。这些元素和特征对于确定视频内容的主题、识别场景及分析人物动作等具有决定性意义。语音识别技术则将音频转换为文本信息，使我们能够对视频中的语言信息，如对话、旁白等进行深入分析。这些文本信息对于理解视频的情节与表达意图至关重要。视觉编码器与语音识别技术相互协同，为后续的多模态数据融合与分析奠定了坚实基础。

以实际操作为例，在提取视频帧的特征时，可选用视觉编码器 ViT-L/14。ViT-L/14 属于基于 Transformer 架构的视觉模型，它能够将图像分割成多个小块（patch），进而对这些小块逐一分析，提取出对应的视觉特征，为后续的数据处理提供有力支持。相关代码如下：

```python
# 导入 Hugging Face Transformers 库中的 ViT 特征提取器和模型
from transformers import ViTFeatureExtractor, ViTModel

# 从预训练模型 Google 的 ViT-base-patch16-224 加载特征提取器
feature_extractor = ViTFeatureExtractor.from_pretrained('google/vit-base-patch16-224')

# 从预训练模型 Google 的 ViT-base-patch16-224 加载模型
model = ViTModel.from_pretrained('google/vit-base-patch16-224')

# 定义一个函数来提取图像的特征
def extract_image_features(image):
    # 使用特征提取器处理图像，并指定返回的 tensor 类型为 PyTorch
    inputs = feature_extractor(images=image, return_tensors="pt")
    # 将输入传递给模型，并获取模型的输出
    outputs = model(**inputs)
    # 返回最后一个隐藏层状态的第一个 Token（CLS Token）的特征，
    # 这个 Token 通常用于表示整个图像
    return outputs.last_hidden_state[:, 0, :]

# 假设 image 是一个处理好的图像张量，将其传递给函数以提取特征
image_features = extract_image_features(image)
```

对于短视频中的音频，使用自动语音识别（ASR）技术将其转换为文本，可以使用现有的 API 服务或开源库来实现。相关代码如下：

```python
# 导入 speech_recognition 库，用于语音识别
import speech_recognition as sr

# 创建一个 AudioFile 对象，指向要识别的音频文件
audio_file = sr.AudioFile('video_audio.wav')

# 创建一个 Recognizer 对象，用于实现语音识别功能
recognizer = sr.Recognizer()

# 使用 with 语句确保音频文件正确关闭
with audio_file as source:
    # 使用 recognizer 记录音频数据
    audio_data = recognizer.record(source)

    # 使用 recognizer 调用 Google 的语音识别 API 识别音频数据
    text = recognizer.recognize_google(audio_data)

    # 打印识别出的文本内容
    print("音频内容：", text)
```

此外，用户评论是短视频内容分析中不可或缺的一部分。它们提供了直接的用户反馈，通过分析用户评论，可以了解哪些内容受欢迎，哪些内容不受欢迎，用户评论为短视频内容分析提供了丰富的信息源，从而有助于更好地解读短视频内容。

然后，将提取的视频特征和音频文本特征融合起来，形成多模态数据。这可以通过简单的拼接或使用更复杂的融合技术来实现。

简单拼接是最直观的融合方式，它直接在特征维度上将不同模态的特征进行拼接。例如，如果我们有视频特征 A 和音频文本特征 B，我们可以这样进行融合：

```python
import torch

# 假设 A 是视频特征，B 是音频文本特征
A = torch.randn(16, 512)   # 随机生成视频特征
B = torch.randn(16, 1024)  # 随机生成音频文本特征

# 简单拼接
fusion_feature = torch.cat([A, B], dim=1)  # 在特征维度上进行拼接
```

特征级融合是在提取各自模态的特征后，将这些特征进行融合。这种方式较为灵活，且能够充分利用不同模态数据的互补性。例如，使用 TensorFlow 和 Keras 进行特征级融合的代码如下：

```python
import tensorflow as tf
from tensorflow.keras.layers import Input, Dense, concatenate
from tensorflow.keras.models import Model

# 假设文本特征和图像特征分别是 100 维和 2048 维
text_input = Input(shape=(100,), name='text_input')
image_input = Input(shape=(2048,), name='image_input')

# 文本和图像的特征处理层
text_dense = Dense(128, activation='relu')(text_input)
image_dense = Dense(128, activation='relu')(image_input)

# 特征融合
merged = concatenate([text_dense, image_dense])

# 最终的全连接层和输出层
final_dense = Dense(64, activation='relu')(merged)
output = Dense(1, activation='sigmoid')(final_dense)  # 假设是二分类问题

# 创建模型
model = Model(inputs=[text_input, image_input], outputs=output)

# 编译模型
model.compile(optimizer='adam', loss='binary_crossentropy', metrics=['accuracy'])

# 模型概览
model.summary()
```

对于更复杂的融合策略，如 TFN（张量融合网络）和 LMF（时序多模态融合），它们考虑了不同模态之间的相互作用和特征融合的低秩近似。这些方法通常需要更多的计算资源，但可以提供更好的融合效果。具体的实现依赖特定的框架和库。

在实际选择融合策略时，需要综合考虑短视频的特点和分析目的。如果

短视频内容相对简单，不同模态之间的关联性不强，简单拼接可能就足以满足需求，它操作简便，能够快速整合多模态特征。例如，对于一些以单一画面展示和简短语音介绍为主的短视频，简单拼接就可以有效地将视觉特征和听觉特征结合起来。

若短视频的视觉和听觉信息具有较强的互补性，希望充分挖掘不同模态之间的潜在关系，特征级融合则更为合适。它通过对不同模态的特征进行处理和融合，能够更好地捕捉多模态数据之间的内在联系。比如，在剧情类短视频中，画面中的人物动作和表情与音频中的对话紧密相关，特征级融合可以更好地体现这种关联性，提升分析效果。

对于复杂的短视频内容，尤其是那些需要深入分析不同模态之间相互作用的情况，TFN 和 LMF 等复杂融合策略，能发挥更大的优势。虽然它们会消耗大量计算资源，但可以通过考虑模态间的相互影响和特征融合的低秩近似，更精准地提取多模态数据的综合特征。例如，在特效丰富、情节复杂的短视频中，使用这些复杂融合策略能够更全面地理解视频内容，为创作者提供更有价值的创作灵感。

执行完以上步骤后，就可以调用多模态大模型来进行解读和分析了。比如 GPT-4o，需要整合预处理后的数据并将其作为输入提供给模型，其中输入数据通常包括图像特征、音频文本和可能的其他上下文信息。以下是使用 GPT-4o 模型进行内容解读的代码示例：

```
import openai
import json

# 设置你的 OpenAI API 密钥
openai.api_key = "your-api-key"

# 准备输入数据，这里假设你已经有了图像特征和音频文本特征
# 图像特征应该是一个特征向量列表，每个向量对应视频中的一帧
image_features = [...]
audio_text = "这是从音频中识别出的文本"

# 构建输入数据，将不同模态的数据整合在一起
input_data = {
    "multimodal_input": {
```

```
        "image_features": image_features,
        "audio_text": audio_text
    }
}

# 调用 GPT-4o 模型进行内容解读
response = openai.Completion.create(
    engine="gpt-4o",
    prompt=json.dumps(input_data),  # 将输入数据转换为 JSON 字符串
    temperature=0.7,  # 设置模型输出的随机性
    max_tokens=150  # 控制生成的最大 Token 数
)

# 输出模型的解读结果
print(response.choices[0].text.strip())
```

在使用多模态大模型进行内容解读时,有 4 个方面需要注意:确保你使用的 API 密钥是正确的,并且账户有足够的余额或请求额度;根据你的具体需求调整 temperature 和 max_tokens 参数,以控制输出的创造性和长度;考虑模型的响应时间,特别是在处理大型视频文件时,可能需要优化输入数据的大小和质量;对于图像特征,确保特征向量与模型输入兼容,可能需要调整特征向量的维度或格式。

模型的输出可能需要处理后才能使用。例如,如果模型的输出是一段文本,可能需要进行语法检查、提取摘要或者格式化以提高可读性。图 12-2 为优质短视频内容解读示例,可以看出多模态大模型可以识别出短视频的类型及其内容特点,帮助创作者获取灵感。

图 12-2 优质短视频内容解读示例

12.4 数据驱动的灵感闭环

数据驱动的灵感闭环是一个"策划—制作—优化—再策划"的螺旋上升过程，其核心在于通过多维度数据的采集、分析与应用，将零散的优质内容特征转换为可复用的创作框架，同时借助用户反馈持续迭代策略，实现"洞察精准化—创意落地化—效果可量化"的良性循环。

1. 前期策划：用数据锚定创意坐标

创作者首先通过多模态数据分析工具扫描目标领域的优质内容，构建成功要素图谱。

例如，在知识科普赛道，模型可解析出热门视频的共性特征：开场 3 秒采用冲突点提问，如"为什么你做的蛋糕总是塌陷"；视觉上偏好双屏对比演示，如左图失败案例与右图正确操作的对比；音频中高频出现"揭秘""干货"等引导性词汇，且字幕字号需要大于画面元素的 1/5 以确保可读性。这些数据不仅能帮助创作者规避冷启动盲区，还能挖掘细分领域的差异化机会。例如，当职场技能类视频普遍聚焦"PPT 技巧"时，通过用户评论情感分析发现沟通话术板块的需求缺口，从而确定高情商邮件撰写等垂直主题。

2. 创作执行：让数据成为优化细节的标尺

进入内容生产阶段，数据不再是宏观趋势的抽象总结，而是具体到每一帧画面、每一句台词的决策依据。

以剪辑为例，通过分析同类爆款视频的镜头停留时长热力图，例如，创作者可以发现观众对"食材称重"等细节操作的耐心阈值为 2 秒，对"成品摆盘"的审美停留时长可达 5 秒，从而在剪辑时精准分配镜头资源，避免信息过载。在音频设计环节，自动语音识别技术能将热门视频的解说词转换为文本库，通过 NLP 分析和提取"语速—情感匹配模型"，例如，科技类视频在讲解核心原理时，语速需要控制在 180 字/分钟，并搭配沉稳语调，而在介绍产品亮点时，语速可提升至 220 字/分钟，并加入上扬尾音以强化感染力。这些基于数据的细节打磨，可以让创意表达更贴合用户的认知习惯与情感期待。

3. 发布优化：借数据反推策略迭代方向

视频发布后，传播数据成为连接用户与创作者的数字桥梁。

播放量曲线能揭示前 3 秒吸引力的强弱，比如若 40% 的用户在 5 秒内划走视频，说明视频开场视觉冲击力不足；完播率低谷对应内容的信息断层区，比如某步骤解说模糊导致用户流失；评论关键词聚类则能暴露深层需求，比如美食视频评论中高频出现"适合新手""成本低"等关键词，则提示创作者需要增加"工具替代方案""食材平替建议"等实用信息。

更深入的分析还包括：通过用户画像数据发现 70% 的目标受众为 18～24 岁的学生群体，从而调整语言风格为年轻化网感表达；利用转发率高的片段生成高光切片，反哺下一次创作的记忆点设计。

4. 闭环迭代：从单次创作到持续进化的生态

数据驱动的核心价值在于，将每一次创作都转换为经验资产的积累。

例如，某知识类创作者通过对第一个视频的评论分析，发现用户对案例拆解的需求强烈，于是在第二次创作中增加真实场景模拟镜头；第二个视频的完播率提升了 20%，但收藏率下降了，通过进一步分析发现信息量过载导致用户产生"稍后再看"的拖延心理，在第三次创作中便引入模块化知识点结构，每个模块都配备独立进度条。这种"数据洞察—创意修正—效果验证"的循环，让创作者不再依赖偶然的灵感迸发，而是基于用户行为轨迹构建可复制的成功模型。

同时，多模态大模型还能追踪行业趋势的细微变化，如当"沉浸式体验"标签的视频互动率连续 3 周上升时，系统会自动提示创作者调整镜头语言，从"讲解式"转向"第一视角跟拍式"，确保内容始终贴合用户不断进化的审美偏好。

5. 闭环的本质：在标准化与个性化之间找到平衡

数据驱动并非意味着创作的机械化，而是通过提炼共性规律为个性化表达搭建脚手架。

例如，模型能告诉你"冲突开场+细节拆解+情感共鸣"是知识类视频的黄金结构，但具体的冲突点选择（专业误区与生活痛点）、细节呈现方式（动画演示与真人实操）、情感切入点（焦虑缓解与成就激励）等，仍需要创作者结合自身优势与独特视角进行创新。

这种数据打底、创意上色的模式，既避免了盲目试错的低效，又为内容注入了不可复制的灵魂，让每个创作者都能在有据可依的基础上，绘制属于自己的创意蓝图。

12.5 小结

在短视频蓬勃发展的时代，多模态数据分析及多模态大模型对创作者意义重大。短视频融合多种模态，数据特点鲜明，在创作前期、创作过程中和发布之后，多模态数据分析都发挥着关键作用，能助力创作者明确主题、优化内容和评估效果。

多模态大模型整合多种数据输入，在短视频解读方面极具潜力，其训练包含对齐特征的预训练和端到端的微调两个核心步骤。不过，这种模型也存在对数据依赖度高、处理复杂语义语境能力不足、计算资源需求大等局限，实际应用时需要采取相应的措施来应对。

数据预处理是深入分析短视频的基础，通过提取视频帧、将音频转换为文本、收集用户评论等方式获取多模态数据，并采用合适的融合策略对其进行处理。之后调用多模态大模型进行解读，解读结果经处理后可辅助创作。

数据驱动的灵感闭环涵盖策划、制作、优化、再策划等环节，是一个螺旋上升的过程，能帮助创作者积累经验、适应行业变化，在标准化与个性化间找到平衡。多模态大模型助力创作者剖析优质短视频，激发创作灵感，提升作品竞争力，更好地满足观众需求和适应市场变化。

反侵权盗版声明

电子工业出版社依法对本作品享有专有出版权。任何未经权利人书面许可,复制、销售或通过信息网络传播本作品的行为;歪曲、篡改、剽窃本作品的行为,均违反《中华人民共和国著作权法》,其行为人应承担相应的民事责任和行政责任,构成犯罪的,将被依法追究刑事责任。

为了维护市场秩序,保护权利人的合法权益,我社将依法查处和打击侵权盗版的单位和个人。欢迎社会各界人士积极举报侵权盗版行为,本社将奖励举报有功人员,并保证举报人的信息不被泄露。

举报电话:(010)88254396;(010)88258888
传　　真:(010)88254397
E - mail: dbqq@phei.com.cn
通信地址:北京市万寿路173信箱
　　　　　电子工业出版社总编办公室
邮　　编:100036